高等学校化学实验室安全原理

谭大志　主　编
肖　南　副主编

东北大学出版社
·沈　阳·

图书在版编目（CIP）数据

高等学校化学实验室安全原理 / 谭大志主编. —沈阳：东北大学出版社，2023.10

ISBN 978-7-5517-3425-7

Ⅰ. ①高… Ⅱ. ①谭… Ⅲ. ①高等学校—化学实验—实验室管理—安全管理 Ⅳ. ①O6-37

中国国家版本馆CIP数据核字（2023）第202067号

出 版 者：东北大学出版社

地址：沈阳市和平区文化路三号巷11号

邮编：110819

电话：024-83680176（编辑部） 83680267（社务部）

传真：024-83680180（市场部） 83687332（社务部）

网址：http://www.neupress.com

E-mail:neuph@neupress.com

印 刷 者：辽宁虎驰科技传媒有限公司

发 行 者：东北大学出版社

幅面尺寸：170 mm × 240 mm

印　　张：16

字　　数：296千字

出版时间：2023年10月第1版

印刷时间：2023年10月第1次印刷

责任编辑：杨　坤

责任校对：罗　鑫

封面设计：潘正一

ISBN 978-7-5517-3425-7　　定　价：68.00元

前言

实验室是现代化大学的心脏，是培养学生综合素质，拓展实践能力和提高创新能力的重要场所，其中安全问题在实验室管理中处于十分重要的位置。高校实验室体量大、种类多、安全隐患分布广，重大危险源和人员相对集中，安全风险具有累加效应。特别是化学实验室，使用化学药品、仪器设备多，以及实验中常常进行高温、高压等特殊的操作，实验区域狭窄，人员工作时间长，因而存在更多的风险。尽管实验室安全问题是从事科学研究必然会遇到的风险问题，但实验人员可以通过主观努力来消除各类安全隐患，减少事故发生的概率，降低实验室事故伤害范围和程度。

教育部《关于加强高校实验室安全工作的意见（教技函〔2019〕36号）》中明确指出：高等学校要提高认识，深刻认识高校实验室安全工作的极端重要性，并作为一项重大政治任务坚决完成好。安全工作，预防为主，教育为先，安全教育是事故预防与控制的重要手段之一，也是运行效率最高、成本最低的基本工作。如果新进入实验室的学生，未经过正规的安全教育就开展实验，更容易造成安全事故。教育部要求各高校要按照“全员、全面、全程”的要求，宣讲普及安全常识，强化师生安全意识，提高师生安全技能。进入实验室的师生必须先参加安全技能和操作规范培训，掌握实验室安全设备设施、防护用品的维护使用。

现阶段我国高等学校实验室安全制度仍然处于建设过程，在有些方面还没有达成共识并形成规范，特别是缺少针对实验室安全的规定和标准。同时，管理部门制订的部分制度、规范与实验的真实需求并不一致，有的机构往往只注重监管，而忽视对实验人员的支持；有的学校虽然在安全方面投入很多资源，但是并不能从系统、整体上研究实验室安全问题，没有取得较好的效果，浪费的人力、财力很多，真正的安全问题却没有得到解决。希望读者通过本书，正确看待实验室安全问题，通过安全管理、安全技术、安全教育提高安全意识及防范和应对安全风险的能力。

由于笔者曾经在教务处、实验室与设备处的管理岗位从事安全管理工作，又在基础化学实验中心进行实验教学和科研工作，对安全有一定的理解，因而被学院安排讲授《化学实验安全与研究生科研训练》研究生课程。在讲课期间，笔者还自学了安全工程师、安全评价师、消防工程师等相关知识，编写了这本与化学、化工专业相关的安全教育教材。

由于现阶段实验室安全仍是一门实践科学，其所涉及的知识非常繁杂、内容广泛，很难通过教材全面讲解清楚。许多规范和要求只适用于特定的场景，并不具有普遍性。而且笔者发现越是深入研究，越会发现实验室存在的安全问题并非想象得那么简单，特别是高校化学实验室，所涉及的安全知识更为专业，需要更为专业的教育和培训。因此在教材编写中，笔者根据个人的亲身经历和工作感悟，尽可能将理论与实践相结合，将选取重点的知识进行介绍，供读者自主辨析安全问题，并找到解决问题的方法，培养逻辑思维和创新意识。

本书包含九方面内容：安全概述（由大连海洋大学的范文杰编写），实验室安全评价（由大连海洋大学的范文杰编写），实验基础（由大连工业大学的黄兴原编写），实验室消防基础知识（由大连理工大学的赫英辉编写），化学品基础知识（由广东顺德同程新材料科技有限公司的吴浪编写），仪器设备（由大连船舶重工集团有限公司的陈炜丰编写），压力容器（由大连理工大学的杨金辉编写），实验室废弃物（由大连理工大学的徐军编写），事故处置（由大连理工大学的范苏月编写）。限于个人编写水平，尽管本书编修多年，疏漏仍在所难免，敬请读者批评指正。

谭大志

2023年2月24日

目录

1 安全概述

1.1 安全知识

1.1.1 安全

安全是人类最基本的需求，是为保障人身安全，减少财产损失和意外事故的发生而产生的需求，如职业保障、社会保险、财产安全等。美国心理学家亚伯拉罕·马斯洛于1943年在《人类激励理论》中提出需求层次理论，该理论认为人类需求分成生理需求、安全需求、社交需求、尊重需求和自我实现需求五类，依次由较低层次到较高层次排列，如图1-1所示。在不同的时期表现出来的各种需求的迫切程度是不同的，人的最迫切的需求是激励人行动的主要原因和动力，在其没有得到解决之前，人们难以达到更高层次的需求。低层次的需求相对满足了，它的激励作用就会降低，重视程度也会下降，其优势地位将不再保持下去；高层次的需求会取代低层次的需求成为推动行为的主要原因。

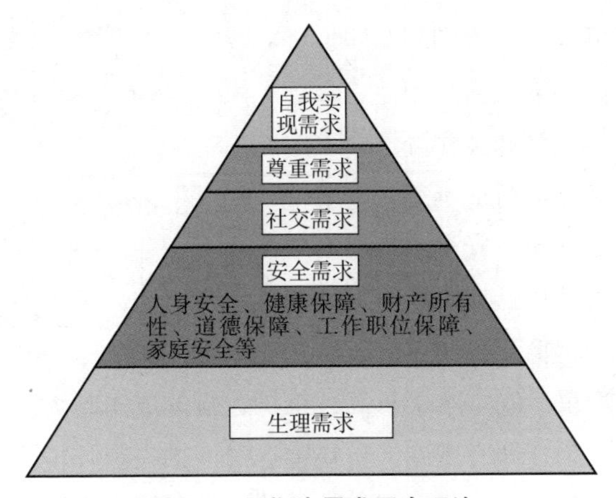

图1-1 马斯洛需求层次理论

安全从字面上理解，安，女在“宀”下，有如四面有墙，而上有覆盖之屋舍形。而女子应事接物本来就比较从容娴雅，故以女子居于屋中，更含有自在而无虞之意。全，王乃会意字，本指纯粹的玉，贮存在仓库里，纯玉曰全。

“安全”并没有统一的定义，不同的学者基于不同的应用场景定义“安全”。通常所说的安全有绝对安全和相对安全之分。绝对安全认为，安全是没有危险，不受威胁，不出事故，即消除能导致人员伤害，发生疾病、死亡，或造成设备财产破坏、损失，以及危及环境的条件。绝对安全，是人类追求的理想化安全状态。相对安全是指在一定条件下，将系统的运行状态对人类的生命、财产、环境可能产生的损害控制在人类能接受的水平以下的状态。相对安全是客观实际的，具有以下含义：① 安全是相对的，绝对安全并不存在；② 安全不是瞬间的结果，而是对于某种过程状态的描述；③ 构成安全问题的矛盾是安全与危险，不能依靠事故衡量；④ 不同时代、不同领域，可接受的损失是不同的，安全的判定标准也是不同的。

《职业健康安全管理体系规范》（GB/T 28001—2001）将安全定义为：安全是免除了不可接受的损害风险的状态。安全意味着一个稳定且相对而言可预测的环境，在这种环境中，个人或团体可以在追求他们的目标的同时，不会受到中断或者伤害，也不用担心受到干扰或者损伤。

作为对客观存在的主观认识，人们对安全状态的理解是主观与客观的统一。人们只能在一定的时间、空间内，在有限的经济、科技能力状况下，在一定生理条件和心理素质条件下，通过创造或控制事故、灾害发生的条件来减小事故、灾害发生的概率和规模，将事故、灾害的损失控制在尽可能低的限度内。不同的社会、不同的经济和文化环境中，安全的标准和运行成本是不同的。由图1-2可知，安全水平是由运行与损失的最低成本所决定的。安全水平越低，发生事故损失的成本越严重；安全水平越高，维护运行的成本越大。

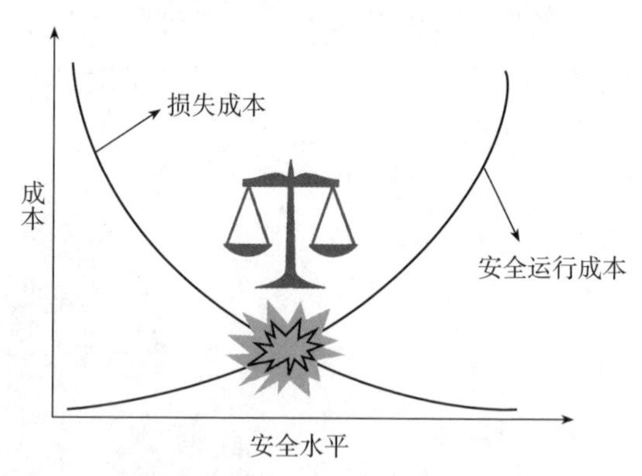

图1-2　安全水平与成本的关系图

危险就是不安全，即有遭到人员伤害、财产损失或环境破坏的可能性。从主观角度分析，危险是指人根据积累的经验，发现了事物某种不正常的运动方式，或异常现象而感到害怕遭受损害的恐惧、紧张。从客观的角度看，危险是指可能导致事故的状态，是发生事故的先决条件。

危险和安全是相对又统一的关系，俗语讲“无危则安，无缺则全”。《周易·系辞下》中“危者，安其位者也”，意思是危险是由于自以为安全造成的，把安全和危险对立起来。危险作为安全的对立面，可以指在生产活动过程中，人员或财产遭受损失的可能性超出了可接受范围的一种状态。危险和安全又是一种互补关系，在一定条件下可以相互转化，它们也是与生产过程共存的一种连续性状态。不要把危险看作一定会导致人员伤害或设备损坏的状态，因为可以通过对产品、工艺的设计，制定操作规范等方法消除或控制这些危险状态。

由于主观认知和客观现实存在差异，这种认识不到的危险才是最危险的，因而有必要重视安全工作，建立健全项目风险评估与管控机制，才能做到“居安而念危，则终不危；操治而虑乱，则终不乱”。唐代诗人杜荀鹤著有《泾溪》，“泾溪石险人兢慎，终岁不闻倾覆人。却是平流无石处，时时闻说有沉沦。”诗中富有精妙的安全哲理，解析透彻，阐述了人主观认知和客观现实的差异，以及提高安全意识的必要性。

1.1.2　危险源

危险源是可能导致人员死亡或伤害、财产损失、工作环境破坏或这些情况组合的根源或状态。危险源包括可能导致伤害或危险状态的来源，或可能因暴露而导致伤害和健康损害的环境。危险源由三个要素构成：潜在危险性、存在条件和触发因素。①

潜在危险性是指一旦触发事故，危险源可能带来的危害程度或损失大小，或者说危险源可能释放的能量强度或危险物质量的大小。

存在条件是指危险源所处的物理、化学状态和约束条件状态，例如：物质的压力、温度、化学稳定性，盛装容器的坚固性，周围环境屏蔽物等情况。

触发因素不属于危险源的固有属性，但它是使危险源演化为事故的外因，而且每类危险源都有相应的敏感触发因素。如易燃易爆物质，热能是其敏感触发因素；压力容器，压力升高是其敏感的触发因素。一定的危险源总是与相应的触发因素相关联，在触发因素的作用下，危险源进入危险状态，继而导

①赵宏展，徐向东.危险源的概念辨析［J］. 中国安全科学学报，2006，（1）：65-70.

致事故的发生。

1.1.2.1 危险源分类

通常危险源分成两种类型。

（1）第一类危险源

可能发生意外释放的能量（能源或能量载体）或危险物质。如产生、供给能量的装置、设备；使人体或物体具有较高势能的装置、设备或场所；有害物质和能量载体；一旦失控可能产生巨大能量的装置、设备或场所；一旦失控可能发生巨大能量蓄积或突然释放的装置、设备或场所；危险物质；生产、加工、储存危险物质的装置、设备或场所；人体一旦与之接触，将导致能量向人体意外释放的物体。

（2）第二类危险源

可能导致能量、危险物质约束或限制措施被破坏或失控的各种因素，包括：人的不安全行为、物的不安全状态、环境因素、管理因素。

第一类危险源是伤亡事故的能量主体，是第二类危险源出现的前提，没有第一类危险源，第二类危险源就无从谈起；第二类危险源是第一类危险源造成事故的必要条件，决定事故发生的必然性。它们分别决定事故的严重性和可能性大小，两类危险源共同决定危险源的危险程度。在事故发生、发展过程中，必然是两类危险源相互依存、相辅相成的结果，也就是内因通过外因的触发导致事故。

1.1.2.2 危险和有害因素分类

危险因素是指能对人造成伤亡或对物造成突发性损害的因素。有害因素是指能影响人的身体健康、导致疾病，或对物造成慢性损害的因素。危险因素在时间上比有害因素来得快、来得突然；造成的危害性比后者严重。

在我国安全评价工作中，对危险、有害因素的分类主要依据《生产过程危险和有害因素分类与代码》（GB/T 13861—2022）、《企业职工伤亡事故分类标准》（GB 6441—86）而确定的。不同行业之间的差别较大，主要的危险、有害因素各不同，高校实验室可以参考这两个标准，制订符合学校实际情况的规范。

由于第一类危险源是难以取代的，因而通常危险源指第二类危险源。《生产过程危险和有害因素分类与代码》中将生产过程的危险与有害因素分为以下

4类。

（1）人的因素

在生产活动中，来自人员或人为性质的危险和有害因素。人的不安全行为会直接破坏对第一类危险源的控制，也可能造成物的故障，进而导致事故发生。人的因素有心理、生理性危险和有害因素，以及行为性危险和有害因素两大类别。

心理、生理性危险和有害因素包括负荷超限、健康状况异常、从事禁忌作业、心理异常、辨识功能缺陷及其他因素。

行为性危险和有害因素包括指挥错误、操作错误、监护失误及其他因素。

（2）物的因素

机械、设备、设施、材料等方面存在的危险和有害因素。物的不安全状态使约束、限制有害物质或能量的措施失效而发生事故。人的失误会造成物的故障，物的故障也可能诱发人的失误。物的因素又分为物理性危险和有害因素、化学性危险和有害因素、生物性危险和有害因素，如表1–1所示。

表1–1　物的危险和有害因素

序号	类别	具体分类
1	物理性危险和有害因素	1. 设备，设施，工具，附件缺陷；2. 防护缺陷；3. 电伤害；4. 噪声；5. 振动危害；6. 电离辐射；7. 车电辐射；8. 运动物伤害；9. 明火；10. 高温物质；11. 低温物质；12. 信号缺陷；13. 标志缺陷；14. 有害光照；15. 其他物理危险和有害因素
2	化学性危险和有害因素	1. 爆炸品；2. 压缩气体和液化气体；3. 易燃液体；4. 易燃固体、自燃物品和遇湿易燃物品；5. 氧化剂和有机过氧化物；6. 有毒品；7. 放射性物品；8. 腐蚀品；9. 粉尘与气溶胶；10. 其他化学性危险和有害因素
3	生物性危险和有害因素	1. 致病微生物；2. 传染病媒介物；3. 致害动物；4. 致害植物；5. 其他生物性危险和有害因素

（3）环境因素

生产作业环境中的危险和有害因素。不良的物理环境，会引起物的不安全状态或人的不安全行为。

环境因素根据作业场所的不同分为室内作业场所、室外作业场地、地下（含水下）作业环境和其他作业环境。

其中室内作业场所环境不良又细分为15个小类，可以作为高校实验房间安全检查的部分依据。具体名称及说明见表1–2。

表 1-2　室内作业场所环境不良代码及名称

代码	名　称	说　明
3101	室内地面湿滑	指室内地面、通道、楼梯被任何液体、熔融物质润湿，结冰或有其他易滑物
3102	室内作业场所狭窄	—
3103	室内作业场所杂乱	—
3104	室内地面不平	—
3105	室内楼梯缺陷	包括楼梯、阶梯、电动梯和活动梯架，以及这些设施的扶手、扶栏和护栏、护网等
3106	地面、墙和天花板上的开口缺陷	包括电梯井、修车坑、门窗开口、检修孔、孔洞、排水沟等
3107	房屋基础下沉	—
3108	室内安全通道缺陷	包括无安全通道，安全通道狭窄、不畅等
3109	房屋安全出口缺陷	包括无安全出口、设置不合理等
3110	采光不良	指照度不足或过强，烟尘弥漫影响照明等
3111	作业场所空气不良	指自然通风差、无强制通风、风量不足或气流过大、缺氧、有害气体超限等
3112	室内温度、湿度、气压不适	—
3113	室内给、排水不良	—
3114	室内涌水	—
3199	其他室内作业场所环境不良	—

（4）管理因素

管理和管理责任缺失所导致的危险和有害因素。管理因素有职业安全卫生组织机构不健全、职业安全卫生责任制未落实、职业安全卫生管理规章制度不完善、职业安全卫生投入不足、职业健康管理不完善、其他管理因素缺陷。高校实验室安全管理相对滞后，普遍存在以上问题。

1.1.3　隐患

隐患指违反安全生产法律、法规、规章、标准、规程和安全生产管理制度的规定，或者因其他因素在生产经营活动中存在可能导致事故发生的物的危险状态、人的不安全行为和环境的不安全条件。

隐患具有隐蔽、藏匿、潜伏的特点，在特定的时间、一定的范围、一定的条件下，显现出好似静止、不变的状态，使人意识不到，感觉不出它的存在。

隐患也存在一个量变到质变，渐变到突变的过程，如果不及时认识和发现，迟早要演变成事故。隐患从发现到消除过程中，讲究时效，可以避免演变成事故；反之，不能有效地把隐患治理在初期，必然会导致严重后果。

危险源与隐患之间有内在联系，又是两个不同的概念。危险源属于自然常态，危险源可能存在事故隐患，也可能不存在事故隐患。隐患属于不正常状态，相当于危险源中的第二类，表现为防止能量或有害物质失控的屏障上的缺陷或漏洞，它是诱发能量或有害物质失控的外部因素，是事故发生的外因。一般来说，对于存在事故隐患的危险源一定要及时加以整改，否则随时可能导致事故。

事故隐患分为一般事故隐患和重大事故隐患。一般事故隐患，是指危害和整改难度较小，发现后能够立即整改排除的隐患。重大事故隐患，是指危害和整改难度较大，应当全部或者局部停产停业，并经过一定时间整改治理方能排除的隐患，或者因外部因素影响致使生产经营单位自身难以排除的隐患。

1.1.4 风险

风险一词是在17世纪60年代从意大利语演化成英语的。它的意大利语本意是在充满危险的礁石之间航行。只有在描述未来某些事件是否发生的时候才使用风险这个词，而过去发生的危险并不称作风险。另外，虽然经济学理论中风险同时涵盖损失和利益，但是在安全领域，这个词汇涉及的大部分是负面后果。

风险是指生产安全事故或健康损害事件发生的可能性和后果的组合。风险有两个主要特性，即可能性和后果。可能性是指事故（事件）发生的概率。后果是指事故（事件）一旦发生后，将造成的人员伤害和经济损失的严重程度。

1.1.4.1 风险矩阵

风险由后果和可能性共同决定，例如：发生率是百年一次，每次发生损失100万元的事件，与每年发生一次，每次损失1万元的事件，其风险是相同的。

风险接受准则是用来表示某一风险水平对于所研究系统或者活动是否可以容忍。风险被划分为以下3个等级。

① 不可接受区域。这里风险是无法容忍的，必须采取降低风险的措施。

② 中间区。中间部分是基于风险缓解可以接受，在这里应该采取措施，进一步降低风险。

③ 可接受区域。在这里不需要采取进一步降低风险的措施，当风险处于这个水平的时候，进一步降低风险从经济上考虑是不划算的，与其在这里花费大量资金，不如考虑降低别处的风险。

风险矩阵是一种有效的风险评级工具。可以应用于分析项目的潜在风险，也可以分析采取某种方法的潜在风险。它是一种标准化的被用于对照参考的矩阵。

风险矩阵的基本思想就是将风险（risk）分解为严重程度（severity）和可能性（likelihood）两个可度量的量。由于不同的主体对风险的承受能力不同，不同类型的后果或事件的特征也有很大不同，例如：同样100万元等级的经济损失，小型企业可能将其严重性归于不可接受，而大型国企可能将其归于可以容忍，所以，不同的主体应该根据实际情况，定义自己的风险矩阵。

关于风险矩阵尺寸、行列标签这些参数并无标准。大多数风险矩阵中可能性及严重性分为3~6级。表1-3是一个典型的5×5的风险矩阵，其中严重性和可能性都被分为5级。风险等级达到20为不可接受区域，小于10为可接受区域，其他为中间区域，如表1-3所示。

表1-3　风险矩阵表

风险等级		后果及赋值				
		影响特别重大（5）	影响重大（4）	影响较大（3）	影响一般（2）	影响很小（1）
可能性及赋值	极有可能发生（5）	25	20	15	10	5
	很有可能发生（4）	20	16	12	8	4
	可能发生（3）	15	12	9	6	3
	较不可能发生（2）	10	8	6	4	2
	基本不可能发生（1）	5	4	3	2	1

1.1.4.2　风险管理

在识别风险，然后采取降低风险的措施之后，调查风险如何随时间变化，就是在进行风险管理。

风险管理的目标是识别、分析、评价系统当中或者与某项行为相关的潜在危险的持续管理过程，寻找并引入风险控制手段，消除或者至少减轻这些危险对人员、环境或者其他资产的损害。用经济的方法来综合处理风险，以实现最佳安全保障的科学管理方法。风险管理包括以下6大要素。

（1）识别

识别潜在的危险事件，以及与系统相关的危险源。同时，也需要识别出可能受损的资产。在问题出现之前发现它们，并从是什么、何时、何地、如何发生、为什么发生等多方面进行描述。

（2）分析

分析意味着将数据转化为与风险相关的决策支持信息。这些数据可能是危险事件的概率，或者事件发生造成后果的严重程度。这些分析是企业对关键风险因素进行排序的基础。

在可能性分析中要进行演绎分析，识别每处危险事件的成因，同时根据危险数据和专家判断预测危险事件的概率。后果分析环节要进行归纳分析，识别所有由危险事件引起的潜在后果。归纳分析的目的是找出所有可能的最终结果，以及它们发生的概率。风险分析的方法包括定性分析及定量分析，具体采用哪种方法要取决于分析的目标。

定性风险分析以完全定性的方法确定概率和后果；定量风险分析对概率及后果进行数学估算，有时还需考虑相关的不确定因素。

风险评价是在风险分析的基础上，综合考虑社会、经济、环境等方面的因素，对风险的容许度做出判断的全过程。

（3）计划

在此步骤中，风险信息被转化为决策和行动。计划包括确定处理每个风险的方案，为风险降低工作排序，以及制定完整的风险管理计划。

（4）跟踪

包括监控风险级别和降低风险的行动。要找出合适的风险降低方法并进行监控，保证可以对风险状态进行评价。

（5）控制

在这一步当中，需要执行先前提出的风险降低措施。该步骤可以集成到日常的管理活动过程中，根据管理流程控制风险行动计划，修正计划与实践之间的偏差。

（6）沟通与建档

上述几项工作都需要建档，并在各部门之间沟通和交流。如果没有有效的沟通，任何风险管理方法都是没用的。

在实际工作中，高等学校一般将风险管理和安全管理视为同样的工作。其实，两者有较大区别。风险管理的内容较安全管理更为广泛。安全管理强调的是减少事故，甚至消除事故。而风险管理的目标是尽可能地减少风险的经济损失。由于两者的着重点不同，也就决定了它们控制方法的差异。

1.1.4.3 风险分级管控和隐患排查治理

2016年1月，中共中央总书记、国家主席、中央军委主席习近平在中共中央政治局常委会议上发表重要讲话，对全面加强安全生产工作提出5点明确要求，指出必须坚决遏制重特大事故频发势头，对易发重特大事故的行业领域采取风险分级管控、隐患排查治理双重预防性工作机制，推动安全生产关口前移，加强应急救援工作，最大限度减少人员伤亡和财产损失。强调事前危害辨识与风险评估、事中落实管控措施、事后总结与改进，最终就可以达到风险超前控制和持续改进的目的，如图1–3所示。

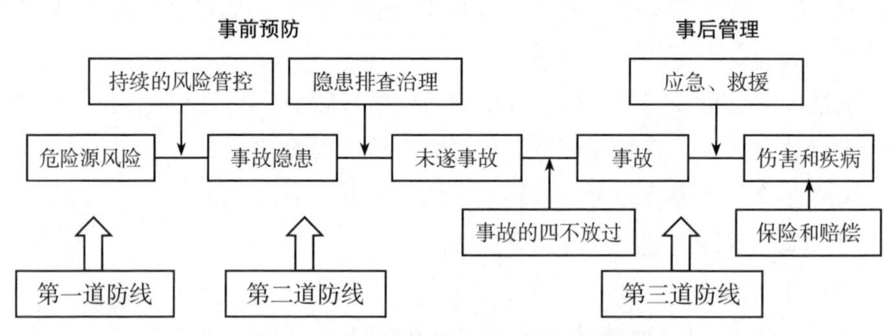

图1–3 风险分级管控和隐患排查治理

风险分级是通过采用科学、合理的方法对危险源所伴随的风险进行定性或定量评价，根据评价结果划分等级。风险分级管控则是按照风险不同级别、所需管控资源、管控能力、管控措施复杂及难易程度等因素而确定不同管控层级的风险管控方式。风险分级管控的基本原则：风险越大，管控级别越高；上级负责管控的风险，下级必须负责管控，并逐级落实具体措施。

风险点是风险伴随的设施、部位、场所和区域，以及在设施、部位、场所和区域实施的伴随风险的作业活动，或以上两者的组合。排查风险点是风险管控的基础，对风险点内的不同危险源（与风险点相关联的人、物、环境及管理等因素）进行识别、风险评价以及根据评价结果采取不同控制措施是风险分级管控的核心。

隐患排查是指企业组织安全生产管理人员、工程技术人员和其他相关人员对本单位的事故隐患进行排查，并对排查出的事故隐患，按照事故隐患的等级进行登记，建立事故隐患信息档案的工作过程。隐患治理是指消除或控制隐患的活动或过程。包括对排查出的事故隐患按照职责明确整改责任，制定整改计划、落实整改资金、实施监控治理和复查验收的全过程。隐患信息是指包括隐患名称、位置、状态描述、可能导致后果及其严重程度、治理目标、治理措施、职责划分、治理期限等信息的总称。企业对事故隐患信息应建档管理。

1.1.5 事故

事故是指人们在实现其目的的行动过程中，突然发生的，迫使其有目的行动暂时中止或永久终止的意外事件。

根据事故造成的后果，《企业职工伤亡事故分类标准》（GB 6441—86）将事故分为20种，物体打击、车辆伤害、机械伤害、起重伤害、触电、淹溺、灼烫、火灾、高处坠落、坍塌、冒顶片帮、透水、放炮、火药爆炸、瓦斯爆炸、锅炉爆炸、容器爆炸、其他爆炸、中毒和窒息等其他伤害。

事故的特征主要包括：事故的因果性，事故的偶然性、必然性和规律性，事故的潜在性、再现性和预测性。

1.1.5.1 事故因果性

因果即原因和结果。因果性即事物之间，一个事物是另一个事物发生的根据。事故是许多因素互为因果连续发生的结果。一个因素是前一个因素的结果，而又是后一个因素的原因。也就是说，因果关系有继承性，是多层次的。

事故的因果关系是事故的发生有其危险有害因素，而且往往不是由单一危险有害因素造成的，而是由若干个危险有害因素合在一起造成的。当出现符合事故发生的充分与必要条件时，事故就必然会立即发生。多一个危险有害因素不必要，少一个危险有害因素事故就不会发生。而每个危险有害因素又由若干个二级危险有害因素构成，依此类推，有三级危险有害因素及四级危险有害因素等。消除一级、二级、三级等危险有害因素，破坏事故发生的充分与必要条件，事故就不会发生，这就是采取技术、管理、教育等方面的安全对策措施的理论依据。

1.1.5.2　事故偶然性、必然性和规律性

从本质上讲，伤亡事故属于在一定条件下可能发生、也可能不发生的随机事件。就特定事故而言，其发生的时间、地点、状况等均无法预测。

事故是由于客观存在不安全因素，随着时间的推移，出现某些意外情况而发生的，这些意外情况往往是难以预知的。因此，事故的偶然性是客观存在的，这与是否掌握事故的原因毫无关系。换言之，即使完全掌握了事故原因，也不能保证绝对不发生事故；事故的偶然性还表现在事故是否产生后果（人员伤亡、财产损失），以及后果的大小如何都是难以预测的。反复发生的同类事故并不一定产生相同的后果。事故的偶然性决定了要完全杜绝事故发生是困难的，甚至是不可能的。

1.1.5.3　事故潜在性、再现性和预测性

如图1-4所示，当危险源和隐患未被有效管理时，就有可能发生导致人员伤害，财产损失或环境破坏的事故。事故往往是突然发生的，然而导致事故发生的因素，即所谓隐患或潜在危险是早就存在的，只是未被发现或未受到重视而已。随着时间的推移，一旦条件成熟，就会显现而形成事故，这就是事故的潜在性。

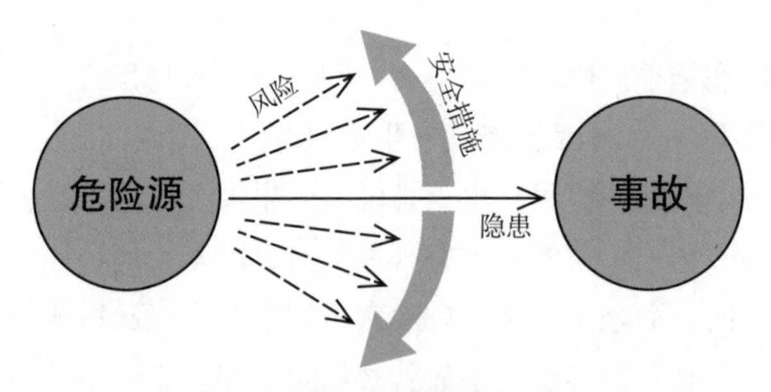

图1-4　危险源与事故关系图

事故发生，就成为过去。时间是一去不复返的，完全相同的事故不会再次出现。然而没有真正地了解事故发生的原因，并采取有效措施去消除这些原因，就会再次出现类似的事故。人们应当致力于消除这种事故的再现性，这是能够做到的。

人们根据对过去事故所积累的经验和知识，以及对事故规律的认识，使用科学的方法和手段，可以对未来可能发生的事故进行预测。事故预测就是在认

识事故发生规律的基础上，充分了解、掌握各种可能导致事故发生的危险因素以及它们的因果关系，推断它们发生的可能性。

1.1.5.4 安全效应

（1）蝴蝶效应（The Butterfly Effect）

美国气象学家爱德华·罗伦兹（Edward N. Lorenz）1963年在一篇提交给纽约科学院的论文中分析道："一位气象学家提及，如果这个理论被证明正确，一只海鸥扇动翅膀足以永远改变天气变化。"他在以后的演讲和论文中用更加有诗意的蝴蝶替代海鸥。对于蝴蝶效应最常见的阐述是："一只南美洲亚马孙河流域热带雨林中的蝴蝶，偶尔扇动几下翅膀，可以在两周以后引起美国得克萨斯州的一场龙卷风。"其原因就是蝴蝶扇动翅膀的运动，导致其身边的空气系统发生变化，并产生微弱的气流，而微弱气流的产生又会引起四周空气或其他系统产生相应的变化，由此引起连锁反应，最终导致其他系统的极大变化。

蝴蝶效应在一个动力系统中，初始条件下微小的变化能带动整个系统长期的巨大连锁反应。这是一种混沌现象。任何事物发展均存在定数与变数，事物在发展过程中其发展轨迹有规律可循，同时存在不可测的"变数"，往往还会适得其反，一个微小的变化能影响事物的发展，说明事物的发展具有复杂性。

（2）墨菲定律

"墨菲定律"是一种心理学效应，是由爱德华·墨菲（Edward A. Murphy）提出的。原内容是：如果有两种或两种以上的方式去做某件事情，而其中一种选择方式将导致灾难，则必定有人会做出这种选择。其内涵包括以下内容：任何事都没有表面看起来那么简单；所有的事都会比你预计的时间长；会出错的事总会出错；如果你担心某种情况发生，那么它就更有可能发生。

"墨菲定律"的引申内容是：任何事件，如果有变坏的可能，不管这种可能性有多小，只要具有大于零的概率，它就一定会发生。相当多数量的事故都是突然发生的，发生前似乎看不到明显的征兆，看起来是偶然的，但偶然之中存在着必然。

事故的因果性决定了事故的必然性。事故是一系列因素互为因果、连续发生的结果，事故因素及其因果关系的存在决定事故或迟或早，必然要发生。其随机性仅表现在何时、何地、因什么意外事件触发而产生。掌握事故的因果关系，切断事故因素的因果连锁，就消除了事故发生的必然性，就可能防止事故发生。"墨菲定律"告诫人们，安全意识不能放松，不能忽视小概率事件，必

须采取积极的检查和预防措施。

（3）海因里希法则（图1-5）

事故的必然性中包含着规律性。既为必然，就有规律可循。必然性来自因果性，深入探查、了解事故因果关系，就可以发现事故发生的客观规律，从而为防止事故发生提供依据。

应用概率理论，收集尽可能多的事故案例进行统计分析，就可以从总体上找出根本性的问题，为制定宏观安全决策奠定基础，为改进安全工作指明方向，从而做到预防为主，实现安全生产的目的。

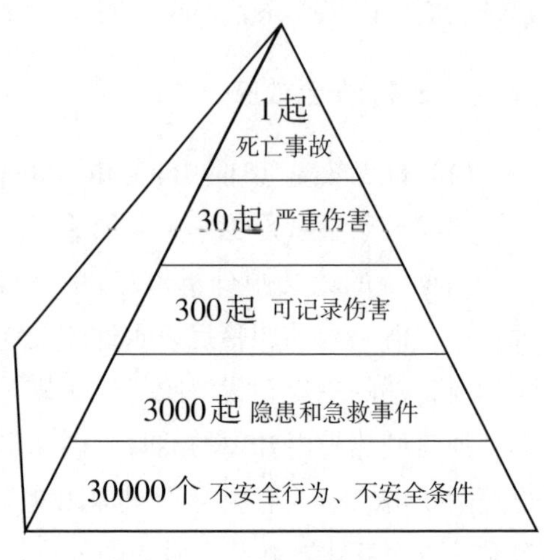

图1-5　海因里希法则

海因里希法则是在1941由年美国的海因里希统计许多灾害得出的。当时，海因里希统计了55万起机械事故，其中死亡、重伤事故1666起，轻伤事故48334起，其余则为无伤害事故，从而得出一个重要结论，即在机械事故中，死亡或重伤、轻伤以及无伤害事故的比例为1∶30∶300，国际上把这一法则叫事故法则。这个法则说明，在机械生产过程中，每发生3000起隐患和急救事件，有300起可记录伤害，30起严重伤害，1起死亡事故。

对于不同的生产过程，不同类型的事故，上述比例关系不一定完全相同。但这个统计规律说明了在进行同一项活动中，无数次意外事故，必然导致重大伤亡事故的发生。海因里希法则指出，在所有发生的事故中，未遂事故虽然没有造成人身伤害和经济损失，但由于其发生的原因和发展的过程与发生严重事故或重大事故是一致的，如果没有意外事件中断未遂事故的发展，极可能造成严重伤害或重大事故，因而必须对其进行深入研究，探讨其发生原因和发展规律，从而采取相应措施，消除事故原因或中断事故发展过程，达到控制和预防事故的目的。

从偶然性中找出必然性，认识事故发生的规律性，变不安全条件为安全条件，把事故消除在萌芽状态，这就是防患于未然、预防为主的科学根据。

1.2 安全文化

在汉语系统中，“文化”的本义就是“以文教化”，它表示对人性情的陶冶、品德的教养，属于精神领域范畴。美国约翰·科特教授研究企业文化对企业经营业绩的影响力，结果证明：凡是重视企业文化建设的公司，其经营业绩胜于那些不重视企业文化建设的公司。企业管理从“经验管理（人治）”到“科学管理（法治）”到“文化管理（文治）”的演进过程说明，企业文化对企业生存和发展的作用越来越大，成为企业竞争力的基石和决定企业兴衰的关键因素。

企业安全文化是企业文化的子文化。安全文化有广义和狭义之别，但从其产生和发展的历程来看，安全文化的深层次内涵，仍属于“安全修养”或“安全素质”的范畴。也就是说，安全文化主要是通过“文之教化”的作用，将人培养成具有现代社会所要求的安全情感、安全价值观和安全行为表现的人。

1.2.1 安全文化概述

1986年，国际原子能机构（International Atomic Energy Agency，缩写IAEA）在对切尔诺贝利事故调查后，给出《事故后审评会的总结报告》(INSAG-1)，首先提出安全文化的概念。两年后，国际原子能机构的国际核安全咨询组（International Nuclear Safety Advisory Group，缩写INSAG）在其核安全的基本原则中把安全文化（safety culture）的概念作为一种基本的管理原则，提出安全的目标必须渗透到核电厂发电所进行的一切活动中。1991年，国际核安全咨询组编写了《安全文化》即（INSAG-4），标志安全文化正式在世界各国传播和实践。报告对安全文化进行了详细的论述，首次对安全文化的概念进行了定义，提出了安全文化的要素，引起全世界对安全文化的关注。

在中国劳动保护科学技术学会的推动下，我国在核电工业、交通运输业、建筑业、石油化工业、冶金等领域逐步引入并推广这一概念，兴起研究和建设安全文化的热潮。国内的《企业安全文化建设导则》（AQ/T 9004—2019）中将安全文化定义为被企业组织的员工群体所共享的安全价值观、态度、道德和行为规范组成的统一体。

安全文化是安全价值观和安全行为准则的总和，安全价值观是指安全文化的底层结构，安全行为准则是指安全文化的表层结构。安全文化可分为3个层次，一是可见之于形、闻之于声的表层文化，如企业的安全文明生产环境与秩序等；二是企业安全管理体制的中层文化，它包括企业内部的组织机构、管理网络、部门分工及安全生产法规与制度建设；三是沉淀于企业及其职工心灵中安全意识形态的深层文化，如安全思维方式、安全行为准则、安全价值观等。其中最重要的是深层文化，它支配着企业职工的行为趋向，而表层文化、中层文化的状况也会反作用于企业的深层安全文化。

1.2.2 安全文化发展

从安全哲学中安全认识论的角度，可以将安全文化的发展分为以下4个阶段，如表1–4所示。

表1–4 安全文化发展阶段

时代	技术特征	哲学观	认识论	方法论
17世纪前	农牧业及手工业	宿命论与被动型	听天由命	无能为力
17世纪末至20世纪初	蒸气机时代	经验论与事后型	局部安全	亡羊补牢，事后型
20世纪初至20世50年代	电气化时代	系统论与综合型	系统安全	综合对策及系统工程
20世纪50年代以来	宇航技术与核能	本质论与预防型	安全系统	本质安全化，预防型

1.2.2.1 古代安全文化

17世纪前，人类的安全哲学是宿命论，具有被动承受型的特点。认为人在事故面前无能为力，只能祈求“老天爷”保佑。尽管这种宿命论是唯心的，但毕竟是人类对自己与自然关系的一种难得的认识，在当时是极其不易的进步。

古代安全文化在安全控制方法层面对事故的发生顺其自然，只有事后处理，无事前预防。

1.2.2.2 近代安全文化

17世纪末至20世纪初，人类的安全观念提高到经验论水平，行为方式有了亡羊补牢的特征，用事后弥补的方式避免重蹈覆辙。经验论尽管是“事后”的，但对后事也具有预防的重大意义，正所谓“前事不忘，后事之师”，是人类对安全认识的巨大进步，说明安全问题在一定程度上已进入人脑，由无意识变为有意识，并产生了能动作用。从建立在事故与灾难的经历和教训上来认识人类现实生产、生活的安全，有了与事故抗争的意识。

近代安全文化在安全控制方法层面具有了经验论、局部安全认识、安全责任意识、事故损失意识。

1.2.2.3 现代安全文化

20世纪初至20世纪50年代，随着工业社会的发展和技术的不断进步，人类对安全的认识从局部认知进入了系统认知（论）阶段，对事故的产生和分析采用了系统的综合方法来解决，认为人、机、环境、管理，是事故产生的4大综合要素，主张使用工程技术硬手段与教育、管理软手段综合措施。这样在方法论上能够推行安全生产系统与安全生活的综合型对策，在寻求本质安全文化的道路上又向前迈进了一步。

现代安全文化在安全控制方法层面具有了系统论；人、机、环境系统认识；综合对策意识；安全综合效益意识；生命第一原则。

1.2.2.4 发展的安全文化

20世纪50年代以来，随着宇航技术发展、核能的利用，人类对安全有了更迫切的需求。特别是世界进入信息化时代，随着计算机技术、传感技术及人工智能技术等高技术的开发和应用，人类对安全也有了更全面、更深刻的认识。人类的安全认识论进入了本质安全化阶段，超前预防成为现代安全的主要特征，这种高技术风险领域的安全思维和方法论，推进了传统产业和技术领域的安全手段和对策的创新和进步。

发展的安全文化在安全控制方法层面以系统安全观为指导，提出了自组织思想，有了本质安全化的认识，其方法论是力求安全的超前性、预防性、应急性，实现本质安全化。

1.2.3 杜邦布莱德利安全文化曲线

美国杜邦公司是1802年成立的一家以生产黑火药为主的企业，它拥有的炸药技术在世界上处于领先地位。生产黑火药风险相当高，公司在1818年发生的一次爆炸事故造成40多位员工伤亡，而当时企业只有100多名员工。由于美国进行西部开发，仍然需要大量炸药，所以政府提供贷款支持企业继续做下去。这时杜邦本人体会到安全是企业的核心利益，具有压倒一切的优先权，应高度重视安全工作。在以后的200余年里，杜邦公司建立了完整的安全体系，并逐渐形成了安全至上的企业文化。

1995年，杜邦公司总结企业安全管理实践经验，提出了著名的布莱德利安全文化曲线，找到了实现世界一流安全绩效的内在规律。从那时直到今天，这一模型仍然深刻地影响着各大企业的安全管理，如图1-6所示。

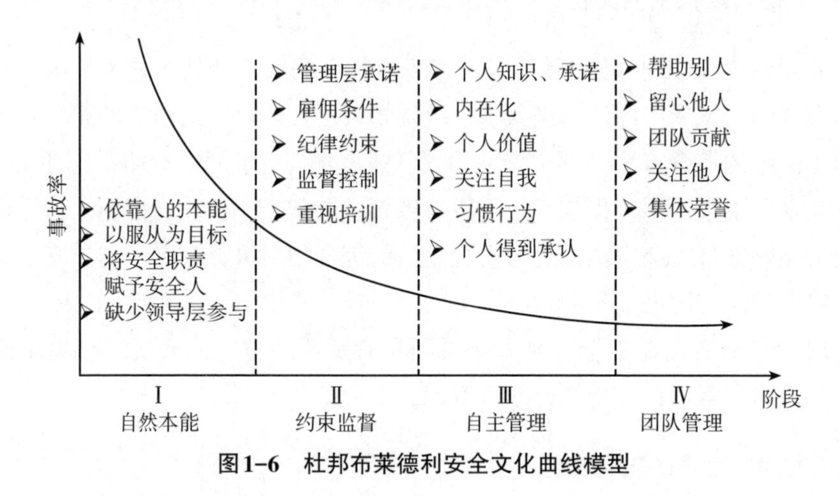

图1-6　杜邦布莱德利安全文化曲线模型

由杜邦布莱德利安全文化曲线可知，企业安全文化建设不同阶段中企业和员工表现出的安全行为特征可概括如下。

1.2.3.1　第一阶段自然本能反应

员工不对安全负责。他们认为，安全更多地在于运气而不是管理，员工对安全的认识和反应是出于人的本能保护，没有或很少有安全的预防意识。

1.2.3.2　第二阶段依赖严格的监督

处在该阶段时企业已建立起必要的安全管理系统和规章制度，各级管理层对安全责任做出承诺，但员工的安全意识和行为往往是被动的，认为安全就是遵守他人制定的规则。事故率下降了，管理层相信“只要员工遵守这些规则”，安全便可以进行管理。

1.2.3.3　第三阶段独立自主管理

在这个阶段，企业已具有良好的安全管理及体系，安全责任获得各级管理层的承诺，各级管理层和全体员工具备良好的安全管理技巧、能力以及安全意识，每个人都对自己的安全负责，并通过自己的行动改变安全环境。

1.2.3.4　第四阶段互助团队管理

当企业安全文化深得人心，安全已融入企业组织内部的每个角落时，员工团队觉得安全是自己的事情，既对自己负责，也对他人负责。员工认为只有作为一个整体才能真正实现改进，达到零伤害的目标。

杜邦布莱德利安全文化曲线模型，阐释了企业成熟度是个人及公司的核心价值、态度、认识、能力、行为模式的总和，具有独特的发展规律。模型直观地揭示了安全文化与事故率之间的反比关系，以及和其他风险预期、生产率、质量和利润率等主要指标间的对应关系，并全面总结了每个发展阶段的组织和个人的思想与行为特征。

杜邦布拉德利安全文化曲线不仅适用于企业，同样也适用于高等学校的实验室，可用来帮助高等学校构建实验室安全文化，实现实验人员观念与行为的转变。

1.2.4 中国古代安全

1.2.4.1 古代安全技术

追溯人类的历史可以看到，随着社会生产力的发展和社会生产方式的不断改进，人们开始向大自然深处索取资源。从露天的矿脉开采到地下矿床的开拓，从“凿井而饮”和大口径浅井到绳式顿钻的深井，体现了中国古代采矿技术的发展，其中也包含着安全防护技术。公元610年，隋代巢元方著的《诸病源候论》中记载：“……凡古井冢和深坑井中多有毒气，不可辄入……必入者，先下鸡毛试之，若毛旋转不下即有毒，便不可入。”其中的毒气实际上就是密度较大的二氧化碳气体，可以通过观察鸡毛下降速度而获得侦测毒气的便捷方法。1637年，宋应星编著的《天工开物》一书中，详尽地记载了处理矿内瓦斯和顶板事故的“安全技术”：“初见煤端时，毒气灼人，有将巨竹凿去中节，尖锐其末，插入炭中，其毒烟从竹中透上。”在论述防止冒顶的措施时说“炭纵横广有，则随其左右阔取，其上支板，以防压崩。”

1.2.4.2 古代安全管理

中国很早就重视安全工作。商王朝就开始规定“弃灰于公道者断其手”，对倒灰在大路上的人要按刑罚处理。子贡认为倒灰的罪行轻，砍手的刑罚太重，古人为什么这么残酷呢？孔子回答说，不倒灰是容易办得到的，砍手的刑罚是人们所畏惧的。做容易办得到的事，不去触犯所畏惧的刑罚，古人认为这是简捷易行的事，所以才推行这种法规。

相同的管理思想仍被国外所采用，以降低安全管理成本。例如：英国银行家乔纳森·巴罗斯利用交通系统的漏洞逃票。英国金融市场行为监管局得知他的行为后立即展开调查，并要求他通知他的雇主。当雇主得知后，巴罗斯马上被停职，其后来失去了工作。

1.2.4.3 古代安全哲学

《荀子·天论》："天行有常，不为尧存，不为桀亡。应之以治则吉，应之以乱则凶。强本而节用，则天不能贫；养备而动时，则天不能病；修道而不贰，则天不能祸。"大自然的规律永恒不变，它不为尧而存在，不为桀而灭亡。用产生安定的措施去适应它就吉利，用导致混乱的措施就会凶险。加强农业生产而又节约开支，那么天不可能使人贫困；生活资料充足而又能适应天时变化进行生产活动，那么天也不可能使人受到损害；遵循规律而又不出差错，那么天也不可能使人遭到祸害。

《左传·襄公十一年》："居安思危，思则有备，有备无患，敢以此规。"意为处于安定的环境中要想到危险，想到了就有所防备，有了防备就没有祸患。谨以此向君王规劝。

东汉荀悦《申鉴·杂言》："进忠有三术：一曰防，二曰救，三曰戒。先其未然谓之防，发而止之谓之救，行而责之谓之戒。防为上，救次之，戒为下"。意思是：在不好的事情发生之前阻止是上策；不好的事情刚发生时阻止次之；不好的事情发生后再惩戒为下策。这段文字从理论上阐述了事后控制不如事中控制，事中控制不如事前控制。

《老子·德经·第六十四章》："其安易持；其未兆易谋；其脆易泮；其微易散。为之于未有，治之于未乱。"意思是：在局势稳定时，保持这种稳定的状态是容易的；在问题还没有露出明显的兆头时，我们可以从容地考虑对策方案；在问题刚刚开始形成时，不难想办法恢复常态；在问题已经形成但尚未恶化之前，也比较容易减弱或消除其危害程度。解决问题，要在它没有出现时就着手解决；治理动乱，要在它还没有乱起来的时候就着手治理。

明代徐祯稷《耻言》："夫忧先于事者，不入于忧；事至而忧者，无及于事。故顺而不惛，泰而能常。"事先忧虑，就不会陷入忧虑而被动；事故发生才忧虑，补救都来不及。所以顺境时不过于喜悦，平常能够镇静。

1.3　高等学校实验室安全

我国政府高度重视安全工作。习近平总书记针对安全工作提出，人命关天，发展决不能以牺牲人的生命为代价，这必须作为一条不可逾越的红线。

2015年，天津港瑞海公司危险品仓库发生特别重大火灾爆炸事故。事故发生后，党中央、国务院高度重视。习近平总书记立即作出重要指示，要求各地要汲取此次事故的沉痛教训，坚持人民利益至上，认真进行安全隐患排查，全面加强危险品管理，切实搞好安全生产，确保人民生命财产安全。

同年，教育部下发了《教育部关于开展学校安全大检查中深化“打非治违”和专项整治的紧急通知》（2015年8月21日），以及《关于开展高等学校实验室危险品安全自查工作的通知》（2015年8月31日），并组织安全专家对部分直属高校进行安全检查。但是不幸的是，2015年12月18日上午，清华大学化学系发生火灾爆炸事故，造成一名实验人员死亡。2016年5月，华东理工大学一名研究生在导师的校外工厂的较大爆炸事故中不幸身亡。2018年12月，北京交通大学两名博士和一名硕士在实验室事故中不幸身亡。2021年10月，南京航空航天大学发生爆燃，该事故造成2人死亡，9人受伤。这些安全事故给师生、学校和社会都带来了极为负面的影响。

2019年，教育部下发了《教育部关于加强高校实验室安全工作的意见》（教技函〔2019〕36号），2020年下发关于印发《教育系统安全专项整治三年行动实施方案》的通知（教发厅函〔2020〕23号），2021年下发《教育部办公厅关于开展加强高校实验室安全专项行动的通知》（教科信厅函〔2021〕38号）。这些不同的文件明确要求各地教育行政部门和高校要从牢固树立“四个意识”和坚决做到“两个维护”的政治高度，进一步增强紧迫感、责任感和使命感，深刻认识高校实验室安全工作的极端重要性，并作为一项重大政治任务坚决完成好。各高校要把安全摆在各项相关工作的首位，把实验室安全作为不可逾越的红线，牢固树立安全发展理念，弘扬生命至上、安全第一的思想，坚决克服麻痹思想和侥幸心理，抓源头、抓关键、抓瓶颈，做到底数清、责任明、管理实，切实解决实验室安全薄弱环节和突出矛盾，掌握防范、化解、遏制实验室安全风险的主动权。

高等学校安全事故的发生通常是量积累的结果，首先，实验室存在一些安全隐患没有得到重视；其次，实验人员在进行实验时存在侥幸心理，没有严格按照规范和要求进行操作；最后，在出现问题后没有采取合理的解决方法，最终酿成悲剧。由此可见，再好的技术、再完美的制度，在实际操作层面，也无法取代实验人员的责任心。保障安全必须从自身做起，按照操作规范进行实验，保持严谨求实的科学作风，才能减少实验室事故发生的概率，保证自身和他人的安全。

1.3.1 高等学校实验室安全特点

高等学校实验室安全具有空间的广泛性、时间的突发性、成因的复杂性、防治的局限性等特点。实验室是高校从事教学、科研的重要场所，环境复杂，普遍存在用房紧张、基础设施老化、设计不合理、防护设备不足等问题。实验室里有化学药品、仪器设备等多种危险因素，以及不同的科学研究工作。如果存储、使用不当，则易发生爆炸、火灾、中毒、机械伤害等多类事故，造成人员、财产的损失。随着科学技术的不断发展，实验技术更新的速度加快，新技术往往引入未知的危险因素，有的实验人员也不再积极弄清实验存在的潜在风险。还有学校实验室本科生、硕士生流动性大，不易控制，人员构成相对复杂，管理的难度大。这些都是高校实验室安全管理面临的实际问题。

① 空间的广泛性。随着高等学校科研任务越来越多，实验人员的活动范围也越来越广。

② 时间的突发性。实验室的危害有长期积累性的伤害，但更多的是突发性的爆炸、火灾、中毒等事故。

③ 成因的复杂性。实验室发生事故的原因比较复杂，既有管理问题、技术问题，也有历史遗留问题。

④ 防治的局限性。高等学校非常缺少高素质、专业的安全管理人员，这是影响实验室安全管理的最关键问题。除了少数安全专家，很少有人能全部弄清实验室安全问题，其系统性和复杂性越来越高。

首先，学校实验室安全工作并没有真正由统一的部门管理，涉及安全的事情往往牵涉实验室管理处、教务处、保卫处、资产处、学院等多个职能部门，存在九龙治水，但是又没有形成合力；其次，管理人员只有安全意识，而不具有风险意识，他们为了保证安全，只重视“管”，而不顾实验室的实际运行情况，忽视“理”顺关系，不能为实验人员提供安全实验的支持和帮助。学校下发的诸多项安全管理制度，存在空想的现象，没有真正解决实际问题。

1.3.2　实验室安全教育

高校实验室发生人身伤害的概率远远高于企业。但由于这类事故发生时被伤害人数较少，影响的范围通常较小，因而有时可能得不到应有的重视。人员是实验室最不安全的因素，海因里希认为人的不安全行为是导致事故发生的主要原因。对实验人员进行安全教育，使他们理解安全相关知识，提高他们预防、处置事故的能力，提高实验室安全的整体水平，是最直接、最有效，也是综合成本最低的安全管理措施。高等学校实验人员流动性大，安全教育必须常抓不懈。如果实验人员能够遵守安全规则，将是对其最好的保护。而漠视规则的人，总有一天会给自己的人生增添危险和变数。

1.3.2.1　事故频发倾向

事故频发倾向是指个别人容易发生事故的、稳定的、个人的内在倾向。1919年，格林伍德（Green Wood）和伍兹（H. H. Woods）对许多工厂里伤害事故发生次数资料进行了统计检验。结果发现工厂中存在许多特别容易发生事故的人时，发生不同次数事故的人数服从非均等分布，即每个人发生事故的概率不相同。在这种情况下事故的发生主要是由于人的因素引起的。为了检验事故频发倾向的稳定性，他们还计算了同一个人在前3个月里和后3个月里发生事故的次数，结果表明存在着事故频发倾向者。1939年，法默（Farmer）和查姆勃（Chamber）明确提出了事故频发倾向的概念，认为事故频发倾向者的存在是事故发生的主要原因。

实验室中存在少数容易发生事故的人这一现象并不罕见。在实际安全工作中，也有通过调整这些人员工作来预防事故的例子。例如，企业把容易出事故的人称作“危险人物”，当这些“危险人物”调离原工作岗位后，企业的伤亡事故明显减少。许多操作对操作者的素质都有一定要求，或者说，人员有一定职业适合性。当人员的素质不符合生产操作要求时，人在生产操作中就会发生失误或不安全行为，从而导致事故发生。危险性较高的、重要的操作，特别要求人的素质更高。

许多研究表明，某一段时间里发生事故次数多的人，在以后的时间里往往发生事故次数不再多了，并非永远是事故频发倾向者。通过数十年的实验研究，很难找出事故频发倾向者的稳定的个人特征。事故频发倾向者往往是受到教育水平、对事物认识差异、不同习惯所导致的。换言之，许多人发生事故是由于他们行为的某种瞬时特征引起的。

1.3.2.2 事故遭遇倾向

事故遭遇倾向是指某些人员在某些生产作业条件下容易发生事故的倾向。一些研究结果表明，前后不同时期里事故发生次数的相关系数与作业条件有关。例如，工厂规模不同，生产作业条件也不同，大工厂的场合相关系数比较稳定，小工厂则或高或低，表现出劳动条件的影响。高勃（P. W. Gobb）考察了6年和12年间两个时期事故遭遇倾向的稳定性，结果发现前后两段时间内事故发生次数的相关系数与职业有关。当从事规则的、重复性作业时，事故遭遇倾向较为明显。

对于一些危险性高的职业，工人要有一个适应期间，在此期间内新工人容易发生事故。日本研究人员对东京都出租汽车司机的年平均事故件数进行了统计，发现平均事故数与参加工作后一年内的事故数无关，而与进入公司工作时间的长短有关。司机在刚参加工作的头3个月事故数相当于每年5次，之后的3年事故数急剧减少，在第五年则稳定在每年1次左右。这符合经过练习而减少失误的心理学规律，表明熟练可以大大减少事故。针对特殊的实验操作，开展安全教育、提高安全技术、加强管理是防止事故遭遇倾向的主要办法。

综上所述，高等学校安全教育应围绕实验人员、特定岗位开展有针对性的安全教育。

1.3.3 高校实验室安全管理要求

2021年教育部办公厅下发《教育部办公厅关于组织开展2021年度高等学校实验室安全检查工作的通知》（教发厅函〔2021〕9 号）中要求，各高校要从牢固树立“四个意识”和坚决做到“两个维护”的政治高度，做好实验室安全保障工作。要强化安全红线意识，深刻认识实验室安全工作的重要性，进一步健全实验室安全责任体系，落实各项安全管理制度，以排查和整改安全隐患为抓手，以防范遏制各类安全事故为目标，掌握防范实验室安全风险的主动权。各高校要对实验室安全隐患进行“全过程、全要素、全覆盖”排查，重点做好易燃、易爆、剧毒、易制毒化学品安全及生物安全隐患排查与整改工作。

实验室安全管理制度至少包括以下内容。

1.3.3.1　建立安全定期检查制度

各高校要对实验室开展“全过程、全要素、全覆盖”的定期安全检查，核查安全制度、责任体系、安全教育落实情况和存在的安全隐患，实行问题排查、登记、报告、整改的闭环管理，严格落实整改措施、责任、资金、时限和预案“五到位”。

美国斯坦福大学心理学家菲利普·津巴多（Philip Zimbardo）于1969年进行了一项实验，他找来两辆一模一样的汽车，把其中的一辆停在加州帕洛阿尔托的中产阶级社区，而另一辆停在相对杂乱的纽约布朗克斯区。停在布朗克斯的那辆，他把车牌摘掉，把顶棚打开，结果当天就被偷走了。而放在帕洛阿尔托的那一辆，一个星期也无人理睬。后来把那辆车的玻璃敲了个大洞，结果仅仅过了几个小时，它就不见了。以这项实验为基础，詹姆士·威尔逊（James Wilson）及乔治·凯林（George Kelling）提出了一个“破窗效应”理论，认为如果有人打坏了一幢建筑物的窗户玻璃，而这扇窗户又得不到及时的维修，别人就可能受到某些示范性的纵容去打烂更多的窗户。此理论认为环境中的不良现象如果被放任存在，会诱使人们仿效，甚至变本加厉，如图1-7所示。

图1-7　破窗效应

从“破窗效应”中，我们可以得到这样一个道理：任何不良现象的存在，都在传递着一种信息，这种信息会导致不良现象的无限扩展。人和环境之间是互动的，环境的好坏是人的行为体现。“第一扇破窗”常常是事情恶化的起点，后续会造成更坏的影响，因此我们不仅不能做打破窗户的人，我们还要努力地修复“窗户”，警觉那些看起来是偶然的、个别的、轻微的“过错”。如刘备那句话，勿以善小而不为，勿以恶小而为之。

1.3.3.2　建立安全风险评估制度

实验室对所开展的教学、科研活动要进行风险评估，并建立实验人员安全准入和实验过程管理机制。实验室在开展新增实验项目前必须进行风险评估，明确安全隐患和应对措施。在新建、改建、扩建实验室时，应当把安全风险评估作为建设立项的必要条件。

1.3.3.3　建立危险源全周期管理制度

各高校应当对危化品、病原微生物、辐射源等危险源，建立采购、运输、存储、使用、处置等全流程全周期管理。采购和运输必须选择具备相应资质的单位和渠道，存储要有专门存储场所并严格控制数量，使用时须由专人负责发放、回收和详细记录，实验后产生的废弃物要统一收储并依法依规科学处置。对危险源进行风险评估，建立重大危险源安全风险分布档案和数据库，并制订危险源分级分类处置方案。

1.3.3.4　建立实验室安全应急制度

各高校要建立应急预案逐级报备制度和应急演练制度，对实验室专职管理人员定期开展应急处置知识学习和应急处理培训，配齐、配足应急人员、物资、装备和经费，确保应急功能完备、人员到位、装备齐全、响应及时。

实验室安全强调“全过程、全要素、全覆盖”，可以用水桶原理解释。水桶原理是由美国管理学家彼得提出的。说的是由多块木板构成的水桶，其价值在于它盛水量的多少，但决定水桶盛水量多少的关键因素不是其最长的木板，而是最短的木板。这就是说任何组织，可能面临的一个共同问题，即构成组织的各个部分往往是优劣不齐的，而劣势部分往往决定整个组织的安全水平，如图1-8所示。

图1-8　水桶效应

1.3.4　高等学校安全教育内容

安全教育是实验室安全管理最重要的工作，应该引起所有实验人员、管理工作者的重视。安全教育把安全知识讲授给实验人员，让广大师生提高意识，增长安全技能。《教育部关于加强高校实验室安全工作的意见》（教技函〔2019〕36号）中要求各高等学校持续开展安全教育。各高校要按照全员、全面、全程的要求，创新宣传教育形式，宣讲普及安全常识，强化师生安全意识，提高师生安全技能，做到安全教育的入脑入心。要把安全宣传教育作为日常安全检查的必查内容，对安全责任事故一律倒查安全教育培训责任。安全教育包括以下形式和内容。

1.3.4.1 三级安全教育

由学校、学院（二级单位）、实验室组成的三级安全教育联动体系，其中学校层级负责安全相关法律法规，人员的权利和义务等。学院安全培训内容应当包括专业安全特点、安全标准，安全设备设施、个人防护用品的使用和维护，有关事故案例。实验室安全培训内容应当包括具体的仪器操作、化学品性质和使用，应急方法等具体的细节要求。

1.3.4.2 安全教育形式

高等学校的安全教育应包括这几种形式：集中讲座、工作交流、安全课程、安全演练、考核准入，等等。

1.3.4.3 安全教育具体内容

安全教育内容应该有法律法规，其中包括实验人员的权利和义务；实验室的详细情况，包括实验室平面位置、疏散通道、消防设施、应急预案等；岗位安全知识，包括仪器操作规范、化学品安全、特种设备使用知识等。

1.3.4.4 四不伤害

安全教育的目标是不伤害自己、不伤害他人、不被他人伤害、保护他人不被伤害。

不伤害自己，就是要提高自我保护意识，不能由于疏忽、失误而使自己受到伤害。它取决于自己的安全意识、安全知识、对工作任务的熟悉程度、岗位技能、工作态度、工作方法、精神状态、作业行为等多方面因素。

不伤害他人，就是“我”的行为或行为后果不能给他人造成伤害。在多人同时作业时，由于自己不遵守操作规程、对作业现场周围观察不够以及操作失误等原因，其行为可能对现场周围的人员造成伤害。

不被他人伤害，即每个人都要加强自我防范意识，工作中要避免他人的错误操作或其他隐患对自己造成伤害。

保护他人不受伤害。任何组织中的每个成员都是团队的一分子，要担负起关心爱护他人的责任和义务，不仅自己要注意安全，还要保护团队其他人员不受伤害。

1.3.4.5 消防教育

《中华人民共和国消防法》对学校的安全教育有明确规定。第一章第六条："教育、人力资源行政主管部门和学校，有关职业培训机构应当将消防知识纳入教育、教学、培训的内容。"根据《中华人民共和国消防法》所制定的《机关、团体、企业、事业单位消防安全管理规定（公安部令第61号）》第六章第三十六条规定，单位应当通过多种形式开展经常性的消防安全宣传教育。消防安全重点单位（高等学校符合消防安全重点单位）对每名员工应当至少每年进行一次消防安全培训。《社会消防安全教育培训规定（公安部令第109号）》中消防安全教育要求细化："单位应当根据本单位的特点，建立健全消防安全教育培训制度，明确机构和人员，保障教育培训工作经费，按照下列规定对职工进行消防安全教育培训。"

"单位对职工的消防安全教育培训应当将本单位的火灾危险性、防火灭火措施、消防设施及灭火器材的操作使用方法、人员疏散逃生知识等作为培训的重点。"

"各级各类学校应当至少确定一名熟悉消防安全知识的教师担任消防安全课教员，并选聘消防专业人员担任学校的兼职消防辅导员。"

"高等学校应当每学年至少举办一次消防安全专题讲座，在校园网络、广播、校内报刊等开设消防安全教育栏目，对学生进行消防法律法规、防火灭火知识、火灾自救、他救知识和火灾案例教育。"

1.3.5 高等学校安全教育历史

实验室是"现代大学的心脏"，是培养学生综合素质、拓展实践能力和提高创新能力的重要场所，其中安全问题在实验室管理中处于十分重要的位置。但是长期以来，由于受到物质条件的限制，人们并没有能力保证实验室的安全。

我国高等学校开始重视对学生的实验室安全教育是在1999年高等教育大规模扩招之后。在此之前，高等学校实验室规模小，科研任务不多，大部分的科研项目都是在企业中完成。随着国家经济的快速发展，实验室也进入快速发展的快车道，这一时期也是事故的易发期，安全教育缺失的后果逐渐显露出来，火灾、触电等事故频发。与此同时，高等学校的国际化进程越来越快，交流活动也越来越多，国外实验室安全教育的良好做法也传入国内，推动了我国高等学校安全教育的发展。

通常高等学校对学生的安全教育主要分散在实验项目之中。一般教师都会在一门实验课或每个实验开始前讲解实验安全注意事项以及实验操作要领等，实验教材也描述得比较详细，学生只要按部就班就能得到较好的实验结果。2005年，随着高等学校创新人才培养计划的实施、实验教学示范中心的建立，实验教学内容相比过去发生了很大改变，引入了更多的综合性与研究型实验内容。本科生、研究生的毕业论文也更多涉及学科前沿，使用到更多新试剂、新方法、新原理、新技术，不可预测的风险也大大增加。

随着时代进步和科技发展，安全问题也在不断演变和复杂化，高校化学实验室已经采取了一系列措施应对新情况和新变化。在人员管理方面，实验室加强了准入制度，对所有学生进行安全教育，加强他们的安全意识，提高应对突发情况的防范能力。2009年，笔者作为化学创新班的实际负责人，为本科生开设实验室安全讲座。2013年，化学学院尝试将化学实验安全设立为必修课程，以强化本科生的安全意识和丰富本科生的安全知识，安排笔者讲授这科课程。2016年，为研究生讲授32学时化学实验安全与研究生科研训练的课程。开设化学实验安全课程增强了学生的安全意识，提高了他们对安全事故的防范能力。以往学生进入科研实验室前，所受到的安全教育仅仅是师兄师姐的口传心授，没有系统性和规范性。现在经过安全课程的学习，本科生对实验室安全有了正确的认识，能自觉遵守实验室安全规范，主动地采取防护措施，指出所在实验室存在的安全隐患和提出改进方法，提升了学院整体的安全水平。

目前，我国实验室的安全工作仍然存在很多问题，安全教育工作任重道远。

2 实验室安全评价

安全评价也称为风险评价或危险评价，以实现安全为目的，应用安全系统工程原理和方法，辨识与分析工程、系统、生产经营活动中的危险有害因素，预测发生事故造成职业危害的可能性及其严重程度，提出相应的安全对策措施，以达到工程、系统、生产经营活动安全的目的。安全评价可针对一个特定的对象，也可针对一个特定的区域范围。

进行安全评价时应考虑过去、现在和将来三种时态，以及正常、异常和紧急三种状态。三种状态分别指，正常，一般日常的连续运转状态；异常，非正常状态，如设备检修、开停车；紧急，不合理预期的突发状态。安全评价内容如图2–1所示。

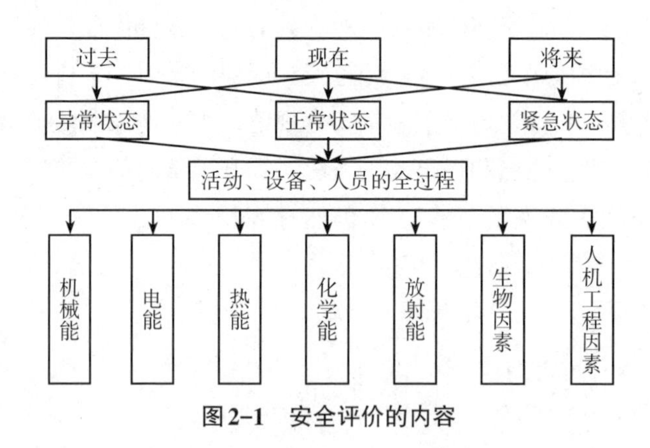

图2–1　安全评价的内容

安全评价内容包括危险有害因素辨识及危险危害程度评价两部分。危险有害因素辨识的目的在于辨识危险来源；危险危害程度评价的目的在于确定和定量来自危险源的危险性、危险程度、应采取的控制措施以及采取控制措施后仍然存在的危险性是否可以被接受。在实际的安全评价过程中，这两个方面是不能截然分开、孤立进行的，而是相互交叉、相互重叠的。

危险源辨识与风险评价是系统安全工程的主要内容，也是整个安全管理体系的核心部分，它的目的是评价危险发生的可能性及其后果的严重程度，以寻求最低事故率、最少的损失、环境的最低破坏。整个体系的建立基本上是立足于各项危险源辨识与风险评价成果之上的，以危险源辨识与风险评价的成果为基础，建立健全预防各种危害风险的机制、措施和方案，从而达到安全第一、预防为主、综合治理的目的。

2.1 安全评价原理

虽然安全评价的领域、种类、方法、手段繁多，评价系统的属性、特征及事件的随机性千变万化、各不相同，但其思维方式却是一致的。安全评价原理可归纳为4个基本原理，即相关性原理、类推原理、惯性原理和量变到质变原理。

2.1.1 相关性原理

相关性原理是指一个系统的属性、特征与事故和职业危害存在着因果的相关性，这是系统因果评价方法的理论基础。

2.1.1.1 系统的基本特征

安全评价把研究的所有对象都视为系统。系统是指为实现一定的目标，由多种彼此有机联系的要素组成的整体。系统有大有小，千差万别，但所有的系统都具有目的性、集合性、相关性、阶层性、整体性、适应性6个基本特征。

每个系统都有着自身的总目标，而构成系统的所有子系统、单元都为实现这一总目标而实现各自的分目标。如何使这些目标达到最佳，是系统工程要研究解决的问题。系统的整体目标（功能）是由组成系统的各子系统、单元综合发挥作用的结果。因此，不仅系统与子系统、子系统与单元有着密切的关系，各子系统之间、各单元之间、各元素之间也都存在着密切的相关关系。要对系统作出准确的安全评价，必须对要素之间及要素与系统之间的相关形式和相关程度给出量的概念。这就需要明确哪个要素对系统有影响，是直接影响还是间接影响；还要明确哪个要素对系统影响大，大到什么程度，彼此是线性相关还是指数相关等。只有在评价过程中找出这种相关关系，并建立相关模型，才能正确地对系统的安全性作出评价。

2.1.1.2 因果关系

事物的原因和结果之间存在密切关系。若研究、分析各个系统之间的依存关系和影响程度就可以探求其变化的特征和规律，并可以预测其未来状态的发展变化趋势。

事故和导致事故发生的各种原因（危险有害因素）之间存在着相关关系，表现为依存关系和因果关系。危险有害因素是原因，事故是结果，事故的发生是由许多因素综合作用的结果。分析各因素的特征、变化规律、影响事故发生和事故后果的程度以及从原因到结果的途径，揭示其内在联系和相关程度，才能在评价中得出正确的分析结论，采取恰当的对策措施。在评价中需要分析这些因素的因果关系和相互影响程度，并进行定量评价。

2.1.2 类推原理

类推原理是人们经常使用的一种逻辑思维方法，常作为推出一种新知识的方法。它是根据两个或两类对象之间存在着某些相同或相似的属性，从一个已知对象还具有某个属性来推出另一个对象也具有此种属性。它在人们认识世界和改造世界的活动中，起着非常重要的作用，在安全生产、安全评价中同样也有特殊的意义和作用。

类推原理是经常使用的一种安全评价方法。它不仅可以由一种现象推算另一种现象，还可以依据已掌握的实际统计资料，采用科学的估计方法来推算得到基本符合实际所需的资料，以弥补调查统计资料的不足，供分析研究使用。

类推原理的种类及其应用领域取决于评价对象事件与先导事件之间联系的性质。若这种联系可用数字表示，则称为定量类推；如果这种联系只能定性处理，则称为定性类推。

2.1.3 惯性原理

任何事物在其发展过程中，从过去到现在再到将来，都具有一定的延续性，这种延续性称为惯性。利用惯性原理可以研究事物或一个评价系统未来的发展趋势。一个系统的惯性是其各个内部因素之间互相联系、互相影响、互相作用，按照一定的规律发展变化的状态趋势。因此，只有当系统是稳定的，受外部环境和内部因素的影响产生的变化较小时，其内在联系和基本特征才能延续下去，该系统所表现的惯性发展结果才基本符合实际。但是，绝对稳定的系统是没有的，因为事物发展的惯性在受外力作用时，可使其加速或减速甚至改变方向。这样就需要对一个系统的评价进行修正，即在系统主要方面不变而其他方面有所偏离时，应根据其偏离程度对出现的偏离现象进行修正。

2.1.4 量变到质变原理

任何事物在发展变化过程中都存在着从量变到质变的规律。同样，在一个系统中，许多有关安全的因素也都存在着量变到质变的规律；在评价一个系统是否安全时，也离不开从量变到质变的原理。

2.2 事故致因理论

事故致因理论是人们对事故机理所做的逻辑抽象或数学抽象，是描述事故成因、经过和后果的理论，是研究人、物、环境、管理及事故处理这些基本因素如何作用而形成事故、造成损失的。即事故致因理论是从本质上说明事故的因果关系，说明事故的发生、发展过程和后果的理论。它对于人们认识事故本质，指导事故调查、事故分析和事故预防等都有重要的作用。目前，世界上有代表性的事故致因理论有十几种，在我国影响较大的主要有以下几种。

2.2.1 能量转移理论

事故能量转移理论是美国的安全专家哈登（Haddon）于1966年提出的一种事故控制论。其理论的立论依据是对事故的本质定义，即哈登把事故的本质定义为事故是能量的不正常转移。这样，研究事故的控制理论则从事故的能量作用类型出发，即研究机械能（动能、势能）、电能、化学能、热能、声能、辐射能的转移规律；研究能量转移作用的规律，即从能级的控制技术出发，研究能量转移的时间和空间规律；预防事故的本质是能量控制，可通过对系统能量的消除、限值、疏导、屏蔽、隔离、转移、距离控制、时间控制、局部弱化、局部强化、系统闭锁等技术措施来控制能量的不正常转移，如图2-2所示。

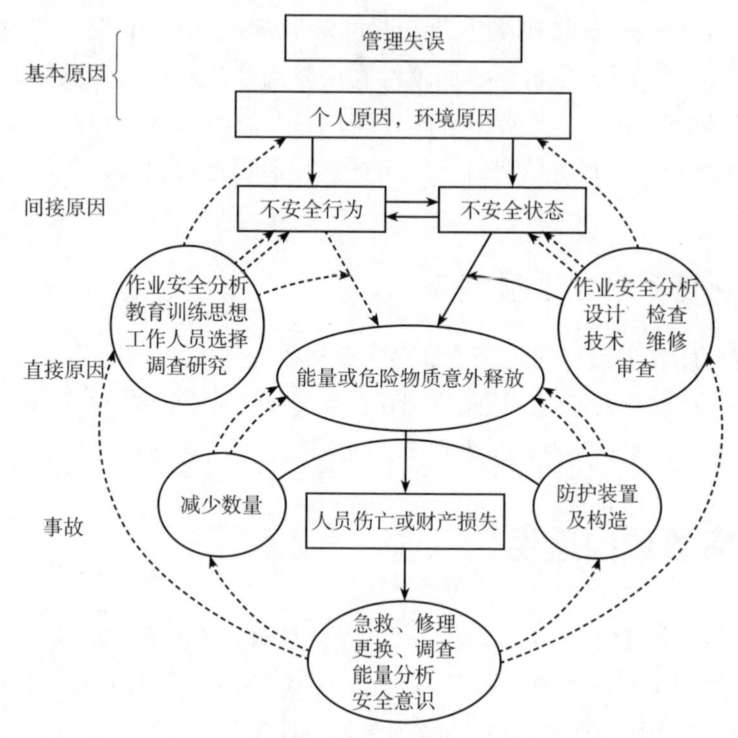

图2-2 能量转移理论观点的事故连锁模型

麦克法兰特（McFarland）在解释事故造成的人身伤害或财物损坏的机理时认为，所有的伤害事故（或损坏事故）都是因为：a. 接触了超过机体组织（或结构）抵抗力的某种形式的过量的能量；b. 有机体与周围环境的正常能量交换受到了干扰（如窒息、淹溺等）。因而，各种形式的能量是构成伤害的直接原因。

人体自身也是个能量系统。人的新陈代谢过程是一个吸收、转换、消耗能量，与外界进行能量交换的过程；人进行生产、生活活动时消耗能量，当人体与外界的能量交换受到干扰时，即人体不能进行正常的新陈代谢时，人将受到伤害，甚至死亡。表2-1为人体受到超过其承受能力的各种形式能量作用时受伤害的情况。

表2-1 能量类型与伤害

能量类型	产生的伤害	事故类型
机械能	刺伤、割伤、撕裂、挤压皮肤和肌肉、骨折、内部器官损伤	物体打击、车辆伤害、机械伤害、起重伤害、高处坠落、坍塌、冒顶片帮、放炮、火药爆炸、瓦斯爆炸、锅炉爆炸、压力容器爆炸

表2-1（续）

能量类型	产生的伤害	事故类型
热能	皮肤发炎、烧伤、烧焦、焚化、烫伤	灼烫、火灾
电能	干扰神经、肌肉功能，电伤	触电
化学能	化学性皮炎、化学性烧伤、致癌、致遗传突变、致畸胎、急性中毒、窒息	中毒或窒息、火灾
氧的利用	局部或全身生理损害	中毒或窒息
其他	局部或全身生理损害（冻伤、冻死）、热痉挛、热衰竭、热昏迷	

从能量转移理论出发，预防伤害事故就是防止能量或危险物质的意外转移，防止人体与过量的能量或危险物质接触。我们把约束、限制能量，防止人体与能量接触的措施叫作屏蔽。这是一种广义的屏蔽。在工业生产中经常采用的防止能量转移的屏蔽措施主要有以下几种。

① 用安全的能源代替不安全的能源。有时被利用的能源具有的危险性较高，这时可考虑用较安全的能源取代。例如，福岛核事故之后，一些国家或地区取消了核电厂的建设，改用更安全的风力发电。

② 限制能量。在生产工艺中尽量采用低能量的工艺或设备，这样即使发生了意外的能量释放，也不至于发生严重伤害。例如，限制设备的温度，以防止其过热而引起烫伤。

③ 防止能量蓄积。能量的大量蓄积会导致其突然释放，因此要及时泄放多余的能量防止能量蓄积。例如，通过接地消除静电蓄积。

④ 缓慢地释放能量。缓慢地释放能量可以降低单位时间内转移的能量，减轻能量对人体的作用。例如，减压蒸馏操作结束后，缓慢打开阀门释放压力。

⑤ 设置屏蔽设施。屏蔽设施是一些防止人员与能量接触的物理实体，即狭义的屏蔽。屏蔽设施可以被设置在能源上，例如，在通风橱内做化学实验，防止爆炸伤害实验人员。实验人员佩戴的护目镜，可看作设置在人员身上的屏蔽设施。

⑥ 在时间或空间上把能量与人隔离。在生产过程中有两种或两种以上的能量相互作用引起事故的情况，因此，在时间或空间上把能量与人隔离，可以防止事故发生。例如，人行通道上设置红绿灯，实行人车分流达到安全的目的。

⑦ 信息形式的屏蔽。各种警告措施等信息形式的屏蔽，可以阻止人员的不安全行为或避免发生行为失误，防止人员接触能量。

美国矿山局的札别塔基斯（Michael Zabetakis）依据能量转移理论，建立了新的事故因果连锁模型。他认为事故是能量或危险物质的意外释放，是造成伤害的直接原因。人的不安全行为和物的不安全状态是导致能量意外释放的直接原因，它们是管理缺欠、控制不力、缺乏知识、对存在的危险估计错误或其他个人因素等的征兆。

事故基本原因包括3个方面。最主要的原因是领导者的安全政策及决策。它涉及生产及安全目标，职员的配置，信息利用，责任及职权范围，职员的选择，教育训练、安排、指导和监督，信息传递，设备、装置及器材的采购、维修，正常时和异常时的操作规程，设备的维修保养等。其次是个人因素和环境因素。为了从根本上预防事故，必须查明事故的基本原因，并针对查明的基本原因采取相应的对策。

2.2.2 多米诺骨牌理论

2.2.2.1 海因里希多米诺骨牌理论

事故致因理论中，海因里希的多米诺骨牌理论是人们所共知的。海因里希认为伤亡事故的发生不是一个孤立的事件，而是一系列相互作用的原因事件相继发生的结果。人员伤亡的发生是事故的结果，事故发生的原因又是人的不安全行为或物的不安全状态，而人的不安全行为或物的不安全状态是由于人的缺点造成的，最后，人的缺点是由于不良环境诱发或者是由先天的遗传因素造成的。这些事件就像5块平行摆放的骨牌，第一块骨牌倒下后就会引起后面的骨牌连锁式倒下。多米诺骨牌模型如图2-3所示。这5块骨牌含义分别为遗传/环境（M）、人的缺点（P）、人的不安全行为（H）、事故（D）、伤害（A）。

海因里希的多米诺骨牌理论确立了正确分析事故原因的事件链这一重要概念。它简单明了、形象直观地显示了事故发生的因果关系，指明了分析事故应该从事故现象入手，逐步深入到各层次的原因。这一思想对于寻求事故调查分析的正确途径，找出防止事故发生的对策，无疑是很有启发的。按照这一理论，为了防止事故发生，只要抽去5块牌中的任何一块骨牌，事件链就被破坏。海因里希认为，企业安全工作的中心是防止人的不安全行为，消除机械的或物质的不完全状态，中断事故连锁的进程从而避免事故的发生。

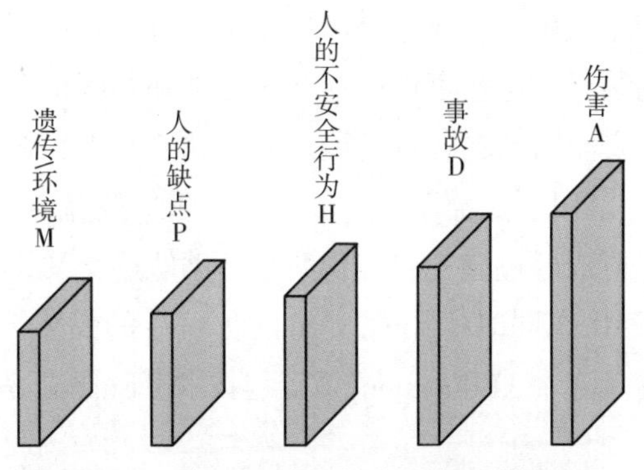

图2-3　海因里希多米诺骨牌理论模型

2.2.2.2　新事故因果连锁理论

第二次世界大战后，人们逐渐认识到管理因素作为背后原因在事故致因中的重要作用。人的不安全行为或物的不安全状态是工业事故的直接原因，必须加以追究。但是，它们只不过是其背后的深层原因的征兆和管理缺陷的反映。只有找出深层的、背后的原因，改进企业管理，才能有效地防止事故。弗兰克·博德（Frank Bird）在海因里希事故因果连锁理论的基础上，提出了新事故因果连锁理论，如图2-4所示。

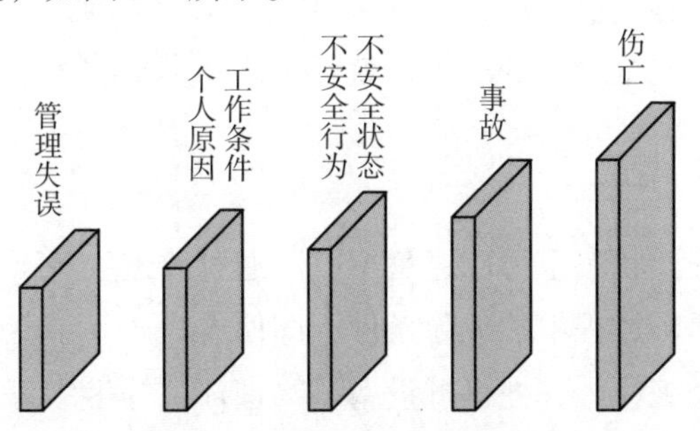

图2-4　新事故因果连锁理论

博德认为事故因果连锁中一个最重要的因素是安全管理。管理者的失误造成了人的不安全行为和物的不安全状态，虽然是事故的间接原因，但却是事故的直接原因得以存在的条件。安全领导者应该充分认识到他们工作的重要性，通过专业的安全管理工作，防止事故的发生。

2.2.3　轨迹交叉理论

轨迹交叉理论是强调人的不安全行为和物的不安全状态相互作用的事故致因理论。现在人们认识到，人的因素和物的因素具有同样重要的地位，它们之间相互作用就会造成事故。轨迹交叉理论基本思想是：事故是许多互相关联的事件顺序发展的结果。这些事件概括起来是人和物两个发展系列。当人的不安全行为和物的不安全状态在各自发展过程（轨迹）中，在一定时间、空间发生了接融（交叉），能量“逆流”于人体时，伤害事故就会发生。

按照该理论，可以通过避免人与物两种运动轨迹交叉，即避免人的不安全行为和物的不安全状态同时空出现，来预防事故的发生。采取的3E［强制（Enforcement），教育培训（Education），工程技术（Engineering）］原则如下。

2.2.3.1 管理

在多数情况下，由于管理不善，人员缺乏教育和训练或者机械设备缺乏维护、检修以及安全装置不完备，导致了人的不安全行为或物的不安全状态。若设法排除机械设备或处理危险物质过程中的隐患或者消除人为失误和不安全行为，使两事件链连锁中断，避免事故发生。

2.2.3.2 教育

根据轨迹交叉理论的观点，消除人的不安全行为可以避免事故。强调工种考核，加强安全教育和技术培训，进行科学的安全管理，从生理、心理和操作管理上控制人的不安全行为的产生，就等于砍断了事故产生的人的因素轨迹。

2.2.3.3 技术

消除物的不安全状态也可以避免事故。通过改进生产工艺，设置有效安全防护装置，根除生产过程中的危险条件，即使人员产生了不安全行为也不至于酿成事故。在安全工程中，把机械设备、物理环境等生产条件的安全称作本质安全。在所有的安全措施中，首先应该考虑的就是实现生产过程、生产条件的本质安全。实践证明，消除生产作业中物的不安全状态，可以大幅度减少伤亡事故的发生。例如，美国铁路列车安装自动连接器之前，每年都有数百名铁路工人死于车辆连接作业事故中，铁路部门的负责人把事故的责任归咎于工人的错误或不注意。后来根据政府法令的要求，把所有铁路车辆都装上了自动连接器，结果，车辆连接作业中的死亡事故大大减少了。

值得注意的是，许多情况下人的因素与物的因素又互为因果，如图2-5所示。有时物的不安全状态诱发了人的不安全行为，而人的不安全行为又促进了物的不安全状态的发展，或导致新的不安全状态出现。因而，实际的事故并非简单地按照上述人、物两条轨迹进行，而是呈现非常复杂的因果关系。实际工作中，为了有效防止事故发生，必须同时采取措施消除人的不安全行为和物的不安全状态。

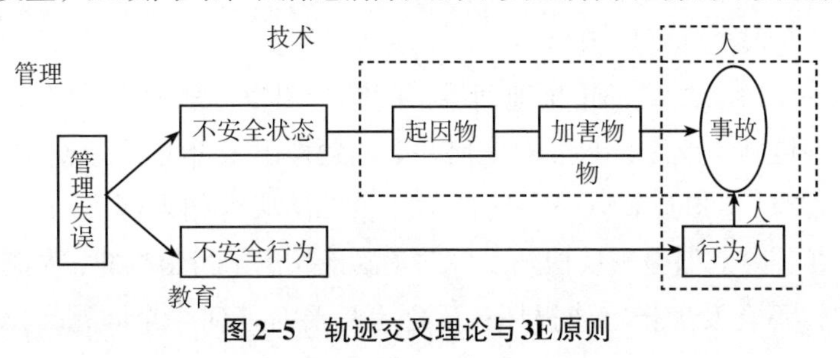

图2-5　轨迹交叉理论与3E原则

2.2.4　系统理论

系统理论把人、机械和环境作为一个系统（整体），研究人、机械、环境之间的相互作用、反馈和调整，从中发现事故的原因，揭示出预防事故的途径。系统理论具有代表性的是瑟利模型，如图2-6所示。

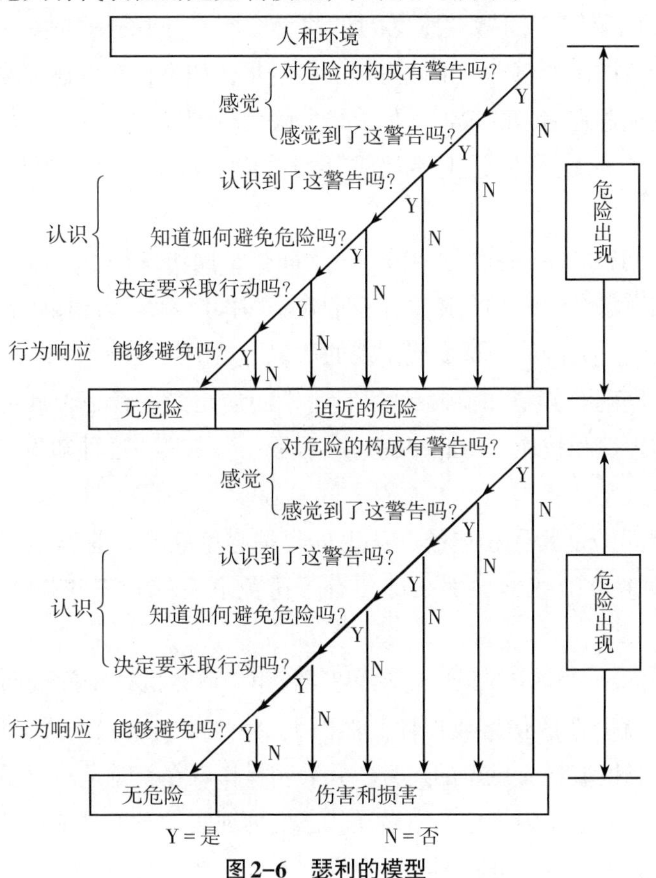

图2-6　瑟利的模型

对于一个事故，瑟利的模式考虑两个阶段，每阶段包含3个心理学成分：对事件的感知、对事件的理解（认识活动）、行为响应。第一阶段关注危险的构成，第二阶段关注危险放出。

在第一阶段，如果都正确地回答了问题（图中标示Y的系列），危险就能消除或得到控制；反之，只要对任何一个问题作出了否定回答（图中标示N的系列），危险就会迫近转入下一阶段。在第二阶段，如果都正确回答了问题，则虽然存在危险，但由于认识到了，并正确地作出了行为响应，能避免危险的紧急出现，不会发生伤害或损坏；反之，只要对任何一个问题作出了否定回答，危险就会紧急出现，从而导致伤害或损坏。

每阶段的第一个问题“对危险的构成有警告吗?”问的是环境的瞬时状态，即环境对危险的构成（显现）是否客观存在警告信号。这个问题含蓄地表示出危险可以没有可感到的线索，这样，事故将是不可避免的。这个问题给人的启发是在系统运行期间应该密切观察环境的状况。

每阶段的第二个问题“感觉到了这警告吗?”问的是如果环境有警告信号，是否能被操作者察觉。由此得到的启示是，如果存在上述情况则应安装便于操作者发现危险信号的仪器（如能将危险信号加以放大的仪器）。

上述两个问题都是关于感觉成分的，而下面的3个问题是关于认识成分的。

第一个问题“认识到了这警告吗?”问的是操作者是否知道危险线索是什么，是否知道每个线索都意味着什么危险。即操作者是否能接收客观存在的危险信号，并经过大脑的分析变成主观的认识，意识到危险。

第二个问题“知道如何避免危险吗?”问的是操作者是否具备避免危险的行为响应的知识和技能。由此得到的启示是：为了具备这种知识应使操作者受到训练。

这两个问题是紧密相连的。认识危险是避免危险的前提，如果操作者不认识、不理解危险线索，那么即使有了避免危险的知识和技能也是无济于事的。

第三个问题“决定要采取行动吗?”就第二阶段的这个问题而言，如果不采取行动，就会造成伤害或损坏。然而，第一阶段的这个问题却是耐人寻味的，这是瑟利模型最有意思的地方，它表明操作者在察觉危险之后不一定必须立即采取行动。这是因为危险由潜在状态变为现实状态不是绝对的，而是存在某种概率的关系，潜在危险不一定会导致事故，造成伤害或损坏。这里存在一个危险的可接受性的问题，在察觉潜在危险之后，立即采取行动，固然可以消除危险，然而却要付出代价，例如，要停产减产，影响效益。反之，如果不立即行动，尽管要冒一定的风险（事故过程进入第二阶段）却可以减少花费和利益损失。究意是否立即行动，应该考虑两方面的问题：一是正确估计危险由潜在变为显现的可能性；二是正确估计自己避免危险显现的技能。如果能客观地、正确地估计危险显现的可能，又坚信自己的技能完全能够避免危险的显现，那么就可以暂不采取行动，从而避免生产率的降低；反之，如果估计危险将显现并且紧迫又严重，届时又无力控制和避免，那么及时采取行动消除或防止危险就是完全必要的了。如果盲目地低估了危险，而又过高地估计了能力，那后果将是不堪设想的。

每阶段的最后一个问题“能够避免吗?”问的是操作者避免危险的技能如何，例如，能否迅速、快捷、准确地作出反应。然而，这个问题还有更细微的含义，即人的行动以及危险出现的时间具有随机变异性（不稳定性），这将导致即使行为响应正确，也不能避免危险。危险出现的时间也并非稳定不变的，正常情况下危险由潜在变为显现的时间可能足够容许人们采取行动来避免危险，然而有时危险显现可能提前，人们再按正常速度行动就无法避免危险了。上述随机变异性可以通过机械的改进、维护的改进、人避免危险技能的改进而减小，然而要完全消除是困难的。因此，由于这种随机变异性而导致事故发生的可能性是难以完全消除的。

由以上关于瑟利模型的说明可见，该模型从人、机械、环境的结合上对危险从潜在到显现从而导致事故和伤害发生进行了深入细致的分析。这将给人带来多方面的启示，例如，防止事故发生的关键在于发现和辨识危险。这涉及操作者的感觉能力、环境的干扰、避免危险的知识和技能等。改善安全管理就应该致力于这些方面问题的解决，如人员的选拔、培训，作业环境的改善，监控报警装置的设置等。再如关于危险的可接受性问题，这对于正确处理安全与生产的辩证关系是很有启发的。安全是生产的前提条件，当安全与生产发生矛盾时，如果危险紧迫，不立即采取行动，就会发生事故，造成伤害和损失，那么宁可生产暂时受到影响，也要保证安全；反之，如果恰当估计危险显现的可能，只要采取适当的措施，就能做到生产、安全两不误，那就应该尽可能避免生产遭受损失。

总之，产生事故的原因是多层次的，不能把事故原因简单地归咎于实验人员身上，必须透过现象看本质，从表面的原因追踪到更深层次，直到本质的原因。只有这样，才能彻底认识事故发生的机理，找到防止事故的有效对策。

2.3 风险分析方法

2.3.1 预先危险分析

预先危险分析（Preliminary Hazard Analysis，缩写PHA）又称初步危险分析，预先危险分析是系统设计期间危险分析的最初工作，也可用它作运行系统的最初安全状态检查，是系统进行的第一次危险分析，用于鉴别所考虑的各系统方案中的危险，是进行其他各类分析的基础。最初，预先危险分析的目的不是为了控制危险，而是为了认识与系统有关的所有状态。在系统概念形成的初期，或在安全运行系统的情况下，就应当开始危险分析工作。所得到的结果可用来建立系统安全要求，供编制性能和设计说明书等。预先危险分析还是建立其他危险分析的基础，是基本的危险分析。根据需要，预先危险分析可在系统或设备研制的任何阶段开始，其另一用处是确定在系统安全分析的最后阶段采用怎样的故障树。

预先危险分析步骤主要有以下几项。

① 通过经验判断、技术诊断或其他方法调查确定危险源（即危险因素存在于哪个子系统中），对所需分析系统的生产目的、物料、装置、设备、工艺过程、操作条件以及周围环境等，进行充分详细的了解。

② 根据过去的经验教训及同类行业生产中发生的事故或灾害情况，对系统的影响、损坏程度，类比判断所要分析的系统中可能出现的情况，查找能够造成系统故障、物质损失和人员伤害的危险性，分析事故或灾害的可能类型。

③ 对确定的危险源分类，制成预先危险性分析表。

④ 转化条件，即研究危险因素转变为危险状态的触发条件和危险状态转变为事故（或灾害）的必要条件，并进一步寻求对策措施，检验对策措施的有效性。

⑤ 进行危险性分级，排列出重点和轻、重、缓、急次序，以便处理。

⑥ 制定事故或灾害的预防性对策措施。

预先危险分析的结果一般采用表格的形式列出，表格的格式和内容可根据实际情况确定，如初步危险表。初步危险表（Preliminary Hazard List，缩写PHL）是一份危险清单，它初步列出安全性设计中可能需要特别重视的危险或需做深入分析的危险部位，以便尽早选择需实施重点管理的部位。当识别出所有的危险情况后，列出可能的原因、后果以及可能的改正或防范措施。如表2-2所示，表中的内容为压力容器的初步危险分析表。

表2-2 压力容器的初步危险分析表

部件	使用方式	故障模式	可能性估计	危险说明	危险影响	危险严重性等级	控制措施建议	备注
压力容器分系统	高压	压力小于设计最小值时容器发生故障	极少	容器爆炸	振动或碎片会损坏周围的设备和设施，使周围人员受伤	严重	1. 容器隔离； 2. 严格控制容器的强度	
压力容器	高压	压力超出规定压力时容器发生故障	有时	同上	同上	同上	1. 容器隔离； 2. 增加余度的安全装置	

预先危险分析是进一步进行危险分析的先导，是一种宏观概略定性分析方法。在项目发展初期使用预先危险分析有以下优点：方法简单易行、经济、有效；能为项目开发组分析和设计提供指南；能识别可能的危险，用很少的费用、时间就可以实现改进。

2.3.2 工作安全分析

工作安全分析（Job Safety Analysis，缩写JSA）是美国葛玛利教授1947年提出的一种常用于评估与作业有关的基本风险分析工具，起源于北海海洋结构物的操作平台，是挪威石油行业协会HSE指导方针的重要组成部分，如表2-3所示。该方法通过事先对某项工作任务进行危险源识别和风险评价，根据评价结果制定和实施相应的控制措施，达到最大限度消除或控制风险的方法。与其他安全风险辨识方法一样，工作安全分析也需要按照一定的步骤进行风险管控，通常采取下列标准的危害及其影响管理过程（Hazard and Effects Management Process，缩写HEMP），其主要分析步骤如下。

① 明确要进行工作安全分析的作业任务。罗列出所有的工作，确定其是否为危险工作。例如，技术规程、操作规程涉及的作业活动，事故严重度高或者可能性高的工作。确定进行工作安全分析的工作任务之后，在“工作任务简述”中进行恰当的描述，既不能太宽泛，也不能太细化。

② 将工作划分为几个步骤。每项工作都包含几个步骤，划分工作步骤

时，主要描述步骤的行为，即做什么。在此过程可收集工作的操作规程、作业指导书，确保需要完成此工作的所有步骤均列出。关键工作步骤应明确、具体，顺序正确，但也不能过于详细，每个步骤都以动词开头（如移除，打开，焊接等），最好不超过10步。

③ 分析每个步骤中存在的危险源与可能发生的后果。考虑从安全、职业健康和环境影响3个方面进行识别和分析，对每个步骤，须回顾可能存在的危险。为了识别危险，可以对自己提问题：是否有转动机械造成伤害；是否存在触电的危险；工作人员会跌倒、撞击吗；是否存在高空作业造成高空坠落的危险；现场环境有粉尘、噪声的伤害吗；作业时是否存在有毒液体、气体泄漏对健康、环境造成伤害吗；等等。

④ 针对危险源及风险采取控制措施，提出建议行动。针对每个危险源及风险制定出控制措施，控制措施可能是目前已经执行的，也可能是未执行的，原则是消除危险源或将风险降到最低。应优先考虑排除风险、减小风险，其次考虑控制风险，最后才考虑使用个人防护。在采取控制措施时，应注意控制措施的可操作性。

表2–3　工作安全分析表

工作任务名称：蒸馏实验		时间：*月*日	
序号	工作步骤	可能发生的后果	控制措施
1	取出玻璃仪器	划伤	戴手套、护目镜，穿白大褂
2	安装仪器	划伤；仪器掉落	戴手套、护目镜，穿白大褂
3	装填药品	划伤；药品泄漏	戴手套、护目镜，穿白大褂；规范操作
4	加热	烫伤	戴手套、规范操作
5	接收产品	手被划伤	戴手套
6	整理仪器	手被污染	戴手套

安全风险辨识是高风险企业发展的必要保障，工作安全分析作为其重要内容之一，发挥着减少作业事故、降低作业损失的作用，是保障生命财产的重要举措。

2.3.3 因果链分析

因果链分析（Cause-Effect Chain Analysis，缩写CECA）是一种识别技术系统关键缺陷的分析工具。分析需要建立缺陷的因果链，将目标缺陷与其根本原因联系起来。因果链分析的本质揭示了技术系统的关键缺陷。消除这些缺陷就消除了因果链中的其他所有缺陷。

每个项目都应该有一个明确的目标。技术项目的目标之一就是改进技术系统，这往往与消除缺陷有关。要描述我们在技术系统中所说的缺陷，必须从逻辑上反转项目目标，这样的缺陷被称为初始缺陷。因果链分析需要从初始缺陷开始，这是构建因果链的起点，通过查找初始缺陷的原因来创建因果链。有些项目不止一个目标，这意味着它们有几个初始缺陷，可以为每个初始缺陷构建因果链。

在确定初始缺陷后，应审查其原因。较低层次的缺陷是较高层次缺陷的原因。因此，当我们沿着因果链往下时，这些缺陷揭示了初始缺陷的真正原因——关键缺陷。在初始缺陷和关键缺陷之间的缺陷被称为中间缺陷，因果链的后续层级揭示了隐藏在较高层级的缺陷。关键缺陷在因果链的末端，并且是系统中其他缺陷的根本原因。一旦消除了关键缺陷，不仅可以消除其他缺陷，还能实现项目目标。有时一个缺陷是由相对独立或同时作用的几个因素导致的，这种情况下，使用运算符“或”和“与”，将问题与缺陷联系起来。在确定所有失败的来源并确定它们之间的依赖度之后，就会发现很容易确定应该消除哪个关键缺陷。

例如，20世纪80年代，美国政府发现华盛顿的杰斐逊纪念馆墙壁受腐蚀损坏严重，于是请了专家来调查。专家发现，冲洗墙壁所用的清洁剂对建筑物有腐蚀作用，该大厦墙壁每年被冲洗的次数大大多于其他建筑，腐蚀自然更加严重。通过图2-7分析可知，使用没有腐蚀性的清洁剂、捕杀鸟类、杀死昆虫……这些都可以视为有效的改进措施，而只有解决灯光问题才是最根本的原因和最有效的改进措施。

① 连锁型。一个因素促成下一个因素发生，下一个因素又促成再下一个因素发生，最终导致事故发生。

② 多因致果型（集中型）。多种各自独立的原因在同一时间共同导致事故的发生。

③ 复合型。某些因素连锁，某些因素集中，互相交叉、复合造成事故。

事故因果类型多为复合型，单纯集中型或单纯连锁型较少。

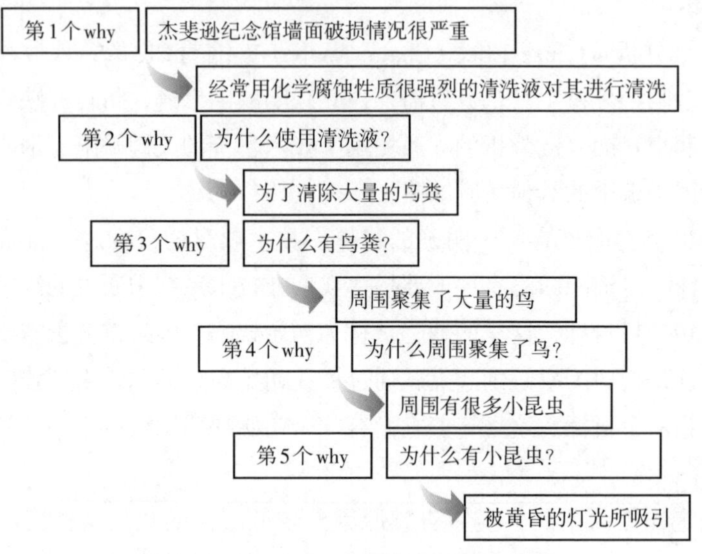

图2-7　杰斐逊纪念馆墙壁腐蚀原因分析

如以人的视角，人对于较大静电能量会有疼痛的感觉，因而静电消除的因果链分析可以表示为图2-8。

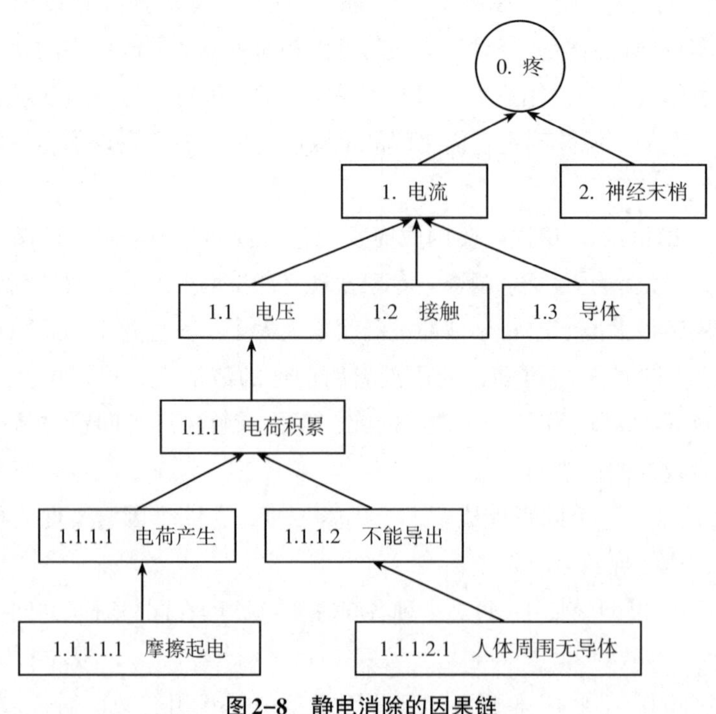

图2-8　静电消除的因果链

对于防止静电放电损伤，从图2-8所示的末端缺点入手，可以有减少摩擦，少穿羊毛类衣物，控制空气温湿度，在操作时佩戴静电手环，并设置良好接地导线，等等。

管理人员不应该只让实验人员寻找直接面对问题的解决方法，而应该查找深层次的缺陷，寻找更容易解决问题的方案，对预期结果产生更大的影响。

2.3.4 事件树分析

事件树分析（Event Tree Analysis，缩写ETA）是一种逻辑的演绎法，它在给定一个初因事件的情况下，分析该初因事件可能导致的各种事件序列的结果，从而定性与定量地评价系统的特性，帮助分析人员获得正确的决策，其实质是利用逻辑思维的初步规律和逻辑思维的形式，分析事故的形成过程。它常用于安全系统的事故分析和系统的可靠性分析，在分析美国三哩岛核电站事故中，展示了很好的效果，进而得到广泛的应用和发展。由于事件序列是以图形表示，并且呈扇状，故得名事件树。

事件树分析是一种从原因到结果的分析方法。从一个初始事件开始，交替考虑成功与失败的两种可能性，然后再以这两种可能性作为新的初始事件，如此继续分析下去，直到找到最后的结果。因此事件树分析是一种归纳逻辑树图，能够看到事故发生的动态发展过程，预测事故后果。

事故的发生是若干事件按时间顺序相继出现的结果，每个初始事件都可能导致灾难性后果，但不一定是必然后果。因为事件向前发展的每步都会受到安全防护措施、操作人员的工作方式、安全管理及其他条件的制约。因此每个阶段都有两种可能性结果，即达到既定目标的“成功”和达不到目标的“失败”。

事件树分析从事故的初始事件开始，途经原因事件到结果事件为止，每个事件都按成功和失败两种状态进行分析。成功或失败的分叉称为歧点，用树枝的上分支作为成功事件，下分支作为失败事件，按照事件发展顺序不断延续分析直至最后结果，最终形成一个在水平方向横向展开的树形图。事件树分析方法与步骤如下。

2.3.4.1 定义系统并分析事件的发展过程

分析人员应熟悉了解所分析的对象系统，通过调查研究、资料收集和系统分析，明确初始事件及其发展主过程，进而初步确定与其有关的分系统及相关事故，并绘制出事件发展过程的示意图。

2.3.4.2 分析事件序列的各个环节

分析从初始事件到限制其造成不良后果的各种安全环节的状态（正常或故障），并作出环节事件的定义，该定义应尽量明确地描述出事件的状态（正常或故障）。

2.3.4.3 建造事件树

根据初始事件和所分析得到的各环节事件的状态（正常或故障）以及这些事件的发展过程建造出事件树。从初始事件开始，把初始事件一旦发生时起作用的安全功能状态画在上面的分支，不能发挥安全功能的状态画在下面的分支。然后依次考虑每种安全功能分支的两种状态，层层分解直至系统发生事故或故障为止。

2.3.4.4 分析事件树

进行定量分析，对事故发生的概率进行估算。找出预防事故的途径，即事件树中最终达到安全的途径，指导人们如何采取措施预防事故的发生。

图2-9 为实验室药品库起火的事故序列的事件树。事件树有一个题头，题头上注明初始事件和环节事件名，初始事件取发生状态，其他环节事件究竟取一种状态还是两种状态由前一环节事件对后一环节事件的影响决定，如此由一个初因出发，可以沿许多不同的途径发展而形成若干个不同的事故序列。该图中的初始事件是“可燃物泄漏”，针对该初始事件共设置了5种安全环节事件，如图中的“产生火花”“着火”“警报器故障”“未能灭火”“人员未能脱离”等。

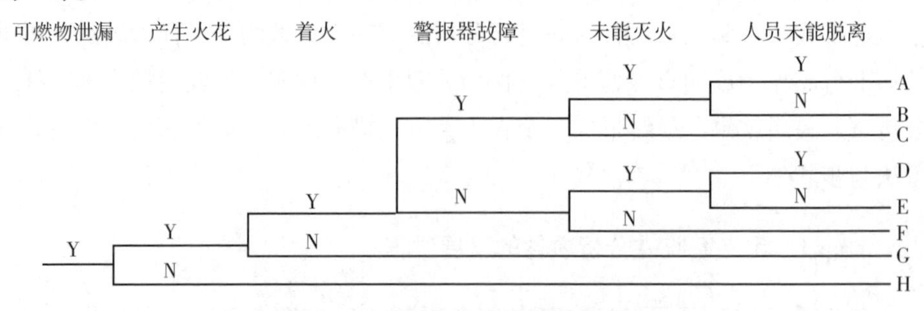

图2-9 实验室药品库起火的事件树

若已知各事件发生的概率，则可以对各事件序列的后果进行定量评定。若每个环节发生的概率是0.1，则发生A事件的概率为：

$$P(A)=P1\times P2\times P3\times P4\times P5\times P6=10^{-6}$$

事件树分析法是一种图解形式，层次清楚，最明显的优点是将事故的原因看成一系列能够组合与变化的因素，而非孤立和静止的事件，即从整体的、系统的角度去找寻事故的原因，以提高系统的安全性，从而为改进安全设计和采取安全管理措施提供重要依据。可用于定性分析，求出各危险因素对事故影响的大小，也可用于定量分析，由各危险因素的概率计算出事故发生的概率。从数量上说明是否能满足预定安全目标值的要求，从而明确采取对策措施的重点和次序。

2.3.5 故障树分析

故障树分析（Fault Tree Analysis，缩写FTA）于1961年由美国贝尔实验室H. A. Watson（维森）提出，首先用于分析“民兵”导弹发射控制系统，后来推广应用到各类武器装备及核能、化工等许多领域，成为复杂系统可靠性和安全性分析的一种有力工具，也是事故分析的一个重要手段。1974年美国原子能委员会发表WASH-1400关于压水反应堆事故风险评价报告，其核心方法就是故障树分析和事件树分析，引起了世界重视。1975年，美国可靠性学术会议把FTA技术和可靠性理论并列为两大进展。

故障树分析是一种运用演绎推理的定性和定量的风险分析方法。它是从系统可能发生或已经发生的事故开始，层层分析其发生的原因，一直分析到不能再分解为止，并且将导致事故的原因事件按因果逻辑关系逐层列出，用树形图表示出来，得到一种逻辑模型，然后通过对这种模型的简化、计算，进行定量风险分析，找出事件发生的各种可能途径及发生概率，并且提出有针对性地避免事故发生的方案和措施。故障树的建立有人工建树和计算机建树两类方法，它们的思路相同，都是首先确定顶事件，建立边界条件，通过逐级分解得到的原始故障树，然后将原始故障树进行简化，得到最终的故障树，供后续的分析计算用。故障树分析方法与步骤如下所示。

2.3.5.1 明确系统并确定顶事件

故障树是一种特殊的倒立树状逻辑因果关系图。它用表2-4中事件符号、逻辑门和转移符号描述系统各种事件的因果关系，逻辑门的输入事件是输出事件的因；输出事件是输入事件的果。

制作故障树先确定系统的研究范围。然后，在各种可能的系统故障中选出最不希望发生的事件作为顶事件。通常这个事件明显地影响系统的技术性能、经济性、可靠性、安全性或其他所要求的特征。顶事件必须有明确的定义，它是故障树分析的中心。

在故障诊断中，顶事件本身就是诊断对象的系统级（总体的）故障部件。而在系统的可靠性分析中，顶事件有若干选择余地，选择得当可以使系统内部许多典型故障（作为中间事件和底事件）合乎逻辑地联系起来，便于分析。

选择顶事件，首先，要明确系统正常和故障状态的定义；其次，要对系统的故障进行初步分析，找出系统组成部分（元件、组件、部件）可能存在的缺陷，设想可能发生的各种人为因素；最后，要推出这些底事件导致系统故障发生的各种可能途径（因果链）。

2.3.5.2 建立故障树

建立故障树的方法有演绎法、判定表法和合成法等。演绎法主要用于人工建树，判定表法和合成法主要用于计算机辅助建树。

① 分析事件，找引起事件发生的直接的必要和充分的原因。将顶事件作为输出事件，将所有直接原因作为输入事件，并根据这些事件实际的逻辑关系用适当的逻辑门相联系。

② 分析每个顶事件直接相联系的输入事件。如果该事件还能进一步分解，则将其作为下级输出事件。建立故障树时应该注意，有的故障发生概率虽小，一旦发生则后果严重，为安全起见，这种小概率故障不能忽略。先抓主要矛盾，开始建树时应先考虑主要的、可能性很大的以及关键性的故障事件；然后再逐步细化，分解过程中再考虑次要的、不经常发生的以及后果不严重的次要故障事件。强调严密的逻辑性和系统中事件的逻辑关系，条件必须清楚，不可紊乱和自相矛盾。

③ 重复上述步骤，逐级向下分解，直到所有的输入事件不能再分解或不必要再分解为止。这些输入事件即为故障树的底事件。对每级结果事件的分解必须严格遵守寻找“直接的必要和充分的原因”，以避免某些故障模式的遗漏。

2.3.5.3 绘制故障树

建树符号包括故障事件符号、逻辑门符号和转移符号等，主要符号如表2–4所示。

表2–4 故障树的符号与含义

分类	符号	含义
故障事件符号		顶事件：故障树分析中所关心的结果事件，位于故障树的顶端
		中间事件，位于底事件和顶事件之间的结果事件
		基本事件：在特定的故障树分析中无须探明其发生原因的底事件
		未探明事件：原则上应进一步探明其原因但暂时不必或不能探明其原因底事件
		条件事件：当此符号中给定的条件满足时，对应的逻辑门才起作用的特殊事件
		开关事件：在正常工作条件下必须发生或必然不发生的特殊事件
逻辑门符号	Z x_1 x_2 ⋯ x_n	与门：表示全部输入事件x_1，x_2，⋯，x_n都发生才能使输入事件Z发生，其逻辑表达式为$Z=\prod_{i=1}^{n}x_i$
	Z x_1 x_2 ⋯ x_n	或门：表示输入事件x_1，x_2，⋯，x_n中只有一个发生就能使输出事件Z发生，其逻辑表达式为$Z=\sum_{i=1}^{n}x_i$
	Z ~ x	非门：表示输出事件是输入事件的对立事件$Z=\bar{x}$

2.3.5.4 定性分析

针对故障树分析结构，求出故障树的最小割集和最小径集，从中得到基本事件与顶事件的逻辑关系，即故障树的结构函数。

对编制好的故障树，必须进行化简，才能真实反映各元素之间的逻辑关系。割集指故障树中某些基本事件的集合，当这些事件均发生时，顶事件必然发生。最小割集是能导致顶事件发生最低限度的基本事件的集合，即割集中任一基本事件不发生，则顶事件就不会发生。最小割集对故障树分析是非常重要的，只要控制其最小割集中的各个基本事件不同时发生，就可以保证顶事件（即事故）不会发生，可以给事故预防和控制提供科学的依据。

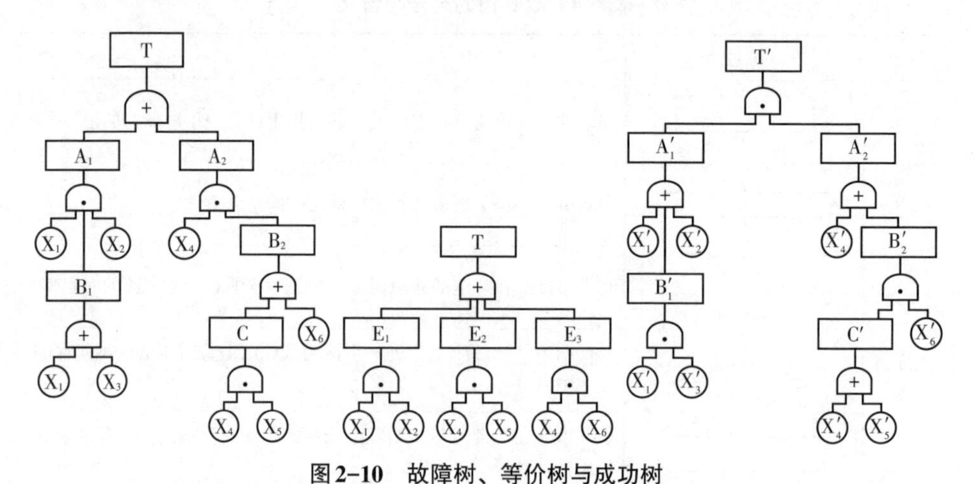

图2-10　故障树、等价树与成功树

如图2-9所示，对故障树进行简化，可以得到以下结果。

$$T=A_1+A_2$$
$$=X_1\cdot B_1\cdot X_2+X_4\cdot B_2$$
$$=X_1\cdot(X_1+X_3)\cdot X_2+X_4\cdot(C+X_6)$$
$$=X^1\cdot X_1\cdot X_2+X_1\cdot X_3\cdot X_2+X_4\cdot(X_4\cdot X_5+X_6)$$
$$=X_1\cdot X_2+X_1\cdot X_2\cdot X_3+X_4\cdot X_4\cdot X_5+X_4\cdot X_6$$
$$=X_1\cdot X_2+X_1\cdot X_2\cdot X_3+X_4\cdot X_5+X_4\cdot X_6$$
$$=X_1\cdot X_2+X_4\cdot X_5+X_4\cdot X_6$$

所得的三个最小割集 $\{X_1,X_2\}$、$\{X_4,X_5\}$、$\{X_4,X_6\}$。

中间图形是经过化简的故障树，它与原故障树在逻辑关系上是等价的，根据化简后的结构式重画的故障树，称为等价树（等效树）。

故障树通过改变可以转变为成功树，如图2-9所示。如果将事故的补事件——成功事件作为顶事件，以补事件代替原事件，将与门换成或门，将或门换成与门，则可将故障树转化为成功树。这样做不但可以直观反映系统“安全”的逻辑关系，有时在故障树过于复杂时，成功树往往会比较简单，便于分析。

$$
\begin{aligned}
T' &= A_1' \cdot A_2' \\
&= (X_1' + B_1' + X_2') \cdot (X_4' + B_2') \\
&= (X_1' + X_1' \cdot X_3' + X_2') \cdot (X_4' + C' \cdot X_6') \\
&= (X_1' + X_1' \cdot X_3' + X_2') \cdot [X_4' + (X_4' + X_5') \cdot X_6'] \\
&= (X_1' + X_2') \cdot (X_4' \cdot X_6' + X_4' \cdot X_5' \cdot X_6') \\
&= X_1' \cdot X_4' \cdot X_6' + X_2' \cdot X_4' \cdot X_6'
\end{aligned}
$$

所得的两个成功树的最小割集 $\{X_1', X_3', X_4', X_5', X_6'\}$、$\{X_2', X_4', X_5', X_6'\}$。

求出成功树的最小割集，即得到故障树的最小径集。径集指故障树中某些基本事件的集合，这些事件均不发生时，顶事件必然不发生，如果某径集中任意去掉一个基本事件，它就不再是径集了，就称其为最小径集。

以上就是故障树的定性分析，从中可以得到使顶事件发生或不发生的逻辑关系。最小割集反映了系统危险的程度，一般认为，故障树最小割集越多，系统越危险；最小径集反映了系统的“安全”程度，一般认为，故障树最小径集越多，系统越安全，从而为事故预防和安全技术的使用提供科学的依据。

2.3.5.5 定量分析

对故障树进行定量分析，进而鉴别出系统的薄弱环节，是故障树定量分析的基本目的。利用底事件的发生概率去计算顶事件发生概率，确定系统的可靠度和风险度。

确定每个最小割集或最小径集的发生概率，以便改进设计、提高系统的可靠性和安全性水平。确定每个底事件的发生对引起顶事件发生的重要程度，以便正确设计或选用部件或元器件的可靠性等级。结构重要度分析是从故障树结构上分析各基本事件的重要程度。即在不考虑各基本事件的发生概率，或者说假定各基本事件的发生概率都相等的情况下，分析各基本事件的发生对顶事件的发生所产生的影响程度。这是一种定性的重要度分析。一个基本事件的概率重要度大小，并不取决于它本身的概率值大小，而取决于它所在的最小割集中其他基本事件的概率积的大小及它在各个最小割集中重复出现的次数。掌握每个底事件发生概率的降低对顶事件发生概率降低的影响大小，以鉴别设计上的薄弱环节，从而达到提高经济效益的目的。

采用故障树分析问题具有以下几项优点：a. 分析法是采用演绎的方法分析事故的因果关系，能详细找出各个系统各种固有的潜在危险因素，为安全设计、制定安全技术措施和安全管理要点提供了依据。b. 能简洁形象地表示出事故和各原因之间的因果关系及逻辑关系。c. 在事故分析中，顶事件可以是已发生的事故，可以是预想的事故。通过分析找出原因，采取对策加以控制，从而起到预测、预防事故的作用。d. 可以用于定性分析，求出危险因素对事故影响的大小；也可以用于定量分析，由各危险因素的概率计算出事故发生的概率，从数量上说明满足预定目标值的要求，从而确定采取措施的重点和轻、重、缓、急顺序。

2.4 安全检查

加强安全检查监督也是实验室安全管理必不可少的手段。针对实验室涉及的危险源以及危险程度不同，将实验室分级管理，再根据实验室的级别确定安全检查的要求，确保及时发现安全隐患并妥善解决。检查方式采取实验室日常安全自查、二级单位定期检查、特定时间学校抽查、上级部门专项检查等多种检查方式相结合。

建立安全定期检查制度。各高校要对实验室开展“全过程、全要素、全覆盖”的定期安全检查，核查安全制度、责任体系、安全教育落实情况和存在的安全隐患，实行问题排查、登记、报告、整改的闭环管理，严格落实整改措施、责任、资金、时限和预案“五到位”。

2.4.1 安全检查要求

实验室安全检查应包括以下几项要求。

① 学校层面开展定期/不定期检查，每年不少于4次，院系层面开展定期检查，每月不少于1次，提出整改建议并记录存档。安全检查人员应该由专业技术人员担任，并要佩戴标识，穿戴必要的防护装具。

② 安全检查内容应该包括安全制度、责任体系、安全教育落实情况和存在的安全隐患。针对管制化学品、病原微生物、放射源等，开展定期专项检查，及时整改并记录存档。

③ 实验室房间安全责任人须建立自检自查台账，记录安全问题并及时整改。

针对安全检查时发现的具体问题，检查人员应当与实验人员一起剖析风险产生的原因，进而制订相应措施计划，从管理制度和防范体系上确保实验室安全运行。

PDCA循环是提高安全检查效果的方法。PDCA是由英语单词Plan（计划）、Do（执行）、Check（检查）和Act（行动）的第一个字母组成的，PDCA循环就是按照这样的顺序进行质量管理，并且循环不止地进行下去的科学程序。P（计划）：分析现状，找出问题和原因，根据问题制订相应措施计划。D（执行）：执行措施计划，实现预期目标。C（检查）：检查计划执行情况，评估效果。A（行动）：总结、处理，肯定其中的成功经验并予以标准化形成规范。未解决的或新发生的问题，提交至下一轮PDCA循环中解决。具体实践中，上述4个阶段在周而复始的进行中不断完善优化，一个循环接一个循环，提高实验室安全水平。

2.4.2 安全检查表

安全检查表（Safety Checklist Analysis，缩写SCA）是依据相关的标准、规范，对工程、系统中已知的危险类别、设计缺陷以及与一般工艺设备、操作、管理有关的潜在危险性和有害性进行判别检查。为了避免检查项目遗漏，事先把检查对象分割成若干系统，以提问或打分的形式，将检查项目列表，这种表就称为安全检查表。

安全检查表是系统安全工程的一种最基础、最简便、广泛应用于高等学校实验室安全检查的表格。目前，安全检查表在我国不仅用于查找系统中各种潜在的事故隐患，还对各检查项目给予量化，用于进行系统安全评价。针对危险因素，依据有关法规、标准规定，参考过去事故的教训和本单位的经验确定安全检查表的检查要点、内容和为达到安全指标应在设计中采取的措施，然后按照一定的要求编制检查表。

安全检查表主要有以下优点：a. 检查项目系统、完整，可以做到不遗漏任何能导致危险的关键因素，避免传统的安全检查中易发生的疏忽、遗漏等弊端，因而能保证安全检查的质量。b. 可以根据已有的规章制度、标准、规程等，检查执行情况，得出准确的评价。c. 安全检查表采用提问的方式，有问有答，给人的印象深刻，能使人知道如何做才是正确的，可起到安全教育的作用。d. 编制安全检查表的过程本身就是一个系统安全分析的过程，可使检查人员对系统的认识更深刻，更便于发现危险因素。e. 对不同的检查对象、检查目的，有不同的检查表，应用范围广。

教育部下发的《高等学校实验室安全检查项目表（2018年）》共358条

款，按照重要性、导向性情况进行星级分类，其中三星“***”5个，表示非常重要的条款，属于底线，必须符合；二星“**”25个，属于很重要的条款，有严肃性和导向性；一星“*”78个，属于比重要的条款。没有星号的条款，依然是高校实验室需要做好的方方面面，现场检查时也会查，不可忽视。教育部下发的《高等学校实验室安全检查项目表》，每年都会更新。学校、学院应根据该表格，制订可以执行的安全检查表。

2.4.3 专家检查法

专家检查法是一种吸收专家参加，根据事物的过去、现在及发展趋势，进行积极的创造性思维活动，对事物的未来进行分析、预测的方法。

对于安全评价而言，专家检查法简单易行，比较客观，所邀请的专家在专业理论上造诣较深、实践经验丰富，而且由于有专业、安全、评价、逻辑方面的专家参加，将专家的意见运用逻辑推理的方法进行综合、归纳，这样所得出的结论一般是比较全面、正确的。特别是专家质疑通过正反两方面的讨论，问题更深入、更全面和透彻，所形成的结论性意见更科学、合理。

3 实验基础

实验是为了调查一个或多个自变量对一个或多个因变量的效应的控制过程。自变量是实验者所选择的，将影响行为的变量。绝大多数实验同时间检测多个自变量，当一个自变量对另一自变量的不同水平所产生的效应不同时，就发生了交互作用。因变量是被观察和记录的变量，即实验者所观察和记录的随着自变量的变化而变化的被试行为。一个实验室可以监测一个或多个因变量。除此之外还有控制变量，是由实验者控制并在实验中保持恒定的潜在独立变量。实验中需要控制的变量很多，往往超出研究中实际控制的变量数，如果这些未被控制的变量随自变量一起发生系统性的变化，会影响因变量的测试效果。

因此，实验者应尽可能控制一些变量，以期相对于自变量效应而言，那些未控制因素的效应很小或者可以忽略不计。实验设计的目的在于尽可能减少额外的或未控制变量，从而增加实验产生的有效的一致结果的可能性，如图3-1所示。

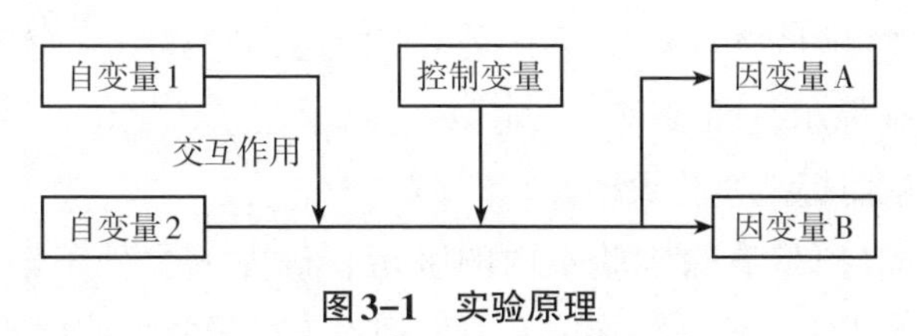

图3-1　实验原理

科学实验是人们为实现预定目的，在人工控制条件下，通过干预和控制科研对象，观察和探索科研对象有关规律和机制的一种研究方法。它是人类获得知识、检验知识的一种实践形式。所有科学实验的目的都在于解决问题。人们发现问题并将问题变成可检验的假设，然后再把假设转变为有自变量、因变量和控制变量的实验。在此过程中，人们可以利用各种实验手段，创造出高温、高压等特殊条件，进行未探索性实践。在强化了的特殊条件下，人们使用不同的物质、仪器，会遇到许多前所未知的新现象，因此，也存在很多潜在的危险性。

3.1 实验素养

3.1.1 5S法

5S即整理（seiri）、整顿（seiton）、清扫（seiso）、清洁（seiketsu）、素养（shitsuke），在日文中，其罗马拼音首字母均为S，因此简称为“5S”管理法。根据日本劳动安全协会在1950年推行的口号是：安全始于整理、整顿，而终于整理、整顿，目的在于确保安全的作业空间，后因生产管理需求和水准的提高，另增加清扫、清洁、素养，其着眼点由安全扩大到环境、卫生、效率等多个方面。5S法不仅应用于企业管理，也同样适用于实验室的安全管理和个人习惯的养成。在实验室安全管理中引入5S法可以为实验人员提供一个安全、舒畅的实验环境，提高实验效率，降低实验成本。

① 整理。首先应该区分要与不要的东西，实验室里应该仅放置实验所要使用的物品，其他私人的无关用品都不应放置。其次管理使用的东西是依据时间性原则。经常用的分为每天和每周；不经常用的分为一个月或半年。不经常用的物品都可以收纳好或移出实验室。最后，经过时间及空间整理工作，将实验室的“空间”腾出来。整理是5S管理的基础，也是保障安全，讲究效率的第一步。

② 整顿。整顿是放置物品标准化，将要用的东西依规定定位摆放整齐，明确数量，明确标示，即实现“三定”：定名、定量、定位，避免浪费宝贵的时间找物品，从而提高实验效率。

③ 清扫。清扫是清除实验室内的脏污，确保人员处于健康的实验环境中，有更愉悦的心情。这样做还能及时发现设备的异常，使仪器更好地维持在最佳的运行状态。

例如，某实验人员在水槽清洗仪器时，不及时收起玻璃碎片，导致后来手被扎破，出血感染。

④ 清洁。清洁和清扫的关系最为密切。清除实验室内的脏污是清扫，而保持这种干净的状态就是清洁。

例如，某实验室的天平经常出现故障，原因在于实验人员不清理药品，导致残留的盐使天平腐蚀，出现故障。

⑤ 素养。素养就是素质与修养，就是培养实验习惯，并由内心得到认同的观念，按照实验室规定行事，从而提升“人的品质”，成为对任何工作都讲究认真的人。

3.1.2 实验记录

进行科学实验，必须做好实验记录。实验记录是记录研究的计划、目的和整个研究过程的日志，也是实验室工作人员的研究经历和总结，凝结着每位科研工作者的辛勤汗水和努力。如果实验记录完好，无论实验者的工作成功或者失败，这份记录都非常有价值，它能提供完整的、准确的实验进行时的信息。实验所积累的数据能够通过真实、合理、可信赖的形式呈现出来，从而使其他的科学家相信并且运用他所采集的数据。

一些科研机构忽视对相关工作的要求和管理，导致实验记录不规范和保存不当，并存在多种隐患。有些实验人员离开实验室后，其研究成果需要进行拓深研究时，其他研究者无法看懂该实验记录；当已发表的研究结果遭到质疑时，无法提供有效的原始实验记录，从而对实验室的声誉和发展造成不良的影响；实验记录不够翔实，给一些急于求成的人员留下了学术失范的空间。因此实验室管理人员应该加强原始实验记录的收集和保管，同时使科研人员意识到实验记录是科学研究工作的一个重要组成部分，成为遵守科研规范的优秀工作者，具体内容如表3-1所示。

表3-1 实验记录的内容与要求

实验记录条目	主要记录内容与要求
目录	包含每个实验的实验编号、精短题目、页码
实验日期和时间	日期主要是为了便于产物命名和查找；因为同一天在不同的时间会做不同的实验，要有详细的时间记录；这一部分要加上天气状况
实验名称和目的	简短的实验名称（或能表明实验的最简短的代号）和实验目的
实验仪器	仪器的型号、厂家、基本参数、仪器的状态等，这部分内容对分析实验结果十分有用；自己搭建的实验装置要画出实验装置草图和设备装置检修记录，便于检查装置存在的问题和实验结果的可靠性，也可为下次实验作参考：在画的过程中也要思考装置是否合理，如何改进效果会更好。如果只使用固定的仪器则可以不进行详细记录
实验药品	不同厂家的药品等级不一样，含量和性质也会有所不同，对实验结果也会产生不同的影响。所以每次都要记录药品的等级、含量、厂家等信息，以及药品和试剂与“安全性”有关的主要物理和化学性质，有助于解释实验结果

表3-1（续）

实验记录条目	主要记录内容与要求
操作步骤	在这部分中要具体记录药品的实际加入量、实际反应温度、实际反应时间、实验现象和实验结果等。很多科学成果都是出自实验中所谓的“小失误”，如果没有详细的记录，可能好的结果永远不能被发现。因此，不要放过实验中的任何细节，哪怕本身就是一个错误的操作，将来也许能够帮助解释实验结果。详细记录实验流程和观察到的细节，甚至是你对实验或数据的想法，都应记录在这个记录本里。如果实验方案或实验结果有哪怕一点点异常，都应该加上标注
表征信息	实验结果如果保存在电脑等载体中，应记录数据储存位置。原始记录和打印件都应该保存下来并贴在实验记录本里
补充材料	如果用其他文本记录的实验内容，要尽快誊写到记录本上，同时标记好实验日期和实验补录日期
实验小结	实验数据要及时整理，否则难以从实验中发现某些规律，也不能对后续实验的实施和调整提供正确的指导。实验者常期望在有限时间内尽可能多做一些实验，往往只对实验数据进行简单整理，甚至不整理，即匆匆进入下一轮实验操作，结果可能导致某些实验错误持续性存在，或重复某些无意义、无价值的实验。所以在实验后应养成及时整理和分析实验数据的习惯，简短的实验总结和说明有助于指导后续的研究，其内容包括主要结论、存在问题、改进方法和实验体会等

实验记录本作为保存科学成就的媒介已有几个世纪的历史，纸版记录本具有高度的独立性和难以更改的个性化特征。它们所保存的数据很难被共享，也不可能被重复利用。因而即使在今天，最前沿的研究技术也是在记录本中进行最原始的描述和书写。实验记录本应该保持整洁、完整，书写字迹清楚，编号和代号合理。封面处需要填写：项目名称、起止时间、记录者信息（联系方式）以及保密等级。最好使用有空白界限范围的记录本，并且在记录页的右侧留有一段空白，以便实验结束后填写补充内容。使用实验记录本前要对所有页码进行编号，不要撕去任何一页，如果使用活页本，应提前编号。重要的实验记录也可采用复写本进行实验记录。记录本的前十页作为空白页保留，首页可以作为目录页，可在实验开始后陆续填写，或在实验结束时统一填写。其他材料，如表征图片、数据表格，如果需要也可以粘贴在实验记录的相应位置上，做好标记并且建立图、表的索引目录。实验记录本最好使用黑色钢笔书写，不得使用圆珠笔或者铅笔，因为圆珠笔笔迹易褪色，铅笔笔迹易因磨损而模糊不清，不能永久保存。

3.1.3 操作规范

化学实验的不规范操作导致的事故会带来意想不到的损失和伤害。化学教学实验室里发生这样事故的概率还是比较低的，学生对化学实验不规范操作的危害认识还是不够深刻。学生获得有限的操作规范，仅仅是因为考试才有所了解，而对于书本上没有讲过的内容则知之甚少。

例如，学生都了解稀释浓硫酸的操作，将硫酸沿烧杯壁缓缓倒入水中，并不断搅拌。但是很多学生都不知道，不能向沸腾的溶液中加入沸石、活性炭、凉水以及其他物质，否则溶液会暴沸，带来危险，有些学生甚至因为这个操作而烫伤。

在化学实验室中，主要使用玻璃仪器组装成各种化学反应装置，使用或操作不当也会产生伤害危险。

① 玻璃器具在使用前要仔细检查，避免使用有裂痕的仪器。特别用于减压、加压或加热操作的场合，更要在使用前认真进行检查。

② 烧杯之类仪器，因其壁薄，机械强度很低；吸滤瓶及量杯之类厚壁容器，不能直接加热；分析实验用的容量器皿滴定管、容量瓶、移液管等不能直接加热干燥。

③ 把玻璃管或温度计插入橡皮塞或软木塞时，常常会折断而使人受伤。为此，操作时应戴防护手套，先将玻璃管的两端用火烧光滑，也可在玻璃管上沾些水或涂上甘油等作润滑剂，边旋转边慢慢地把玻璃管插入塞子中。

④ 对黏结在一起的玻璃仪器，不要试图用力硬拉。可采取以下几种方法尝试打开：用热风吹，使外部膨胀；将磨口竖立，往缝隙间滴上几滴甘油；放在水中煮。

⑤ 干燥、加工玻璃时，应特别注意容器内是否有可燃性气体，如有则避免加热引起爆炸事故。为此，操作前必须将容器中的可燃性气体清除干净。另外，接触刚刚加热过的玻璃往往易被烧伤。

⑥ 破碎玻璃应放入专门的垃圾桶。

为了提高读者对化学实验中不规范操作带来的危害的认识，本部分以乙酰乙酸乙酯制备实验为例，介绍操作规范的重要性。

3-丁酮酸乙酯又名乙酰乙酸乙酯，其具有特殊的结构和性质，在化学工业中有着非常广泛的应用。“3-丁酮酸乙酯的制备”是有机化学实验中的经典项目，采用金属钠与痕量乙醇反应产生的乙醇钠做催化剂，促进乙酸乙酯发生克莱森（Claisen）酯缩合反应，生成3-丁酮酸乙酯。本书针对该实验操作中的安全问题进行讨论，从仪器使用、试剂用量、操作细节等不同角度分析有哪些操作会引起安全事故，以点带面提醒读者重视操作规范。

3.1.3.1 干燥管

实验反应装置如图3-2 a所示，反应烧瓶上方为回流冷凝管，顶部安装干燥管。干燥管内部装填无水氯化钙为干燥剂，干燥剂应该现用现装，并避免使用粉末状的干燥剂，防止堵住干燥管。实验室有时来不及清理干燥剂，重复使用。如果天气潮湿，无水氯化钙吸水之后会结块，彻底堵死干燥管，使装置成为密闭容器。此时加热反应装置，会使其内部形成高温、高压的状态，有可能引起爆炸。

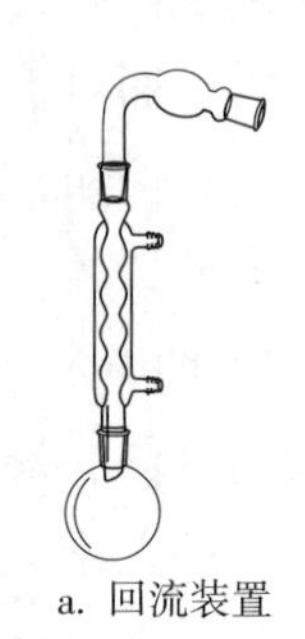
a. 回流装置

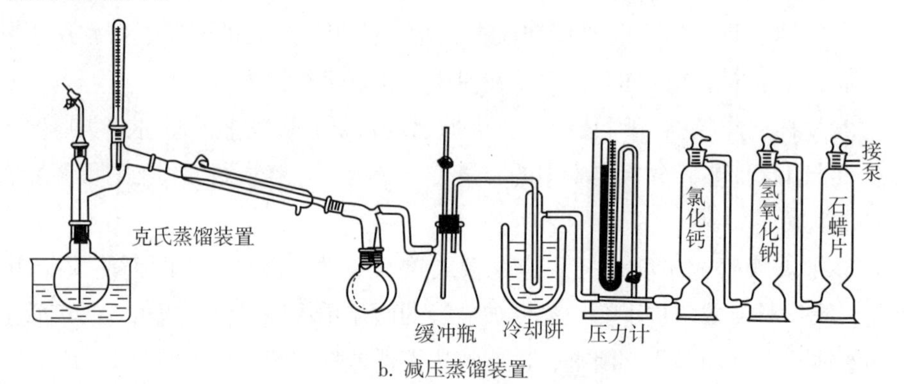

b. 减压蒸馏装置

图3-2 回流装置和减压蒸馏装置

3.1.3.2 仪器干燥

金属钠具有强还原性，与水反应会快速产生大量的热，处理不当会引起燃烧甚至爆炸。3-丁酮酸乙酯的制备实验中，用钠和乙酸乙酯进行反应。在取用试剂前必须保证烧瓶干燥，先取乙酸乙酯，再小心地把钠加入烧瓶中。观察钠在乙酸乙酯溶液中的反应速度，如果钠和乙酸乙酯的反应速度很快，则说明乙酸乙酯中含有较多的水，应该立即将烧瓶放到水中冷却，防止烧瓶因钠和水的反应过热而引起燃烧甚至爆炸。混合溶液的温度越高，反应速度则会越快，反过来又会更快地释放热量，促使溶液的温度进一步升高，因而带来较大的危险。

3.1.3.3 酸化操作

回流反应结束后，钠和乙酸乙酯形成的产物钠盐，需要加入乙酸将其转化为3-丁酮酸乙酯。在滴加乙酸时宜采用少量多次的原则，每次尽量按1 mL加入，特别是加入前几滴溶液时，一定要注意烧瓶的温度。防止酸化操作过快而使溶液温度迅速升高。

3.1.3.4 分液漏斗的使用

酸化操作结束后，需要用碳酸钠溶液除去过量的乙酸，此时涉及使用分液漏斗进行洗涤操作。先将含有乙酸的混合溶液倒入分液漏斗中，再加入碳酸钠溶液，并不断晃动分液漏斗。等待其不再产生明显气泡时，将分液漏斗下管口向上倾斜45°倒置，稍振荡后立即打开旋塞放气，然后再振荡，并放气。否则，乙酸和碳酸钠反应产生气体会使分液漏斗内部压力升高，轻则会漏液，严重的会使漏斗破碎。

3.1.3.5 减压蒸馏接收瓶

如图3.2 b所示，减压蒸馏装置B为接收瓶，其必须使用无裂纹的圆底烧瓶。因为在减压蒸馏时，装置外部为常压，内部为低压，圆底烧瓶能把压力分散，更好地承受压力。如果担心接收瓶破碎，造成人员伤害，可以在外部包胶带或网兜。

3.1.3.6 减压蒸馏中止程序

减压蒸馏实验结束后，一定要注意停止的顺序：先移去热源，待反应瓶温度稍冷却后，再缓缓地打开缓冲瓶的旋塞，然后再关闭真空泵，待系统内外压力平衡后，最后拆卸反应装置。如果反应烧瓶的温度较高，若快速打开真空缓冲瓶，迅速进入的空气冲击蒸馏烧瓶中的残留化合物，则有爆炸的危险。

实验人员掌握正确的操作规范，并形成良好的实验习惯是非常重要的，一些很小的失误，可能会带来严重的后果。例如，2017年某医院一位技术人员违反“一人一管”操作规程，重复使用吸管造成交叉污染，导致5人感染艾滋病毒，造成重大医疗事故。显然该名技术人员在学校没有养成良好的实验习惯，不按照规范及时更换吸管酿成了这起悲剧。

3.2 职业病基础知识

根据《中华人民共和国职业病防治法》规定：职业病是指企业、事业和个体经济组织等用人单位的劳动者在职业活动中，因接触粉尘、放射性物质和其他有毒、有害物质等因素而引起的疾病。在生产劳动中，接触生产中使用或产生的有毒化学物质、粉尘气雾、异常的气象条件、高低气压、噪声、振动、微波、X射线、γ射线、细菌、霉菌；长期强迫体位操作；局部组织器官持续受压等，均可引起职业病，一般将这类职业病称为广义的职业病。对其中某些危害性较大，诊断标准明确，结合国情，由政府有关部门审定公布的职业病，称为狭义的职业病，或称法定（规定）职业病，如表3–2所示。

《中华人民共和国职业病防治法》规定的职业病，必须同时具备以下4个条件：

① 患病主体是企业、事业单位或个体经济组织的劳动者；

② 必须是在从事职业活动的过程中产生的；

③ 必须是因接触粉尘、放射性物质和其他有毒、有害物质等职业病危害因素引起的；

④ 必须是国家公布的职业病分类和目录所列的职业病。

表3–2 国家公布的职业病分类和数量

序号	种类	数量
1	职业性尘肺病及其他呼吸系统疾病	尘肺病12项+其他：矽肺，煤工尘肺，石墨尘肺，碳黑尘肺，石棉肺，滑石尘肺，水泥尘肺，云母尘肺，铝尘肺，陶工尘肺，电焊工尘肺，铸工尘肺，根据《尘肺病诊断标准》和《尘肺病理诊断标准》可以诊断的其他尘肺病 其他呼吸系统疾病6项：过敏性肺炎，棉尘病，哮喘，金属及其他化合物粉尘肺沉着病（锡、铁、锑、钡及其化合物等），刺激性化学物所致慢性阻塞性肺疾病，硬金属肺病
2	职业性皮肤病	8项+其他：接触性皮炎，光接触性皮炎，电光性皮炎，黑变病，痤疮，溃疡，化学性皮肤灼伤，白斑，其他
3	职业性眼病	3项：化学性眼部灼伤，电光性眼炎，白内障（含放射性白内障、三硝基甲苯白内障）
4	职业性耳鼻喉口腔疾病	4项：噪声聋，铬鼻病，牙酸蚀病，爆震聋
5	职业性化学中毒	59项+其他：铅及其化合物中毒（不包括四乙基铅），汞及其化合物中毒，锰及其化合物中毒，镉及其化合物中毒，铍病，铊及其化合物中毒，钡及其化合物中毒，磷及其化合物中毒，砷及其化合物中毒，铀及其化合物中毒，砷化氢中毒，氯气中毒，二氧化硫中毒，光气中毒，氨中毒，偏二甲基肼中毒，氮氧化合物中毒，一氧化碳中毒，二硫化碳中毒，硫化氢中毒，磷化氢、磷化锌、磷化铝中毒，氟及其无机化合物中毒，氰及腈类化合物中毒，四乙基铅中毒，有机锡中毒，羰基镍中毒，苯中毒，甲苯中毒，二甲苯中毒，正己烷中毒，（溶剂）汽油中毒，一甲胺中毒，有机氟聚合物单体及其热裂解物中毒，二氯乙烷中毒，四氯化碳中毒，氯乙烯中毒，三氯乙烯中毒，氯丙烯中毒，氯丁二烯中毒，苯的氨基及硝基化合物（不包括三硝基甲苯）中毒，三硝基甲苯中毒，甲醇中毒，酚中毒，五氯酚（钠）中毒，甲醛中毒，硫酸二甲酯中毒，丙烯酰胺中毒，有机磷中毒，氨基甲酸酯类中毒，溴甲烷中毒，拟除虫菊酯类中毒，铟及其化合物中毒，溴丙烷中毒，碘甲烷中毒，氯乙酸中毒，环氧乙烷中毒，丙烯腈中毒，上述条目未提及的与职业有害因素接触之间存在直接因果联系的其他化学中毒

表3-2（续）

序号	种类	数量
6	物理因素所致职业病	7项：中暑，减压病，高原病，航空病，手臂振动病，激光所致眼损伤，冻伤
7	职业性放射性疾病	11项：外照射急性放射病，外照射亚急性放射病，外照射慢性放射病，内照射放射病，放射性皮肤疾病，放射性肿瘤（含矿工高氡暴露所致肺癌），放射性骨损伤，放射性甲状腺疾病，放肺性性腺疾病，放射复合伤，放射性神经系统疾病，根据《职业性放射性疾病诊断标准（总则）》可以诊断的其他放射性损伤
8	职业性传染病	5项：炭疽，森林脑炎，布鲁氏菌病，艾滋病（限于医疗卫生人员及人民警察），莱姆病
9	职业性肿瘤	11项：石棉所致肺癌、间皮瘤，联苯胺所致膀胱癌，苯所致白血病，氯甲醚、双氯甲醚所致肺癌，砷及其化合物所致肺癌、皮肤癌，氯乙烯所致肝血管肉瘤，焦炉逸散物所致肺癌，六价铬化合物所致肺癌，毛沸石所致肺癌、胸膜间皮瘤，煤焦油、煤焦油沥青、石油沥青所致皮肤癌，β-萘胺所致膀胱癌
10	其他职业病	3项：金属烟热，滑囊炎（限于井下工人），股静脉血栓综合征、股动脉闭塞症或淋巴管闭塞症

职业病的遴选原则：有明确的因果关系或剂量反应关系；有一定数量的职业暴露人群；有可靠的医学诊断方法；易于进行职业病归因诊断等原则。

3.2.1 安全防护原则

在化学实验室危害控制过程中，美国职业安全与健康管理局（简称OSHA）提倡优先使用工程控制，多层级控制并举，保护人身安全。用于保护实验人员的措施类型，按照其有效性的优先次序依次为工程控制、管理控制、行为控制，最后是个体防护用品。

《工业企业设计卫生标准》（GBZ 1—2010）中建议，应根据工作场所职业病危实际情况，对工作场所化学有害因素接触采取控制措施。职业接触限值（Occupational Exposure Limits，缩写OEL）指劳动者在职业活动过程中长期反复接触，对绝大多数接触者的健康不引起有害作用的容许接触水平，是职业性有害因素的接触限制量值，如表3-3所示。

表3-3 职业接触限值等级和限值

接触等级	等级描述	作业管理
0（≤1%OEL）	基本无接触	不需采取行动
Ⅰ（＞1%，≤10%OEL）	接触极低，根据已有信息无相关效应	一般危害告知，如标签、SDS等

表3–3（续）

接触等级	等级描述	作业管理
Ⅱ（＞10%，≤50%OEL）	有接触但无明显健康效应	一般危害告知，特殊危害告知，即针对具体因素的危害进行告知
Ⅲ（＞50%，≤OEL）	显著接触，需采取行动限制活动	一般危害告知、特殊危害告知、职业卫生监测、职业健康监护、作业管理
Ⅳ（＞OEL）	超过OELs	一般危害告知、特殊危害告知、职业卫生监测、职业健康监护、作业管理、个体防护用品和工程、工艺控制

注：作业管理包括对作业方法、作业时间等制定作业标准，使其标准化；改善作业方法；对作业人员进行指导培训以及改善作业条件或工作场所环境等。

3.2.1.1 消除替代原则

优先采用有利于保护劳动者健康的新技术、新工艺、新材料、新设备，用无害替代有害、低毒危害替代高毒危害的工艺、技术和材料，从源头控制劳动者接触化学有害因素。或者用其他低危险源的材料等替代高危险源的材料；削减人员的作业活动量和活动范围，减少他们在风险下的暴露时间；用距离、屏障、护栏等措施将危险源限制在一定范围内，防止人员暴露于有害环境。

3.2.1.2 工程控制原则

对生产工艺、技术和原辅材料达不到卫生学要求的，应根据生产工艺和化学有害因素的特性，采取相应的防尘、防毒、通风等工程控制措施，使劳动者接触或活动的工作场所化学有害因素的浓度符合卫生要求。

消除替代或工程控制优于其他控制措施，这是因为这样可以做出永久性改变，减少危害暴露，而不依赖于操作者的行为。

3.2.1.3 管理控制原则

安全管理控制是运用定性或定量的统计分析方法确定其风险严重程度，进而确定风险控制的优先顺序和风险控制措施，控制劳动者接触化学有害因素的程度，降低危害的健康影响，减少和杜绝生产安全事故的产生。

行为控制是在进入实验室时，通过规范人员的操作行为，减少接触危险因素的时间、频率和强度。美国著名安全工程师海因里希认为大部分安全事故是人的不安全行为造成的，因此加强人的行为控制，能有效避免发生安全事故。

常见的安全行为控制方法包括制订安全操作规范，对人员进行安全教育和技术培训，定期进行安全检查，激励或惩戒促使人员遵守安全制度等，提高实验人员的安全意识和防护能力。

3.2.1.4 个体防护原则

当所采取的控制措施仍不能实现对接触的有效控制时，应联合使用其他控制措施和适当的个体防护用品；个体防护用品通常在其他控制措施不能理想实现控制目标时使用。

如图3-3是英国应用的作业风险分析法（Task Risk Assessment，缩写TRA）提供的风险控制措施。与其他方法相似，在评估预防控制措施的合理性、可行性和可靠性的同时，还应综合考虑职业病危害的种类以及为减少风险需要付出的成本。

图3-3 TRA提供的风险控制措施

3.2.2 化学实验室安全防护设施

水是实验室最常用的一种物质，它既可以保障实验安全，又会带来风险。例如，有的实验室夜间忘关闭水龙头，导致仪器设备被水浸泡。北方实验室冬季忘关窗户，导致暖气冻坏的事故也时有发生。

3.2.2.1 紧急喷淋装置

紧急喷淋装置又称安全喷淋装置，如图3-4a所示，应用于强酸、强碱、有毒、易燃等场所，可以冲洗实验人员全身，具有流量大、使用方便、快速响应的优点。从事制冷剂操作或低温作业，有可能引起冻伤的地方，还应该配置温水喷淋装置。紧急喷淋装置应该设置在醒目、附近没有障碍物、易于到达的地点，还需要设立醒目标识，便于人员发现。喷淋装置的动作阀易于开启，拉动后可以持续喷水，让使用者空出双手。喷淋器应远离电气设备或电源插座，并且下方不得放置杂物。喷淋器应定期检查流速、阀门等，如果不能使用，应及时通知有关实验室。

3.2.2.2 洗眼器

人的眼睛柔软，有丰富的血管和神经，其表面温润。酸溶液、碱溶液、化学溶剂一旦沾染到眼球，会迅速对眼睛造成无可挽回的伤害，因此，需要在有可能发生眼部伤害的地方配备洗眼器。洗眼器安放的位置应该易于到达，附近没有障碍物，并张贴醒目标志，最好安装在距离有害物质10 s可以到达的地点，冲洗需要保证连续15 min，每分钟约1.5 L的出水量。

洗眼器需要定期检查并更换新鲜水，防止水中生长的微生物或产生的水垢对眼睛造成二次伤害。洗眼器旁边可以安装报警系统，便于眼部受伤人员寻求帮助。如果没有洗眼器，要用手接清水洗眼睛，避免普通水龙头中水流速快，冲伤眼球。洗眼时应张大眼睛，翻开眼睑，冲洗一段时间再停止。

此处需要强调，人员在实验室内不得配戴隐形眼镜，主要原因是有机溶剂接触到隐形眼镜，会使镜片变形和固化，有可能夹住眼球，并造成永久伤害；腐蚀性试剂溅入眼睛，眼睑会本能地夹紧，使镜片难以取出。

3.2.2.3 通风橱

通风橱是化学实验室最常见到的安全防护装置，如图3-4b所示，其作用是保护实验人员远离有毒有害气体。传统通风橱多为木制品，现代多为表面酸洗磷化喷塑，台面为实心理化板，耐酸碱，耐高温，但太高温度的物体也不能直接接触台面。

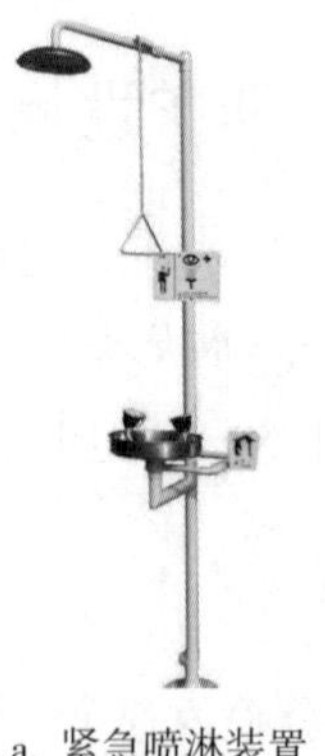
a. 紧急喷淋装置

b. 通风橱

图3-4 紧急喷淋装置和通风橱

通风橱的前方中间为可上下移动的透明门（多为玻璃），开启高度一般为100～600 mm。里面为实验进行的工作台面，有水管、下水道、电源、真空泵、气路管线等实验需要的连接，上有带保护罩的灯照明。空气由柜内前上方的排风扇抽走后，或经管道引到别处（称为全通风）。有的通风橱在排气量过小以及前方玻璃门开启过大的时候会发出警报，提醒操作者注意。内部的排风扇速度和灯都有开关可调。使用的时候人站或坐于橱前，将玻璃门尽量放低，手通过门下伸进柜内进行实验。由于排风扇通过开启的门向内抽气，正常情况下有害气体不会大量溢出。

通风橱使用时应注意保持通风橱整洁，不能摆放大量的化学试剂。通风橱门要轻拉轻抬，并在操作完毕后及时拉下。在做实验时不宜关闭通风，也不可将头伸进通风橱内。

3.2.2.4 急救包

急救包在事故发生后，能够快速给受害人提供有效帮助，是不可缺少的防护装备，应具有轻便、易携带、配置全等特点，放置于实验室醒目位置，在紧急情况下能发挥重要作用。急救包应该配置下列物品：酒精棉、纱布、绷带、胶布、创可贴、医用剪刀、棉签、碘酊、3%双氧水、饱和硼酸溶液、1%醋酸溶液、5%碳酸氢钠溶液、70%医用酒精、烫伤膏、手电筒、口哨等。这些物品尽管平时都用不上，但是在紧急情况下能减小受害者的被伤害程度。急救包中的物品应定期检查，保证其处于有效状态。

3.3 个体安全防护用品

个体防护是实验过程中用来防护人体免遭或减轻物理、化学、生物等外界不良因素伤害的一种措施。个体防护用品是经过专业化研究设计的，供劳动者穿着或佩戴使用，使人员免受作业（运动）伤害或职业病危害的装备或物品。在采取上述工程控制、管理控制和行为控制等安全预防措施后，如果还不能完全避免安全事故发生，人员佩戴个体防护用品就成为防御外来伤害、保证个体安全和健康的最后一道屏障。因为个体防护用品不能从源头消除有关的危害，所以不能被视为控制危害的主要手段，而只能作为一种辅助性措施。当个体防护用品失效，而又未被察觉时，风险就会急剧增大。实验人员选用个人防护用品前要根据周边环境的危险物质和危险因素进行评估，结合人员在环境中暴露的情况以及其他因素,选择适宜的防护用品并正确使用。本书介绍化学实验室常用的个体防护用品及使用的基础知识供相关人员参考，如图3-5所示。

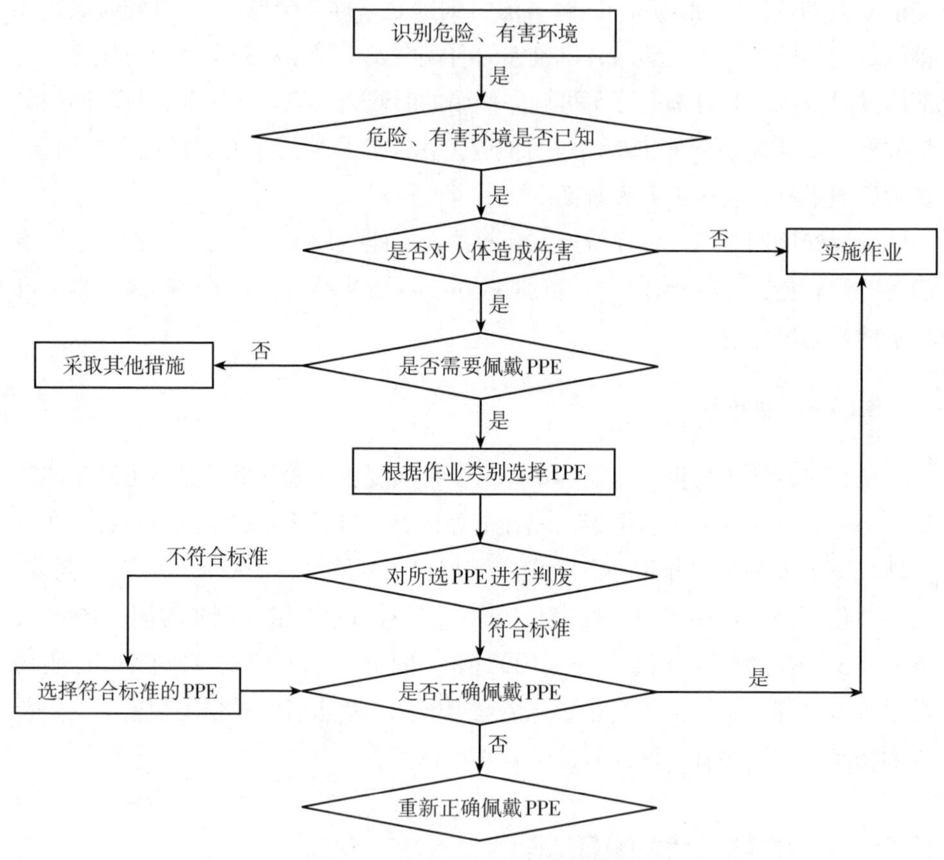

图3-5 个体防护用品选用程序

实验室的个体防护用品主要涉及卫生防护用品，较少部分是劳动防护用品。按照所涉及的防护部位分为头部护具类、呼吸护具类、眼（面）部护具类、听力护具类、防护手套类、防护鞋类、防护服类、护肤用品类、防坠落类，以及其他防护用品，每大类内又可以分成若干种类，具有不同的防护性能。

3.3.1 防护服

防护服是指能防御物理、化学和生物等外界因素伤害人体的服装，根据防护类型可以分为11类，如图3-6所示。在特殊的实验条件下，应该根据环境使用专业的防护服，分类如下图所示。防护服具备某些防护功能时，需要标示相应的图标。

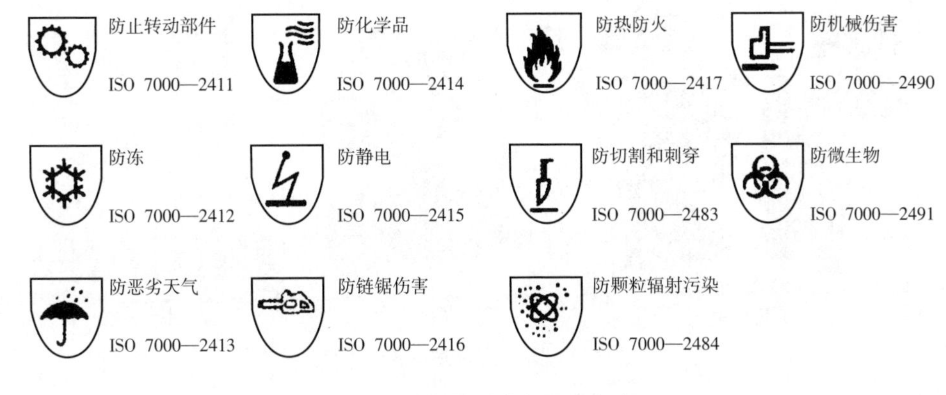

图3–6 防护服种类与图形标志

通常所说的白大褂是化学实验室中最常用的简易实验服装，不仅可以为实验人员提供基础的防护，更有助于提高人员的安全意识，使他们迅速从生活状态进入实验状态。白大褂采用连体式披风设计，当出现危险或沾上污染物可以快速将其脱除，保障实验人员安全。白色易于观察到实验人员是否沾染了化学药品，并促进白大褂的清洗和消毒工作，一定程度上加强了保护的作用。穿着白大褂应该做到"三紧"，即领口紧、袖口紧和下摆紧，防止敞开的衣服带倒试剂瓶等，或被电动设备夹卷等。白大褂沾上化学试剂后，应立即脱下处理，更换防护服装。因为棉质衣服沾上有机溶剂则更容易燃烧，挥发的有机蒸气遇到明火后会点燃白大褂。人员离开实验室需要脱去白大褂并妥善保管，不应该继续穿着白大褂在校园行走，避免生活用品和实验药品的交叉污染。

3.3.2 手套

实验人员在工作时，手是接触到有毒有害物质最多、最容易受到伤害的部位。手套是实验人员最基本的防护装备，必须根据实验情况选择合适的手套，令使用者在进行相关的作业活动中得到最大限度的保护和操作灵活性。化学实验室里使用的手套，主要考虑抗渗透性和穿透性，其次是耐磨性、抗撕裂性、抗切割性。

常用的防护手套按照材质划分有棉纱手套、乳胶手套、丁腈手套、PVC手套等，具有防止切割、高温、毒害、腐蚀等不同作用，适用条件也各不相同。事实上，高校化学实验室最常使用的是一次性丁腈手套、棉纱手套、乳胶手套，分别用于普通操作、高温操作和清洗化学仪器，如图3–7所示。

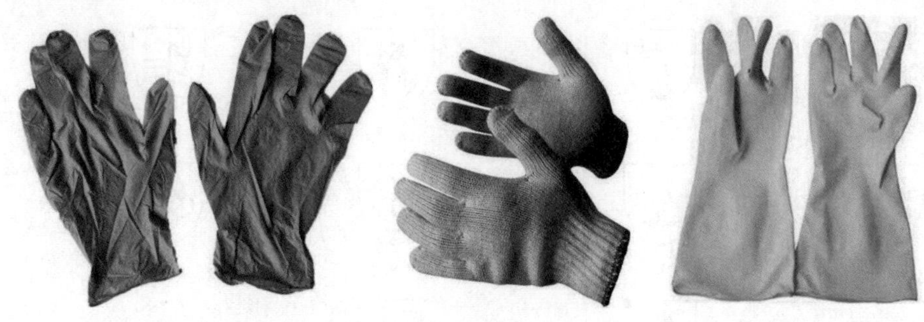

a. 丁腈手套　　b. 棉纱手套　　c. 乳胶手套

图3–7　实验室常用的3种手套

根据《手部防护化学品及微生物防护手套》（GB 28881—2012）规定，使用手套时有几点需要特别注意：

① 在化学实验室里面应该戴手套工作，一方面防止手部受到伤害，另一方面可以保护手部卫生，减少洗手次数。洗手次数多，手部油脂被洗掉，会引起皮肤过敏，诱发皮炎。

② 如果手套使用不当，反而会造成更大的伤害，必须根据实验情况选择相对应的手套。如果佩戴线手套进行化学试剂移取操作时，化学物质残留在手套上，会对人员造成更严重的伤害。此外，操作转动机械作业时，禁止使用编织类防护手套。

③ 戴一次性手套前应该检查手套是否有破损情况。可向其内部吹气，使手套表面处于膨胀状态，观察其表面是否存在变脆或漏气现象，如果有则应当更换。

④ 即使戴手套进行操作，也要避免直接接触强酸、强碱等危险性化学品。例如，有些实验人员戴橡胶手套捞取浸泡在碱液缸的玻璃仪器，这样的做法是不安全的。正确的做法是先用夹子将玻璃仪器取出，然后再用清水冲洗，最后再戴手套操作。不同材质的手套有不同的使用要求，例如，PVC材质接触到有机溶剂，增塑剂会溶出，导致手套破裂。

⑤ 手套接触到污染物质，应及时更换或清洗。防护手套内部受到有机溶剂污染，因受到手套遮挡，化学品持续与皮肤接触造成伤害。

⑥ 戴手套时应避免触摸非实验用品或公用设备，如键盘、电话、房门、测试设备，防止交叉污染。

⑦ 离开实验室摘下手套，并妥善处理。

3.3.3 护目镜（防护面罩）

眼部受伤是工业中发生频率比较高的一种伤害，而且后果非常严重，对人体的伤害甚至影响终身。眼部受到的伤害有外来物体的机械伤害、化学物质伤害、高温、电磁辐射、光波辐射等。凡有可能损伤眼睛的工作，都应该按照需要合理选用防护眼镜（防护面罩），如图3–8所示。聚碳酸酯的护目镜片能达到防高速粒子冲击性能F级的要求，即在直径6 mm钢珠以45 m/s的速度冲击下，镜片不会破损或变形，因而可以应用于有金属、玻璃等固体飞溅风险的工作，如切割钢管或玻璃管。有酸、碱等化学品飞溅风险的工作，如观察烧瓶反应状态。

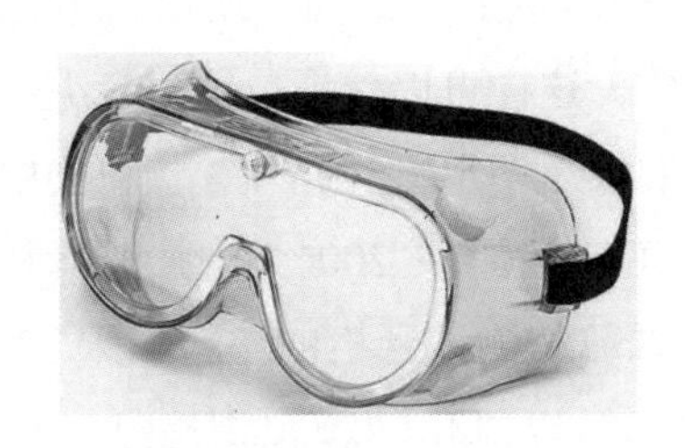

a. 护目镜

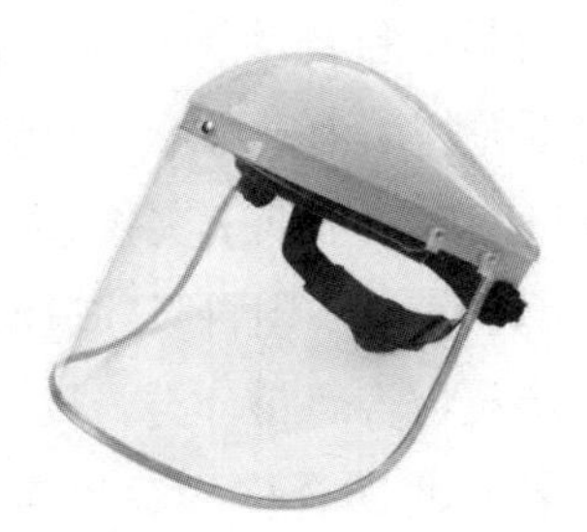

b. 防护面罩

图3–8 护目镜与防护面罩

使用护目镜时有以下几点需要特别注意。

① 护目镜要选用经产品检验机构检验合格的产品。护目镜表面应该光滑，无划痕、波纹、气泡、杂质或其他可能有损视力的明显缺陷。护目镜遇到强力冲击时，镜片应只现龟裂，但不飞溅。护目镜还应具有一定透气性，防止眼睛产生的雾气影响视线。

② 护目镜要专人使用，不宜作为公用防护用品使用，防止交叉感染眼部疾病。护目镜的宽窄和大小要适合使用者的脸型，镜架如果松紧不适或损坏应及时调整，否则会给鼻子或耳朵造成负担。

③ 护目镜应该定期更换，防止镀膜镜片损伤，影响清晰度或防雾效果。镜片如果出现划痕、污点、裂纹等情况，也应该立即更换，否则会因光线散色导致看东西不清楚，影响佩戴人员的视力。

④ 防止护目镜重摔重压，以及坚硬的物体摩擦镜片，受过损伤的护目镜即使没有裂纹，也应该禁止使用。

3.3.4 口罩

全部的尘肺病人和95%的职业中毒人员基本上是因呼吸器官损伤导致发病的，在有较多灰尘、烟雾、气溶胶产生，或存在有毒气体的工作场所，应根据污染情况，合理地使用防护口罩。实验室里最常使用自吸式过滤口罩，适用于氧气充足但存在有毒物质的场所。自吸式过滤口罩是佩戴者靠自主呼吸克服滤料对气流的阻力。吸气时，口罩内的低气压使气流进入口罩；呼气时口罩内气压高于环境气压，气流通过口罩排出。

颗粒物防护口罩俗称防尘口罩。过滤效率是颗粒物防护口罩的关键技术要求之一，表征口罩过滤元件对标准颗粒物的防护能力。进行穿透实验时发现，在空气动力学中粒径约0.3 μm左右颗粒的穿透能力最强，所以口罩标准一般以该粒径颗粒物作为过滤效率的检测介质。这样可以保证口罩对各类粒径颗粒物的实际过滤效率不低于实验室控制的最低效率水平。此外，颗粒物中含油会使过滤效率下降。我国自吸式过滤口罩（GB 2626—2006）中按照滤料是否适合防油性颗粒物将滤料分类，用氯化钠颗粒物测试合格的滤料属于KN类，用二辛酯颗粒物测试合格的滤料属于KP类。以氯化钠颗粒物检测，过滤效率不小于90%的级别是KN90，可用于一般性粉尘和雾的防护；过滤效率不小于95%的级别是KN95，用于各种烟和病原微生物的防护，包括高毒物质的粉尘；过滤效率不小于99.97%的级别是KN100，可防护各类颗粒物，对放射性颗粒物或含有剧毒物质的颗粒物防护，应首先选择这一过滤效率级别。

自吸过滤式防毒面罩是靠佩戴者呼吸克服部件阻力，防御有毒、有害气体、蒸气或颗粒物等危害其呼吸系统或眼面部的净气式防护用品，它的防护能力要强于口罩，而且呼吸更顺畅。防毒面罩主要由面罩和过滤件组成，按照防毒面罩的形式可以分为半面罩与全面罩两类。要看实验时产生的物质（气体）影响到作业人员的部位，再依据自己的实际状况来选定。比如：有的毒气只对呼吸系统起效果，这种状况用半面罩就可以了，既安全又不影响视野；有的毒气不仅对呼吸道造成伤害，对人的肌肤和双眼也有影响和毒害效果，这时就应该使用全面罩，防护整个脸部和双眼。

过滤件对防毒面罩整体作用的发挥起着决定性作用，正是因为过滤件的存在才使得防毒面罩有更强的防护能力。使用呼吸防护用具时应根据工作地点的空气条件，如气体、浓度、工作时间等，合理选择过滤件。过滤件分为普通过滤件、多功能过滤件、综合过滤件、特殊过滤件，不同类型的防毒面罩过滤件有着不同的防护时间，一定要按照说明书使用。过滤件的分类情况如图3-9所示。

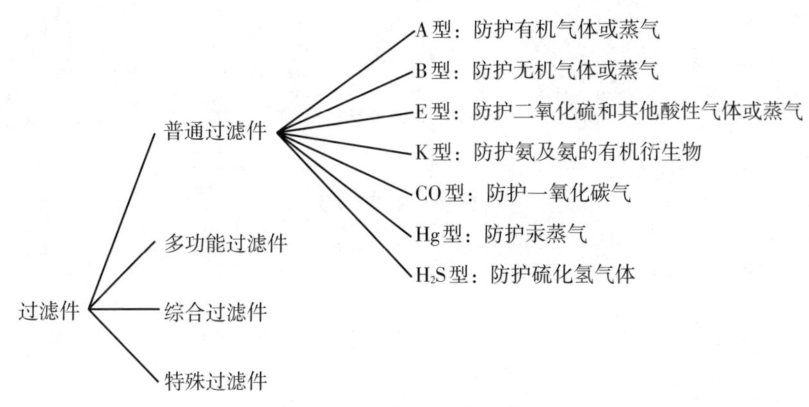

图3-9 防毒面具的过滤件

使用口罩有几点需要特别注意：

- 不能把口罩作为防护的主要手段。遇到有染污的气体环境时，实验室应当首选通风橱、吸附等措施消除空气中的污染，再使用口罩。种类不明的气体环境中，不宜只用口罩进行保护。
- 佩戴口罩后应进行气密性检查。以双手捂住口罩并用力呼吸，如果鼻梁处出现暴露则应调节鼻夹部分；如果口罩四周发生暴露，则应重新调整罩体、鼻夹或头带，至不再产生暴露为止。

3.3.5 其他类

化学实验室里很少使用头部护具，只有较少的人员会佩戴工作帽。工作帽主要供纺织厂、机械厂等工人在车间操作时使用，它既能预防头发、辫子等不被转动的电动机皮带或机器卷入，又能减少头发落入产品中。事实上，头发对有机分子有较强的吸附能力，如果长时间在实验室工作，对有机化合物比较敏感的长发女生应考虑佩戴工作帽或头套。

3.4 安全标志

安全标志是用以表达特定安全信息的标志，由图形符号、安全色、几何形状（边框）或文字构成，如图3-10所示。安全标志分禁止标志、警告标志、指令标志和提示标志4大类型。涉及的标准是《图形符号安全色和安全标志

第5部分：安全标志使用原则与要求》（GB/T 2893.5—2020）。

禁止人员通行　必须接地　当心触电　急救电话　灭火器

图3-10　安全标志

3.4.1　安全标志分类

① 禁止标志。禁止标志是禁止人们不安全行为的图形标志，其基本形式是带斜杠的圆边框，安全色为红色。

② 警告标志。警告标志是提醒人们对周围环境引起注意，以避免可能发生危险的图形标志，其基本形式是正三角形边框，安全色为黄色。

③ 指令标志。指令标志是强制人们必须做出某种动作或采用防范措施的图形，其基本形式是圆形边框，安全色为蓝色。

④ 提示标志。提示标志是向人们提供某种信息（如标明安全设施或场所等）的图形标志，其基本形式是正方形边框，安全色为绿色。

消防设施标志与其他标志也有所不同，单独为一类。

3.4.2　文字辅助标志

文字辅助标志的基本形式是矩形边框，有横写和竖写两种形式。

① 横写文字辅助标志。禁止标志、指令标志为白色字；警告标志为黑色字；禁止标志、指令标志衬底色为标志的颜色，警告标志底色为白色。

② 竖写文字辅助标志。竖写时，文字辅助标志写在标志杆的上部。禁止标志、警告标志、指令标志、提示标志均为白色衬底，黑色字。标志杆下部色带的颜色应和标志的颜色相一致。

3.4.3　标志设置要求

① 标志应设置在与安全有关的明亮、醒目的地方，标志牌前不得有遮挡，使人员容易看见，有足够的时间注意它所表示的内容。环境信息标志宜设在有关场所的入口处和醒目处；局部信息标志应设在所涉及的相应危险地点或设备（部件）附近的醒目处。

② 标志不应设在门、窗、架等可移动的物体上，以免标志牌随母体物体移动，影响认读。

③ 多个标志牌在一起设置时，应按警告、禁止、指令、提示类型的顺序，先左后右、先上后下地排列。

3.5 安全手册

应以安全管理体系文件为依据，制定实验室安全手册（快速阅读文件）；应要求所有员工阅读安全手册并将安全手册放在工作区随时可供使用；安全手册宜包括（但不限于）以下内容。

① 基本信息。紧急电话、联系人；实验室平面图、紧急出口、撤离路线；实验室标识系统；公共及个体防护信息；卫生要求；安全教育记录。

② 安全信息。化学品安全；机械安全；电气安全；废物处置。

③ 应急预案。事故处理的规定和程序；急救知识。

安全手册应简明、易懂、易读，实验室管理层应至少每年对安全手册评审和更新。

3.6 典型实验室安全事故

2008 年 12 月 29 日，美国 UCLA 一名研究助理在实验室遭遇意外不幸身亡。此次事件中丧生的Sangji出生于巴基斯坦，年仅23岁，2008年毕业于加州波莫纳学院（Pomona College，2019 福布斯美国大学排行榜第 12 位，2020 年 U. S. News 美国最佳文理学院排名第 5 位），获得化学学士学位，担任PatrickHarran教授的研究助理。

事发当天正处于圣诞节和元旦之间，UCLA 校园处于放假状态。Sangji 心情极其放松，她申请了哈佛等学校法学研究生，结果即将出来。当时她到实验室进行一项实验，把叔丁基锂加入到反应容器里面。她曾经多次做过这个实验，这也只是其中一次例行的操作。由于思想麻痹大意，她没有换上白大褂，只是穿了一种普通的毛衫就开展实验，而这种材质的衣服容易燃烧，危险又更进一步。

她使用的叔丁基锂非常危险，遇到空气就会立即着火，所以实验人员常常用注射器移取溶液。叔丁基锂的沸点还很低，只有 40 ℃，容易挥发。美国实验室冬天房间内的温度比较高，叔丁基锂长时间不使用，试剂蒸发在瓶里产生了很大压力。

Sangji把注射器插入试剂瓶，试剂瓶内部压力作用把注射器的活塞从后面顶了出来。叔丁基锂从后面流出来接触到空气，立即燃烧，引燃了旁边未盖盖儿的溶液和Sangji的衣服。身体上的火焰使Sangji惊慌失措，她失去冷静，想跑出实验室寻求帮助。其实，在她不远处就有紧急喷淋装置，使用这个装置就会把火浇灭。由于实验室放假，人员很少，等其他人赶来时，已经失去了最佳的抢救时间。Sangji全身大面积烧伤，苦苦支撑了18天之后，于2009年1月16日不治身亡。

在这次意外发生前的两个月，10月份大检查时检查人员就发现UCLA大学实验室在人员安全管理工作方面存在不足，没有很好地训练员工正确使用危险化学制剂，没有要求员工穿防护衣。

因此，火灾事故发生后，洛杉矶地方检察官办公室在2011年指控Sangji的负责老师Patrick Harran和加利福尼亚大学犯有违反美国劳动相关法律法规的重罪，未能及时纠正不安全的工作场所条件和程序，没有要求工作人员穿上适合工作的衣服和个人防护设备，也没有向雇员提供化学安全培训。如果罪名成立，Harran将面临长达4年半的加州监狱生活，大学将面临高达150万美元的罚款。美国的高等学校发生安全事故很少，而教师因为学生的安全事故受到牵连被判刑更为冤屈，他是第一个在美国因为实验室事故而被起诉的化学家，因此当时这个事情有很多争议，许多科学家写信为Harran求情。

2014年，在案件开庭审理前，Harran与地方检察官办公室达成和解协议，规定他在5年内必须向治疗Sangji烧伤的护理单位支付10000美元；开发实验室安全培训工具，并将其作为有机化学夏季班内容的一部分，而Harran将在该课堂上为刚进入大学的贫困生进行教育培训，而这将要持续5年；对来到UCLA的学生，告诉他们实验室安全的重要性；在医院进行长达800小时的非教学性社区服务。2018年，法官在Harran提前完成约定后，驳回了这次火灾案件的刑事申请。UCLA因实验室火灾被罚数万美元，并以Sangji名义在加利福尼亚大学伯克利分校设立50万美元的环境法奖学金，并为其所有校区的化学和/或生物化学系维持4年的实验室安全计划。截至2014年10月，大学向律师事务所支付的费用就已经超过450万美元。

这件事还被《科学》和《自然》杂志报道，成为世界上最著名的高等学校化学实验室安全事故。

4 实验室消防基础知识

火灾是常发性灾害中发生频率较高的、给人们生命与财产安全带来非常严重的危害。2021年，全国消防部门共接报火灾74.8万起，死亡1987人，受伤2225人，直接财产损失67.5亿元。高等学校发生的火灾，虽然伤亡人数较少，同样也给家庭和学校带来巨大的影响。例如，2021年10月，南京某大学发生爆燃，造成2人死亡、9人受伤。随着高等学校实验室规模和水平的不断提升，实验室消防工作的重要性也越来越明显。俗语说："贼偷一点，火烧全完"。在日常学习和科研过程中，实验室应该积极宣传消防工作的重要意义，提高教师和学生的防火意识。

我国消防工作指导方针是"预防为主，防消结合"，就是把同火灾作斗争的两个基本手段——火灾预防和灭火救援有机地结合起来。在实际工作中，要把火灾预防放在首位，积极贯彻落实各项防火措施，力求避免火灾的发生，同时切实做好扑救火灾和人员救援的各项准备工作，一旦发生火灾，能够及时发现、有效扑救，最大限度减少人员伤亡和财产损失。

对于学校、学院、实验室等机构必须具有消防安全的4个能力，即检查消除火灾隐患的能力、组织扑救初起火灾的能力、组织人员疏散逃生的能力、开展消防宣传教育培训的能力。其中前两项能力是火灾的预防和救援能力，后两项能力体现以人为本，保障人员安全和培养人的消防意识。

对于一般的实验人员则应该具备"四懂、四会"的消防能力。四懂是懂得岗位火灾的危险性、懂得预防火灾的措施、懂得扑救初级火灾的方法、懂得逃生疏散的方法；四会是会使用消防器材、会报火警、会扑救初起火灾、会组织疏散逃生。

本章将围绕以上内容介绍实验室消防基础知识。

4.1 燃烧

4.1.1 燃烧基础知识

燃烧是指可燃物质与氧化剂作用发生的放热反应，通常伴有火焰、发光或发烟现象。燃烧过程中释放热能，燃烧区的温度较高，使其中白炽的固体粒子和某些不稳定（或受激发）的中间物质分子内电子发生能级跃迁，从而发出各种波长的光。发光的气相燃烧区就是火焰，它是燃烧过程中比较明显的标志。由于燃烧不充分等原因，物质在高温下分解或聚合，产生的固体和液体微粒、气体连同夹带和混入的部分空气就形成了烟。

4.1.1.1 着火三角形与燃烧四面体

燃烧必须具备3个必要条件，即可燃物、助燃物和引火源。这3个条件同时具备，并且达到一定程度，燃烧才能发生，因此，这3个条件称为着火三角形。大部分燃烧过程中存在未受抑制的自由基作中间体，这4项条件表示燃烧可以持续进行，用四面体来表示，称为燃烧四面体，如图4–1所示。

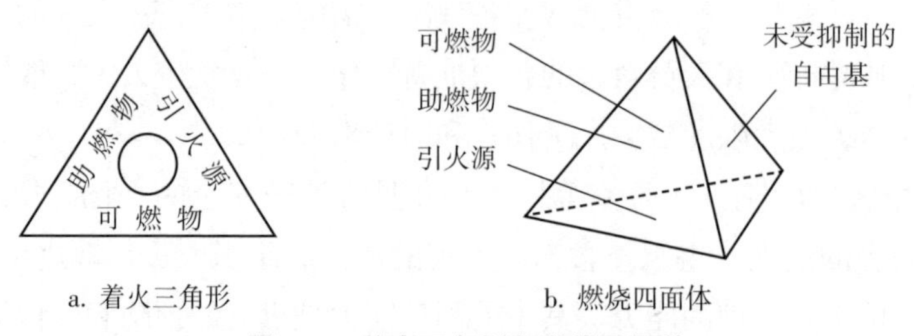

图4–1　着火三角形和燃烧四面体

① 可燃物。凡是能与空气中的氧或其他氧化剂起化学反应的物品称为可燃物。通常按照物质的状态主要分为可燃固体、可燃液体和可燃气体3大类。

② 助燃物（氧化剂）。助燃物是与可燃物结合、能导致和支持燃烧的物质，如氧气、氯气、双氧水、高锰酸钾、氯酸钾等。通常意义的燃烧是指在空气中进行，与氧结合的燃烧。

③ 引火源（温度）。引火源是使物质开始燃烧的外部热源（能源）。不同的可燃物得到一定的能量才能引起燃烧。

④ 链式反应自由基。自由基是一种高度活泼的化学基团，能与其他自由

基和分子反应，从而使燃烧按链式反应的形式扩散。多数的燃烧反应并不是直接进行的，而是通过自由基团和原子这些中间产物瞬间进行的循环链式反应。

4.1.1.2 燃烧速率

如果燃烧速率用反应速率方程的形式表示，则公式如下：

$$v = kc^{m}_{(可燃)}c^{n}_{(助燃)} \tag{4-1}$$

式中，m，n分别为可燃物和助燃物的反应指数。

燃烧反应的速率与可燃物和助燃物的浓度，及其对应的反应指数有直接关系。参与燃烧反应物质的指数表示该物质浓度对燃烧速率的影响程度，指数越大，对燃烧速率的影响也越明显。

k是反应速率常数，根据阿累尼乌斯方程可知：

$$k = A\exp\left(-\frac{E_a}{RT}\right) \tag{4-2}$$

式中，E_a是反应的活化能。当加入催化剂改变反应的路径，开辟新的反应历程（催化反应）与原来的历程相比，所需要的活化能降低了。从而使反应速率常数k增大，从而提高燃烧速率。反之，如果消除反应过程中产生的自由基，则会使燃烧的活化能增大，减小反应速率常数，从而减小燃烧速率。

从公式（4–2）还可以看出，反应速率常数k还与温度T有密切的关系，当T值减小时，k值将随之减小；反之，当环境T值增大时，k值将随之增大，加快燃烧反应速率。燃烧应该是放热反应，才会提高环境温度，反过来又加快反应速率，形成正向不断促进的循环。

综上所述，燃烧与可燃物质和助燃物的浓度、环境温度以及燃烧反应的活化能相关，即为燃烧四面体。

4.1.2 物质的燃烧性能

物质有不同的物理、化学性质，常常用燃点、自燃点、爆炸极限和闪点衡量可燃物的燃烧性能。

4.1.2.1 燃点

燃点是在规定的实验条件下，物质在外部引火源作用下表面起火并持续燃烧一定时间所需的最低温度。或者说物质在一定温度时，与火源接触即自行燃烧。火源移走后，仍能继续燃烧的最低温度。在相同条件下，物质的燃点越低，越容易着火。表4-1是一些物质的燃点。

表4-1　一些物质的燃点

物质名称	燃点/℃	物质名称	燃点/℃	物质名称	燃点/℃
氢	580～600	甲醇	470	蜡烛	190
甲烷	650～750	乙醇	390～430	棉花	210～255
乙烷	520～630	乙酸	550	纸张	13～230
乙炔	406～440	乙酸乙酯	425	木材	250～300
一氧化碳	641～658	甲苯	552	布匹	200
硫化氢	346～379	四氢呋喃	321	焦炭	440～600

对于液体、气体可燃物，其燃点受压力、氧气浓度、表面积等因素影响。而固体可燃物的燃点则受热熔融、挥发物的数量、固体颗粒度等因素的影响。

4.1.2.2　自燃点

自燃点是指在规定的实验条件下，可燃物质发生自燃的最低温度。达到这一温度时，物质与空气接触，不需要明火作用就能发生燃烧。自燃点是衡量可燃物质受热升温导致自燃危险的依据。可燃物的自燃点越低，发生自燃的危险性就越大。①

白磷是一种易自燃的物质，因摩擦或缓慢氧化而产生热量，局部温度达到40 ℃则有可能燃烧。

4.1.2.3　爆炸极限

爆炸极限一般认为是物质发生爆炸必须具备的浓度范围，是评价可燃气体、液体蒸气、粉尘等物质火灾危险性的主要参数。可燃气体、液体蒸气、粉尘等物质与空气混合后，遇火会发生爆炸的最高或最低的浓度称为爆炸浓度极限，简称爆炸极限。能引起爆炸的最高浓度称为爆炸上限，能引起爆炸的最低浓度称为爆炸下限，上限和下限之间的范围称为爆炸范围。

气体的爆炸极限可以用经验公式计算，尽管与实测数据有出入，但是在没

① 赵秋生，聂百胜. 燃点、自燃点定义及其相互关系探讨［J］. 中国安全生产科学技术，2008，4（6）：39-43.

有数据参考的情况下估计气体的爆炸极限为以下公式[①]。

爆炸下限公式

$$L_{下} = \frac{100}{4.76(n_0 - 1) + 1} \tag{4-3}$$

爆炸上限公式

$$L_{上} = \frac{4 \times 100}{4.76n_0 + 4} \tag{4-4}$$

式中，n_0是气体完全燃烧所需要的氧气分子数目。

一般情况下，气体的爆炸下限越低，爆炸极限范围越大，就越容易形成爆炸混合物，物质的爆炸危险性就越大。因而用爆炸范围/爆炸下限来表示气体的爆炸危险性，用H表示，公式如下。

$$H = (L_{上} - L_{下})/L_{下} \tag{4-5}$$

根据《空气中可燃气体爆炸极限测定方法》（GB/T 12474—2008）规定，气体和液体蒸气的爆炸极限通常用体积分数（%）表示。当气体（蒸气）浓度低于爆炸下限时，由于可燃物浓度不够，过量空气的冷却作用阻止了火焰蔓延，因此不爆炸；当气体（蒸气）浓度高于爆炸上限时，由于空气不足，火焰不能蔓延，因此也不能爆炸。表4–2是几种气体、液体在空气中的爆炸极限。

表4–2　几种气体、液体在空气中的爆炸极限

物质名称	下限（体积分数）	上限（体积分数）	物质名称	下限（体积分数）	上限（体积分数）
乙炔	2.5	82.0	甲醇	6.0	36.5
乙烯	2.8	34	乙醇	4.3	19.0
氨	15.0	28	乙酸	5.4	16.0
乙醚	1.9	40.0	乙醚	1.85	48.0
氢气	4.0	75.0	乙酸乙酯	2.2	11.4
一氧化碳	12.5	74.0	乙酸异戊酯	1.0	7.5
甲烷	5.0	15.0	甲苯	0.7	3.4
丁烷	1.5	8.5	四氢呋喃	2.3	11.8

① 许满贵，徐精彩. 工业可燃气体爆炸极限及其计算［J］. 西安科技大学学报，2005，25（2）：139–142.

某些气体在一定压力作用下发生分解反应，产生大量热，使气态物质膨胀而引起爆炸，这种爆炸称为气体单分解爆炸，如乙炔、环氧乙烷、氮氧化物等。加压分解时产生的分解热大小与该气体的初始温度和施加的压力有关。当初压增加时，分解发热增加，所需点燃能降低，爆炸时压力愈高，爆炸愈猛烈。

以细小颗粒分散形式存在的任何可燃固体物质都可能发生粉尘爆炸①。粉尘爆炸，指可燃粉尘在受限空间内与空气混合并达到一定浓度，在点火源作用下，形成的粉尘空气混合物快速燃烧，并引起温度、压力急骤升高的化学反应。粉尘爆炸可视为由以下3步发展形成的：第一步，悬浮的粉尘在热源作用下迅速干馏或气化而产生出可燃气体；第二步，可燃气体与空气混合燃烧；第三步，粉尘燃烧放出的热量，以热传导和火焰辐射的方式传给附近悬浮的或被吹扬起来的粉尘，这些粉尘受热气化后使燃烧循环地进行下去，如图4-2所示。随着每个循环的逐次进行，其反应速度逐渐加快，通过剧烈的燃烧，最后形成爆炸（如图4-2所示）。这种爆炸反应以及爆炸火焰速度、爆炸波速度、爆炸压力等将持续加快和升高，并呈跳跃式发展。第一次爆炸使更多的粉尘悬浮在空中，从而引起再次爆炸，第二次爆炸通常要大一些，如图4-3所示。

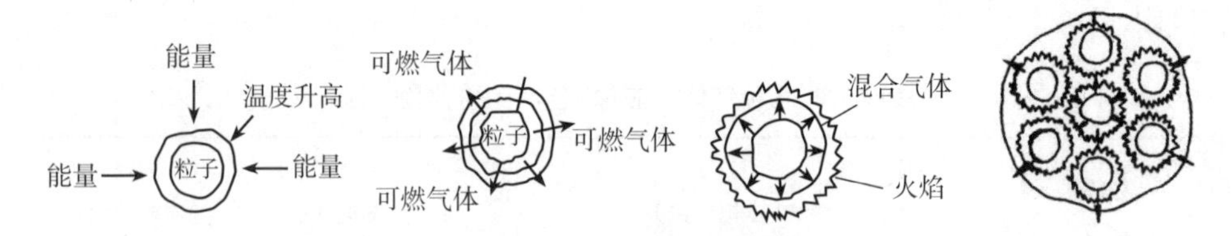

图4-2　粉尘爆炸示意图

图4-3　粉尘二次爆炸示意图

---

① 青勤，黄智勇，金国锋. 固体推进剂粉尘爆炸危险性的模糊综合评价［J］. 安全与环境工程，2009，16（4）：58-61.

固体粉末的爆炸极限用单位体积中所含粉尘的质量表示（g/m³）。由于固体粉尘沉降等原因，实际情况下很难达到爆炸上限，通常只应用粉尘的爆炸下限。表4–3是几种可燃固体粉尘在空气中爆炸下限。

表4–3　几种可燃固体粉尘在空气中爆炸下限

粉尘种类	粉尘	爆炸下限/($g \cdot m^{-3}$)
金属	铁	120
	镁	20
	锌	500
热固性塑料	绝缘胶木	30
	环氧树脂	20
热塑性塑料	乙缩醛	35
	醋酸纤维素	35
	聚苯乙烯	20
	松香	55
塑料一次原料	己二酸	35
	酪蛋白	45
农产品及其他	玉米及淀粉	45
	砂糖	19
	煤炭(沥青)	35

爆炸极限不是一个固定值，它受多种因素影响，在工业生产中不能确定安全浓度范围。多数情况下环境原始温度越高，则爆炸极限范围越大，即爆炸下限降低而爆炸上限增高。因为系统温度升高，其分子内能增大，使更多的气体分子处于激发态，系统的爆炸危险性增大。

爆炸还必须有引爆能源。最小点火能是指能引起一定浓度可燃物燃烧或爆炸所需要的最低能量值，是衡量可燃气体（液体蒸气）、可燃性粉尘爆炸危险性的重要参数。①

在防爆技术中，有3种原理方法需要区分：抑爆、阻爆和泄爆。抑爆即在爆炸初始阶段，探测爆炸发生和阻止爆炸发展，控制爆炸在预定的范围内。阻爆（又称隔爆）指在含有可燃粉尘的通道中，设置能够阻止火焰通过的阻波、

① 张增亮，张景林，蔡康旭. 最小点火能的影响因素及计算误差分析研究［J］. 中国安全科学学报，2005，14（5）：88–91.

消波的器具，将爆炸阻断在一定范围内的控爆技术。泄爆指在有粉尘和主要是空气存在的包围体内发生爆炸时，在爆炸压力达到包围体的极限强度之前，使爆炸产生的高温、高压燃烧产物和未燃物通过包围体上的薄弱部分向无危险方向泄出，使包围体不致被破坏的控爆技术。

4.1.2.4 闪点

闪燃是可燃性液体挥发的蒸气与空气混合达到一定浓度，或者可燃性固体加热到一定温度后，遇明火发生一闪即灭的燃烧。闪点是指在规定的实验条件下，可燃性液体或固体表面产生的蒸气在实验火焰作用下发生闪燃的最低温度。

闪点是衡量可燃液体火灾危险性的重要参数，是液体易燃性分级的依据。实际上评定可燃液体火灾危险性最直接的指标是蒸气压，但是由于蒸气压难于测量，所以根据液体的闪点来确定其危险性。液体因挥发导致表面有蒸气存在，同时蒸气量多少与液体温度有关。

闪点的测定一般分为开口杯法和闭口杯法。开口杯法一般用于测定黏度较大、闪点较高的重质油类可燃液体。用开口杯法测定时，石油产品受热后所形成的蒸气不断向周围空气扩散，使测得的闪点偏高。闭口杯法多用于测定轻质石油产品，如溶剂油、煤油等。闭口杯法测定条件与轻质油品的实际密闭储存和使用条件相似，可以作为防火安全控制指标的依据

表4–4是几种常见液体的闪点，由此可以看出苯、丙酮、乙醚等试剂的闪点非常低，即使放在冰箱内也有可能达到闪点，发生闪燃。

表4–4　几种常见液体的闪点和饱和蒸气压

物质名称	闪点/℃	饱和蒸气压/kPa	物质名称	闪点/℃	饱和蒸气压/kPa
汽油	−50	37.1(20 ℃)	乙醇	12	5.7(20 ℃)
煤油	80	无	丙酮	−18	24.7(20 ℃)
苯	−14	13.3(26.1 ℃)	乙醚	−45	58.9(20 ℃)
甲苯	4	4.9(30 ℃)	乙醛	−38	98.6(20 ℃)
甲醇	11	12.9(20 ℃)	二硫化碳	−30	53.3(28 ℃)

4.1.3 燃烧类型及其特点

燃烧可从着火方式、持续燃烧形式、燃烧物形态、燃烧现象等不同角度做不同的分类。掌握燃烧类型的有关常识，对于了解物质燃烧机理、火灾危险性

的评定有重要的意义。按照燃烧发生瞬间的特点分类，按照燃烧形成的条件和发生瞬间的特点，可分为着火和爆炸。

4.1.3.1 着火

着火又称起火，是燃烧的开始，通常以出现火焰为特征。可燃物在与空气共存的条件下，当达到某一温度时，与引火源接触即能引起燃烧，并在引火源离开后仍然持续燃烧。可燃物的着火方式一般分为引燃和自燃。

① 引燃。引燃（点燃）是从外部能源等得到能量，使混合气局部范围受到加热而着火。这时就会在靠近点火源处引发火焰，然后依靠燃烧波传播到整个可燃混合物中。

② 自燃。自燃是可燃物质在没有外部火源的作用时，因受热或自身发热并蓄热所产生的燃烧。即物质在无外界引火源条件下，由于其内部的物理作用（如活性炭吸附、辐射等）、化学作用（如氧化、分解、聚合等）或生物作用（如发酵、细菌腐败等）而发热，热量积聚又导致系统温度升高，当可燃物达到一定温度时，未与明火直接接触而发生燃烧的现象。

煤的自燃与很多因素有关。煤中含有挥发成分愈多，则愈容易自燃，故烟煤易自燃；而焦炭、无烟煤中挥发成分少而不易自燃。烟煤的粉碎度越高，氧化与吸附表面越大，则越易自燃。煤中含水分多，可促使所含硫化铁氧化，生成体积疏松的硫酸盐，使煤松散，暴露更多的表面，也易导致煤自燃。

金属粉尘、铝粉、锌粉、金属硫化物等也会自燃。例如，铁在潮湿的条件下先转化为氢氧化铁，由于硫化氢的存在，使铁制设备表面腐蚀而生成一层硫化铁。硫化铁在常温下与空气接触发生氧化，释放出热量而发生自燃。其反应式如下：

$$FeS_2 + O_2 \longrightarrow FeS + SO_2 + 222.17\ kJ \tag{4-6}$$

$$FeS + \frac{3}{2}O_2 \longrightarrow FeO + SO_2 + 48.95\ kJ \tag{4-7}$$

$$2FeO + \frac{1}{2}O_2 \longrightarrow Fe_2O_3 + 270.7\ kJ \tag{4-8}$$

$$Fe_2S_3 + \frac{3}{2}O_2 \longrightarrow Fe_2O_3 + 3S + 585.76\ kJ \tag{4-9}$$

4.1.3.2 爆炸

作为燃烧类型的爆炸主要是指化学爆炸。化学爆炸是指由于物质急剧氧化或分解产生温度、压力增加或两者同时增加而形成的爆炸现象。化学爆炸前后，物质的化学成分和性质均发生了根本性变化，能直接造成灾害。

4.1.4 物质的燃烧历程

4.1.4.1 气体燃烧

可燃气体燃烧所需热量仅用于氧化或分解，或者将气体加热到燃点，因此可燃气体容易燃烧且燃烧速度快。根据燃烧前可燃气体与氧混合状况不同，其燃烧方式可分为扩散燃烧和预混燃烧。

扩散燃烧即可燃性气体和蒸气分子与气体氧化剂互相扩散，边混合边燃烧。在扩散燃烧中，可燃气体与空气或氧气的混合是靠气体的扩散作用来实现的，混合过程要比燃烧反应过程慢得多，燃烧过程处于扩散区域内，整个燃烧速度的快慢由物理混合速度决定。扩散燃烧的特点为：燃烧比较稳定，火焰温度相对较低，扩散火焰不运动，可燃气体与气体氧化剂的混合在可燃气体喷口处进行。

预混燃烧是指可燃气体、蒸气预先同空气（或氧气）混合，遇引火源产生带有冲击力的燃烧。预混燃烧的特点为：燃烧反应快，温度高，火焰传播速度快。预混燃烧一般发生在封闭体系中或在混合气体向周围扩散的速度远小于燃烧速度的散开体系中，燃烧放热造成产物体积迅速膨胀，压力升高。

火焰在预混气体中传播，存在正常火焰传播和爆轰两种方式。预混气体从管口喷出发生动力燃烧，若流速大于燃烧速度，则在管中形成稳定的燃烧火焰，燃烧充分，燃烧速度快，燃烧区呈高温白炽状；若可燃混合气体在管口流速小于燃烧速度，则会发生“回火”，往往形成动力燃烧，有可能造成设备损坏和人员伤亡。

4.1.4.2 液体燃烧

液体燃烧时并不是液体本身在燃烧，而是液体的蒸气分解、氧化达到燃点而燃烧，即蒸发燃烧。沸点越低的液体越容易挥发而形成爆炸性气体混合物，引燃也越容易。因此液体能否发生燃烧、燃烧速率高低，与液体的蒸气压、沸点和蒸发速率等性质密切相关。

含有水分、黏度较大的重质石油产品在燃烧时产生热波，在热波向液体深层运动时，由于温度远高于水的沸点，因而热波会使油品中的乳化水汽化，大量的水蒸气就要穿过油层向液面上浮，在向上移动过程中形成油包气的气泡，即油的一部分形成了含有大量水蒸气泡沫。这必然使液体体积膨胀，向外溢出，同时，部分未形成泡沫的油品也被下面的水蒸气膨胀力抛出罐外，使液面猛烈沸腾起来，这种现象就是沸溢。随着溶液温度逐渐升高，当热波达到下方水层时，水大量蒸发，水蒸气体积迅速膨胀，以至把上面的液体层抛向空中，这种现象叫喷溅。

沸溢和喷溅带出的燃油，改变了液体的燃烧条件，燃烧强度和危险性也大大增加，容易造成火灾的迅速扩大，如图4–4所示。

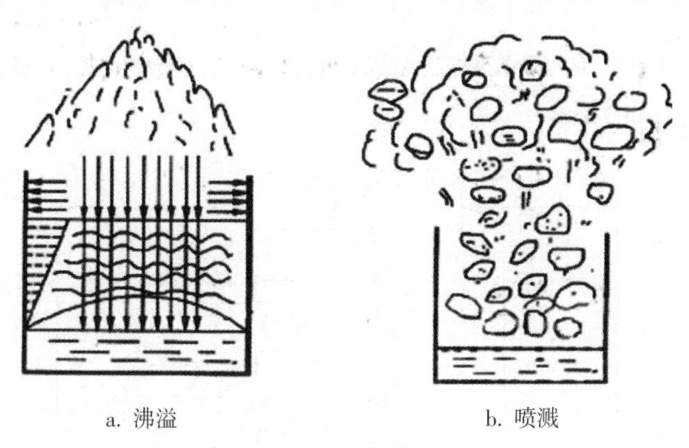

a. 沸溢　　b. 喷溅

图4–4　液体的沸溢和喷溅

液体燃烧的温度很高时，加水进去会导致水迅速转变为蒸气，带动可燃液体飞溅，会导致更大的危险。所以可燃液体着火时，不能轻易用水去扑救。

4.1.4.3　固体燃烧

固体的燃烧最为复杂，如图4–5所示，固体燃烧大致分为蒸发燃烧、表面燃烧、分解燃烧、熏烟燃烧（阴燃）、动力燃烧（爆炸），燃烧特点如下。

① 蒸发燃烧。硫、磷、钠、蜡烛等可燃固体，在受到火源加热时，先熔融蒸发，随后蒸气与氧气发生燃烧反应，这种形式的燃烧称为蒸发燃烧。樟脑、萘等易升华物质，由固体直接升华为气体，其燃烧现象也可看作一种蒸发燃烧。

② 表面燃烧。木炭、焦炭、铁等可燃固体的燃烧反应是在其表面由氧和物质直接作用而发生的，称为表面燃烧。这是一种无火焰的燃烧，又称之为异相燃烧。

③ 分解燃烧。木材、煤、合成塑料等可燃固体在受到火源加热时，先发

生热分解，随后分解出的可燃挥发成分与氧发生燃烧反应，这种形式的燃烧一般称为分解燃烧。

④ 熏烟燃烧。熏烟燃烧是可燃固体在空气不流通、加热温度较低、分解出的可燃挥发成分较少、逸散较快或含水分较多等条件下，发生的只冒烟而无火焰的燃烧现象，又称阴燃。熏烟燃烧是固体材料特有的燃烧形式，但其发生，主要取决于固体材料自身的理化性质及其所处的外部环境。如果密闭的实验室中产生黑烟，多数是里面的固体材料发生了阴燃，燃烧速度很慢，不能盲目地打开实验室房门。否则里面的物体遇到新鲜的空气，会立刻变成明火燃烧。

⑤ 动力燃烧。动力燃烧是指可燃固体或其分解析出的可燃挥发成分，遇火源所发生的爆炸式燃烧。

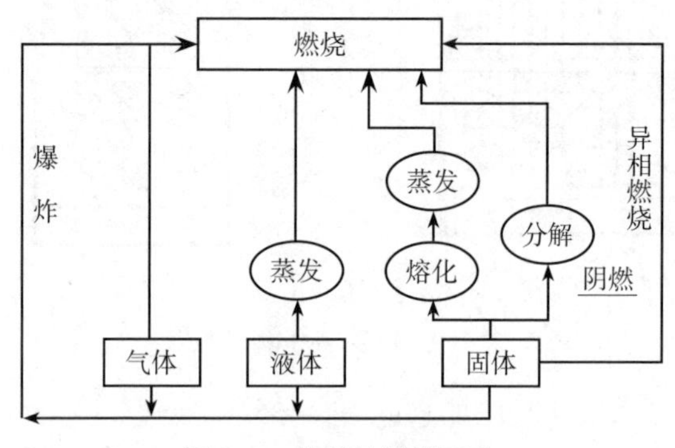

图4-5　物质的燃烧形态

4.1.5　物质的火灾危险性

4.1.5.1　易燃气体

爆炸极限是评价易燃气体危害性的主要指标，其次是自燃点。此外，易燃气体的危害性还有扩散性、可压缩性、膨胀性、带电性、腐蚀性和毒害性，也都从不同角度揭示了火灾危险性。

4.1.5.2　易燃液体

蒸气压和闪点是评价易燃液体的主要指标。易燃液体的危害性还有易爆性、受热膨胀性、流动性、带电性和毒害性，从不同角度说明了其危险性。

4.1.5.3 易燃固体

① 燃点。燃点是评价固体易燃性质的主要指标。根据燃点的高低，对固体物质进行划分。燃点低于300 ℃的为易燃固体，燃点高于300 ℃的为可燃固体，不燃烧的为不燃固体。同一组成的物质，状态不同燃点也不相同，固体松散，其燃点相对较低。如赛璐珞棉在空气中氧化能迅速燃烧，而赛璐珞板的燃烧性质相对弱一些。

② 熔点。对于绝大多数可燃固体来说，熔点也是评定其火灾危险性的主要标志参数。熔点低的固体易蒸发或气化，燃点也较低。许多低熔点的易燃固体还有闪燃现象。

③ 氧指数。氧指数是评价塑料及其他高分子材料相对燃烧性的一种表示方法，简称OI。氧指数是在规定条件下，试样在氧、氮混合气流中，维持平稳燃烧所需的最低氧气浓度，以氧所占体积百分数表示。氧指数高表示材料不易燃烧，氧指数低表示材料容易燃烧，一般认为氧指数小于22属于易燃材料，氧指数在22~27之间属可燃材料，氧指数大于27属难燃材料。

固体物料由于组成和性质存在差异较大，各有其不同的燃烧特点，复杂的燃烧现象，评定的标志不同。例如，粉状可燃固体是以爆炸浓度下限作为标志的；遇水燃烧固体是以与水反应速度快慢和放热量的大小为标志；自燃性固体物料是以其自燃点作为标志；受热分解可燃固体是以其分解温度作为评定标志。

4.1.5.4 强氧化物

强氧化物质本身不具有易燃性质，如果单独存放危险性小，但是如果和易燃类物质混放会促进燃烧，容易发生爆炸。这类物质包括氯酸盐、硝酸盐、重铬酸盐、高锰酸钾、过氧化物、发烟硫酸等。

4.1.6 物质的火灾危险性类别

按照《建筑设计防火规范》（GB 50016—2014），消防管理分别将储存和生产使用物品的火灾危险性分为5类。

4.1.6.1 甲类和乙类火灾危险性

甲类和乙类火灾危险性如表4-5所示，物品储存和生产时的危险性相近。

其中生产物质的甲类第7项和乙类第6项有差别，需要关注。

表4-5　物品的火灾危险性分类表

危险类别	甲类	乙类
储存的火灾危险性分类及特征	1. 闪点小于28℃的液体； 2. 爆炸下限小于10%的气体，以及受到水或空气中水蒸气的作用，能产生爆炸下限小于10%气体的固体物质； 3. 常温下能自行分解或在空气中氧化能导致迅速自燃或爆炸的物质； 4. 常温下受到水或空气中水蒸气的作用，能产生可燃气体并引起燃烧或爆炸的物质； 5. 遇酸、受热、撞击、摩擦以及遇有机物等易燃的无机物，极易引起燃烧或爆炸的强氧化剂； 6. 受撞击、摩擦或与氧化剂、有机物接触时能引起燃烧或爆炸的物质	1. 闪点不小于28℃，但小于60℃的液体； 2. 爆炸下限不小于10%的气体； 3. 不属于甲类的氧化剂； 4. 不属于甲类的化学易燃危险固体； 5. 助燃气体； 6. 常温下与空气接触能缓慢氧化，积热不散引起自燃的物品
生产的火灾危险性分类及特征	1. 闪点小于28℃的液体； 2. 爆炸下限小于10%的气体，以及受到水或空气中水蒸气的作用，能产生爆炸下限小于10%气体的固体物质； 3. 常温下能自行分解或在空气中氧化能导致迅速自燃或爆炸的物质； 4. 常温下受到水或空气中水蒸气的作用，能产生可燃气体并引起燃烧或爆炸的物质； 5. 遇酸、受热、撞击、摩擦以及遇有机物等易燃的无机物，极易引起燃烧或爆炸的强氧化剂； 6. 受撞击、摩擦或与氧化剂、有机物接触时能引起燃烧或爆炸的物质； 7. 在密闭设备内操作温度不小于物质本身自燃点的生产	1. 闪点不小于28℃，但小于60℃的液体； 2. 爆炸下限不小于10%的气体； 3. 不属于甲类的氧化剂； 4. 不属于甲类的化学易燃固体； 5. 助燃气体； 6. 能与空气形成爆炸性混合物的浮游状态的粉尘、纤维、闪点不小于60℃的液体雾滴

4.1.6.2　丙类、丁类和戊类火灾危险性

① 丙类。闪点不小于60 ℃的液体；可燃固体。

② 丁类。丁类是指难燃烧物品。这类物品的特性是在空气中受到火烧或高温作用时，难起火、难燃或微燃，将火源拿走，燃烧即可停止。

③ 戊类。戊类是指不燃物品。这类物品的特性是在空气中受到火烧或高温作用时，不起火、不微燃、不炭化。

4.2 防火

4.2.1 火灾的分类

4.2.1.1 按照火灾的定义分类

根据国家标准，火灾是指在时间或空间上失去控制的燃烧，即并不考虑燃烧是否对人类和环境造成破坏性影响。《火灾分类》（GB/T 4968—2008）中根据燃烧对象的性质，为了书面表达方便，将火灾分为6类。

A类火灾：固体物质火灾。这种物质通常具有有机物性质，一般在燃烧时能产生灼热的余烬。例如，木材、棉、毛、纸张等。

B类火灾：液体或可溶化固体物质火灾。例如，汽油、煤油、甲醇、石蜡等。

C类火灾：气体火灾。例如，煤气、天然气、甲烷、乙炔等。

D类火灾：金属火灾。例如，钾、钠、镁等。D类金属主要是指轻质金属，如：镁、钛、锂、钠、铷、钯，等等。由于此类物质是属于轻质金属，极易吸附空气中的氧气和水分，产生可燃类氢、烷气体，发生燃烧，甚至爆炸。该类物品一旦发生火灾，使用一般的灭火器材非常难将其扑灭，更不能用水施救，否则将发生爆炸。如果没有储备该类灭火器设备，可以采用沙土将其隔离，或让其自行燃烧殆尽，防止灾害进一步扩大。

E类火灾：带电火灾。物体带电燃烧的火灾。例如，电加热设备的电气火灾等。在着火时，存在不能及时断电或不宜停电的电气设备，从而导致带电燃烧的火灾场所。

F类火灾：烹饪器具内的烹饪物的火灾。

此外，还有K类火灾，即食用油类火灾。通常食用油的平均燃烧速率大于烃类油，与其他类型的液体火相比，食用油火更难被扑灭。由于它有很多不同于烃类油火灾的行为，所以又被单独划分为一类火灾。

近年来，发生了多起由充电电池引发的火灾。2021年，全国共接报电动车及其电池故障引发的火灾近1.8万起、死亡57人。电池火灾具有着火速度快、容易爆炸、燃烧温度高、扑救困难、容易复燃等特点逐渐引起人们的关注，有可能划分为一类火灾。

4.2.1.2 按照火灾的后果分类

根据《生产安全事故报告和调查处理条例》(国务院令第493号),火灾根据人员伤亡、财产损失分为特别重大火灾、重大火灾、较大火灾和一般火灾4个等级。

① 特别重大火灾。特别重大火灾是造成30人及以上死亡,或者100人及以上重伤,或者1亿元及以上直接财产损失的火灾。

② 重大火灾。重大火灾是造成10人及以上30人以下死亡,或者50人及以上100人以下重伤,或者5000万元及以上1亿元以下直接财产损失的火灾。

③ 较大火灾。较大火灾是造成3人及以上10人以下死亡,或者10人及以上50人以下重伤,或者1000万元及以上5000万元以下直接财产损失的火灾。

④ 一般火灾。一般火灾是造成3人以下死亡,或者10人以下重伤,或者1000万元以下直接财产损失的火灾。

4.2.2 防火原理

燃烧需要同时具有可燃物质、助燃物和引火源,缺少其中任何一个条件,燃烧都不可能发生。例如,将可燃物质与燃烧区域隔离,燃烧就会终止;阻止空气进入燃烧区域,火焰就会熄灭;降低燃烧区域温度,燃烧也会停止。因此,预防火灾从消除燃烧的3项基本条件入手,避免它们相互发生作用。

4.2.2.1 控制可燃物

预防火灾的发生应该优先控制实验室存放可燃物的种类和数量,科学、合理、分类地保存各类化学试剂。化学试剂不得超量存放,且存放的位置应该通风,有防潮、防热等保护措施。不同性质的物质不得混合堆放,特殊性质的试剂必须有相应的保护和隔离措施,防止出现泄漏、挥发、融出等问题。对于经常产生可燃气体的实验场所应该安装可燃气体报警装置,加强排风,使其浓度降低。

4.2.2.2 控制引火源

在实验室环境中,不可避免地使用各类可燃物,而空气中存在氧气也难以隔绝,所以防火防爆技术的重点应是对引火源的控制,必须采取合理的技术手段和管理措施来加以控制,既要保证实验安全,又要设法避免引起火灾或爆炸。常见的引火源主要有机械火源、热火源、电火源和化学火源。

（1）机械火源

撞击、摩擦产生火花、如机器转动部分的摩擦、铁器的互相撞击、铁制工具打击混凝土面或带压管道的开裂等产生高温或火花。

（2）热火源

实验室的加热装置，如烘箱、加热器、油浴锅、灯泡、暖气片等，可燃物与这些高温物体接触时间过长，就有可能引发燃烧；日光直射或聚焦成集点，也有可能使物体局部过热，引发燃烧。

（3）电火源

电火花一般是指电气开关合、断时产生的火花、电弧，或者由于电气设备短路、接触不良或其他原因产生的火花、电弧或危险温度。静电指相对静止的电荷，是一种常见的带电现象。在一定条件下，两种不同物质（其有一种为电介质）相互接触、摩擦，就可能产生静电并积聚产生高电压。此外，雷击也会产生火源，也是引起火灾的原因之一。

（4）化学火源

实验室使用的明火就是化学火源。化学反应放热、积热自燃也是常见的化学火源。

4.2.2.3 隔绝助燃物

空气中的氧气就是助燃物，对于一些特别易燃的化学物品，应采用隔绝空气的方法来储存或使用，如钠存于煤油中、白磷存于水中、二硫化碳用水封存等。在特殊的实验环节，可以通过在设备中充装惰性介质进行保护，防止物料接触空气而燃烧。

具有强氧化性的物质，极易放出氧原子，促使其他物质迅速氧化而发生燃烧。所以这一类物质同样需要严格管理。如高氯酸等物质应单独放置，避免与易燃物接触。

4.2.3 火灾的特点

了解火灾的特点和变化规律，对于预防和扑救火灾，人员安全疏散具有重要的意义。

4.2.3.1 温度变化

可燃物燃烧会释放大量热，导致火场环境温度升高，因此火灾温度和持续时间是火灾的重要指标，温度与时间变化的关系可用火灾温度曲线来表示。火灾温度曲线的形状代表火灾发展中实际出现的各种燃烧现象。火灾温度曲线反映了温度增长的速度和燃烧速度的变化，如图4-6所示。在不同阶段，需要采取的应对灭火措施也有所不同。

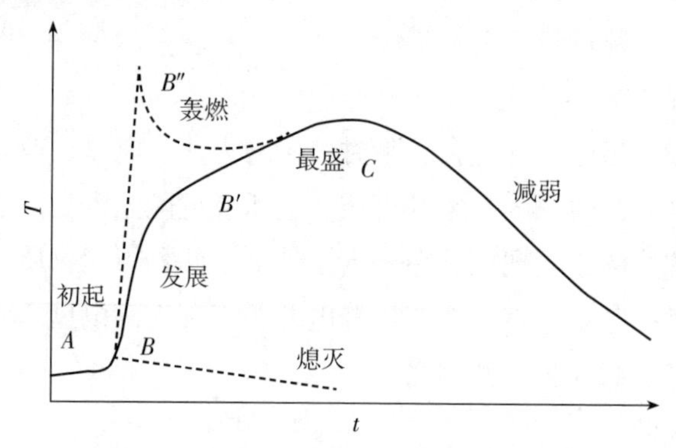

图4-6 典型的室内火灾温度—时间曲线

（1）初期增长阶段

在火灾初起阶段（*A*–*B*），起火点的局部温度较高，燃烧面积较小，由于可燃物燃烧性能、分布、通风、散热等条件的影响，燃烧发展比较缓慢，且燃烧发展不稳定，有可能形成火灾，也有可能中途自行熄灭，此时是最佳扑救期。该阶段由于燃烧范围小，室内供氧充足，燃烧的速率受控于可燃物的燃烧特性，而与通风条件无关，属于燃料控制型火灾。

（2）充分发展阶段

室内火灾进入发展阶段后（*B*–*B*′–*C*），可燃物燃烧猛烈，燃烧处于稳定期，可燃物的燃烧速度接近定值，火灾温度上升到最高点。火灾发展阶段时间长短主要取决于可燃物燃烧性能、可燃物数量和通风条件，与起火原因无关。

进入充分发展阶段时，室内所有可燃物表面开始燃烧，室内温度急剧上升，可以达到800~1000 ℃。此阶段由于大量可燃物燃烧，燃烧的速率受控于通风速率，属于通风控制型火灾，这是室内火灾最危险的阶段。

建筑物内火灾燃烧一定时间后，燃烧范围不断扩大，房间内温度达到400~600 ℃时，室内绝大部分可燃物起火燃烧，室内火灾由局部燃烧向所有可燃物燃烧的转变过程中可能会出现轰燃情况。轰燃发生后（B″），室内物质全面燃烧，短时间内温度达到800～1000 ℃，标志着室内火灾进入全面发展阶段。当室内温度继续上升到一定程度时，会出现燃烧面积、燃烧速率瞬间增大，室内温度突然增加的情况。

室内通风不良、燃烧处于缺氧状态时，由于空气（氧气）的引入导致热烟气发生的快速燃烧或爆炸的现象称为回燃。回燃通常发生在通风不良的室内火灾门窗打开或被破坏的时候。这是因为在长时间燃烧的室内环境中，空气中聚集了高浓度的热解产物或不完全燃烧产物，包括可燃气体、可燃液体和炭颗粒。当房间的门窗被打开，或火场环境受到破坏，大量空气进入与环境中可燃物质混合接近或达到爆炸下限，从而引发剧烈燃烧或发生爆燃。回燃产生的高温、高压不仅对人身安全产生极大威胁，而且会对建筑结构造成较强破坏。

（3）衰减阶段

在火灾全面发展阶段的后期，室内可供燃烧的物质减少，燃烧强度减弱，温度开始下降。一般认为，当室内平均温度下降到其峰值的80%时，火灾进入衰减阶段。在火灾熄灭阶段的前期，室内仍然有很高的温度，火势较猛烈，热辐射较强，对周围建筑物仍有很大威胁。

如果在灭火过程中，可燃物中的挥发成分未完全析出，部分可燃物的温度在短时间内仍然较高，易造成死灰复燃的情况。

4.2.3.2 燃烧产物

由燃烧或热解作用产生的全部物质称为燃烧产物，分为完全燃烧产物和不完全燃烧产物。完全燃烧产物是指可燃物中的C被氧化形成CO_2，H被氧化生成H_2O，等等；而它们不完全氧化可以形成CO、醇类、醚类等不完全燃烧产物。

可燃物燃烧时，一方面消耗大量氧气，降低空气中氧气浓度，同时产生CO_2、CO、HCN。CO_2达到一定浓度后会造成碳酸中毒，刺激人的呼吸中枢，还会引起头痛、神志不清等症状。当其浓度达到2%时，人就会感到呼吸困难，达到6%、7%时，人就会窒息死亡。

表4-6 CO和HCN气体的危害

CO气体浓度（mg/m^3）和危害		HCN气体浓度（mg/m^3）和危害	
35	8小时工作日的最高工作场所浓度	2.1	8小时工作日的最高工作场所浓度
200	2～3小时内出现轻微头痛	2～4	感知阈值

表4-6（续）

CO气体浓度（mg/m³）和危害		HCN气体浓度（mg/m³）和危害	
400	2~3小时内前额头痛，并在25至35小时内逐渐扩展至整个头部	4.7	NIOSH建议暴露限值
800	45分钟内出现头晕、恶心和肢体抽搐，2小时内昏迷	10	OSHA允许暴露限值
1600	20分钟内出现头晕、恶心和肢体抽搐，2小时内死亡	20~40	几小时之后出现轻微症状
3200	5~10分钟内出现头晕、恶心和肢体抽搐，30分钟内死亡	45~54	1小时内出现即时损伤和继发损伤
6400	1~2分钟内出现头晕、恶心和肢体抽搐，10分钟内死亡	100~200	30至60分钟后死亡
12800	1~3分钟内死亡	300	立即死亡

HCN和CO被称为火场的“双生毒气”。CO和HCN气体的危害性如表4-6所示。是火灾中致死的主要燃烧产物，其毒性在于对血液中血红蛋白的高亲和性，其对血红蛋白的亲和力比氧气高出约250 倍，阻碍人体血液中氧气的输送。HCN的毒性比CO还要强数十倍，它是一种细胞窒息剂，会干扰有氧呼吸。正常呼吸时，人体会为重要的酶提供营养素，以维持机体的正常运转；但若吸入HCN，它对一种叫作细胞色素C氧化酶的重要的酶具有高亲和力，会导致有氧呼吸通道关闭，继而出现厌氧呼吸，导致乳酸中毒，并在组织和器官中产生其他有毒物质。

除此之外，燃烧产物中还常常有光气、SO_2、醇类、醚类等有毒气体，均对人体有不同程度的危害。

4.2.3.3 烟气流动

火灾时随着可燃物的不断燃烧，大量的烟和热随之产生，形成了炽热的烟气流。浓烟窒息是导致伤亡的最主要的伤害因素[①]，火灾中被浓烟熏死、呛死的人是烧死者的4~5倍。一旦吸入烟雾中所含的有毒气体，常常会出现认知功能障碍和困倦，这会削弱人们逃生或执行救援行动的能力。火灾烟气中的烟粒子对可见光是不透明的，其直径只有几微米到几十微米，对可见光有完全的遮蔽作用。当烟气扩散弥漫时，可见光因受到烟粒子的遮蔽而大大减弱，使能

① 张学伟. 火灾中烟雾对人员的危害及其对策的探讨［J］. 消防科技，1990（1）：20-21.

见度大大降低。火灾发生时常常浓烟密布，使人看不清逃离方向而陷入恐慌，造成更大的人员伤害。

在着火房间中，从起火点上升的烟气和火源上方的火焰形成火羽流，火羽流竖直扩散遇到顶棚后，便向四周水平扩散。随着火灾的发展，烟气不断由下向上流动，再由上向下积聚，向室外或走廊扩散。如图4–7a所示，图a为盖有玻璃片的烧杯，里面放有两支蜡烛，在顶部的蜡烛先熄灭，而底部的蜡烛后熄灭。

走廊内的烟气，开始即贴附在天棚下流动，由于受到冷却及与周围空气的混合，烟气层逐渐加厚，靠近天棚和墙面的烟气冷却，先沿墙面下降，随着流动路线的增长和周围空气混合作用的加剧，烟气逐渐下降而失去浮力，最后只在走廊中心剩下一个圆筒形空洞，如图4–7d所示。在浓烟中应该低首俯身，以避开空气中的毒烟。

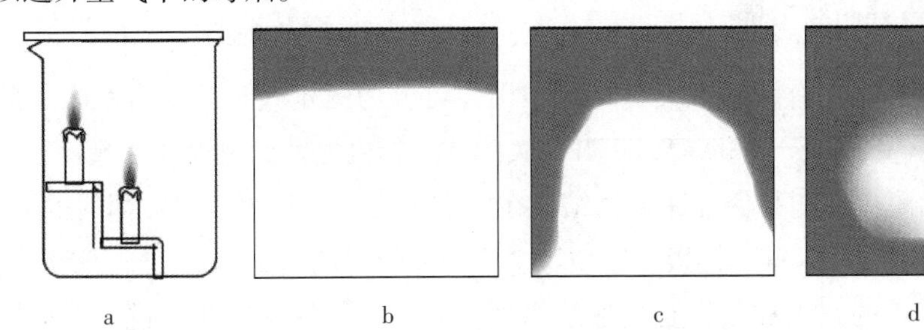

图4–7　烟气流动过程中的下降状况

由于浮力的驱动，使烟气携带高温在建筑内处于流动状态。浮力越大，流动速度也越快。烟气在水平方向的扩散流动速度较小,在火灾初期为0.1～0.3 m/s，在火灾中期为0.5～0.8 m/s。烟气在垂直方向的扩散流动速度较大,通常为1～5 m/s，在楼梯间或管道竖井中上升流动的速度更高。因此在逃离火场时要尽量往楼层下面跑，若通道已被烟火封阻，则应背向烟火方向离开。

4.2.4　建筑物消防设施

建筑防火设施是指依照国家、行业或者地方消防技术标准的要求，在建筑物、构筑物和堆场中设置的用于火灾报警、灭火、人员疏散、防火分隔、灭火救援行动等防范和扑救火灾的设备设施的总称。防火设施分为被动防火、主动防火和灭火救援设施。①

① 刘诗瑶，赵利宏，卫文彬. 高层建筑防火技术措施研究［J］. 消防科学与技术，2019，38（9）：1244–1247.

被动防火针对传递、对流、辐射这3种热量传播方式，所采取的预防火灾蔓延设施。被动防火无法主动中止火灾燃烧过程，但可控制火灾烧烧面积，降低火势蔓延速度，将火势尽可能地控制在一个小范围内，并保证建筑结构的整体和局部在设计规定的时间内安全。被动防火设计包括建筑防火间距、建筑耐火等级、建筑防火构造、建筑防火分区分隔等，具有普遍性、可靠性、长久性和经济性的特点。

主动防火部分是由自动（或手动）控制的火灾自动报警系统、自动灭火系统、防烟排烟系统等组成的，它们的基本功能是早期发现和扑灭火灾。现代建筑物的消防设施种类繁多、功能齐全，本节简单介绍一些学校实验室经常提到的消防设施。

4.2.4.1　建筑物分隔

建筑物分隔具有阻止火灾蔓延的作用，可分为固定式和可开启关闭式两种。固定式包括楼板、隔墙等；可开启关闭式包括门、窗、防火卷帘等。

建筑物耐火性能是保证建筑物结构在发生火灾时不发生较大破坏的根本，由建筑物的墙、柱、梁、楼板、屋顶等主要构件的燃烧性能和耐火极限所决定的。建筑构件的耐火极限，是指建筑构件按时间—温度标准曲线进行耐火试验，从受到火的作用时起，到失去支持能力或完整性被破坏或失去隔火作用时止的这段时间，用小时表示。

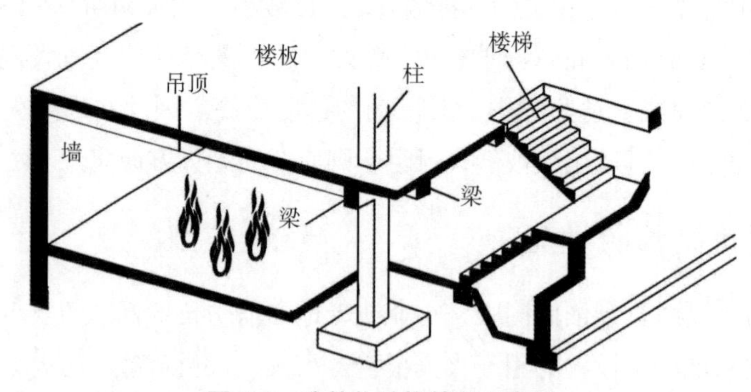

图4–8　建筑物结构简易示意图

如图4–8所示，火灾发生时，火源上方楼板处的温度最高，因此建筑的耐火性能主要以楼板的耐火极限为基准，再根据其他构建在建筑物的重要性进行调整。从火灾统计数据分析，88%的火灾可以在1.5 h之内扑灭，80%的火灾可以在1 h之内扑灭，因此耐火等级为一级建筑物的楼板耐火等级定为1.5 h，二级建筑物的楼板耐火等级定为1 h。高等学校实验室所在的建筑物通常是一级或二级建筑物。表4–7是民用建筑的耐火等级与相应构件的燃烧性能和耐火极限。

表4–7 民用建筑的耐火等级与相应构件的燃烧性能和耐火极限

构件名称		耐火等级			
		一级	二级	三级	四级
墙	防火墙	不燃烧体3.00	不燃烧体3.00	不燃烧体3.00	不燃烧体3.00
	承重墙	不燃烧体3.00	不燃烧体2.50	不燃烧体2.00	不燃烧体0.50
	非承重外墙	不燃烧体1.00	不燃烧体1.00	不燃烧体0.50	燃烧体
	楼梯间的墙 电梯井的墙 住宅单元之间的墙 住宅分户墙	不燃烧体2.00	不燃烧体2.00	不燃烧体1.50	不燃烧体0.50
	疏散通道两侧的隔墙	不燃烧体1.00	不燃烧体1.00	不燃烧体0.50	不燃烧体0.25
	房间隔墙	不燃烧体0.75	不燃烧体0.50	不燃烧体0.50	不燃烧体0.25
柱		不燃烧体3.00	不燃烧体2.50	不燃烧体2.00	不燃烧体0.50
梁		不燃烧体2.00	不燃烧体1.50	不燃烧体1.00	不燃烧体0.50
楼板		不燃烧体1.50	不燃烧体1.00	不燃烧体0.50	燃烧体
屋顶承重构件		不燃烧体1.50	不燃烧体1.00	燃烧体	燃烧体
疏散楼梯		不燃烧体1.50	不燃烧体1.00	不燃烧体0.50	燃烧体
吊顶(包括吊顶栅)		不燃烧体1.20	不燃烧体0.25	不燃烧体0.15	燃烧体

(1)防火墙

防火墙是防止火灾蔓延至相邻区域且耐火极限不低于3 h的不燃性墙体。防火墙是分隔水平防火分区或防止建筑间火灾蔓延的重要分隔构件，能在火灾初期和灭火过程中，将火灾有效地限制在一定空间内，阻止火灾在防火墙一侧而不蔓延到另一侧，对于减少火灾损失具有重要作用。实验室在房间改造时应注意：防火墙上不得开设门、窗、洞口、排气道，可燃气体和甲、乙、丙类液体的管道严禁穿过防火墙。

(2)防火门

防火门是指具有一定耐火极限，且能在发生火灾时自行关闭的门。防火门既要保持建筑防火分隔的完整性，又要方便人员疏散和开启。在疏散通道上的防火门应向疏散方向开启，并且在关闭后能从任意一侧手动开启。

防火门按平时开启的状态分为常闭式防火门和常开式防火门。常闭式防火门平时在闭门器的作用下处于关闭状态；常开式防火门平时在防火门自动释放开关的作用下处于开启状态。当发生火灾时，常开式防火门自动释放开关释放对门的锁定，防火门在闭门器的作用下关闭①。

（3）防火卷帘

防火卷帘是在一定时间内连同框架能满足耐火稳定性和完整性要求的卷帘，可以有效地阻止火势从门、洞口蔓延，一般设置在电梯间、自动扶梯周围、中厅与楼层走道的开口部位，以及设置防火墙有困难的部位，平时卷放在门窗洞口上方（或侧面）的转轴箱内，火灾时放下或展开，用以阻止火势从门窗洞口蔓延。因此防火卷帘下方及周围区域不得存放杂物。

4.2.4.2 防烟排烟设施

防排烟系统是防烟系统和排烟系统的总称。当建筑物内发生火灾时烟气的危害十分严重。一方面高温烟气蔓延，会形成引火源；另一方面，烟气对人体有伤害，容易造成人员伤亡。建筑中设置防排烟系统的作用是将火灾产生的烟气及时排除，防止和延缓烟气扩散，保证疏散通道不受烟气侵害，确保建筑物内人员顺利疏散安全避难，同时将火灾现场产生的烟和热量及时排除，以减弱火势的蔓延，为火灾扑救创造有利条件。建筑物火灾烟气控制分为排烟系统和防烟系统。

建筑物中用墙壁、隔板、防火卷帘和挡烟垂壁等划分不同的防烟分区。划分防烟分区的目的在于发生火灾的初期将火灾烟气控制在一定范围内，防止烟气向其他区域蔓延；同时聚集烟气，提高排烟系统的排烟效果。排烟使烟气沿着对人和物没有危害的路线排到建筑外，从而消除烟气的有害影响。

排烟有自然排烟和机械排烟两种形式。排烟窗、排烟井是建筑物中常见的自然排烟形式，它们主要适用于烟气具有足够大的浮力，可以克服其他阻碍烟气流动的驱动力的区域。机械排烟可克服自然排烟的局限，有效地排出烟气。

防烟系统是通过采用自然通风方式，防止火灾烟气在楼梯间、前室、避难层（间）等空间内积聚，或通过采用机械加压送风方式阻止火灾烟气侵入楼梯间、前室、避难层（间）等空间的系统。防烟系统分为自然通风系统和机械加压送风系统。

---

① 杨晓光. 防火门、防火卷帘设计使用存在的问题及对策［J］. 消防技术与产品信息，2011（2）：47-49.

4.2.4.3 救援设施

建筑灭火救援设施是指用于扑救建筑火灾的相关设备设施，一般包括消防车道、消防登高面、消防救援场地、灭火救援窗、消防电梯等。

消防车道是消防车灭火时通行的道路，保证消防车可以快速到达火场；消防登高面是消防车能够靠近高层主体建筑，便于消防车作业和消防人员进入高层建筑物进行抢救人员和扑救火灾的建筑立面，也称为消防的扑救面；消防救援场地是在高层建筑的消防登高面一侧，进行灭火救援的作业场地；灭火救援窗是在建筑的消防登高面一侧外墙上设置的专供消防人员快速进入建筑物主体，并且便于识别的灭火救援窗口。实验人员不应将杂物存放在建筑物内、外公用区域，以免阻塞灭火救援设施。

4.2.4.4 火灾探测报警系统

如图4–9所示，发生火灾时，火灾探测器将火灾产生的烟雾、热量和光辐射等火灾特征参数转变为报警信息，并将其传输到火灾报警控制器。火灾报警控制器在接收报警信息后，显示报警探测器的部位，记录探测器火灾报警的时间。处于火灾现场的人员，在发现火灾后可以触动手动火灾报警按钮。手动火灾报警按钮便将报警信息传输到火灾报警控制器，火灾报警控制器在接收到手动火灾报警按钮的报警信息后，经报警确认判断，显示手动火灾报警按钮的部位，记录手动火灾报警按钮报警的时间。

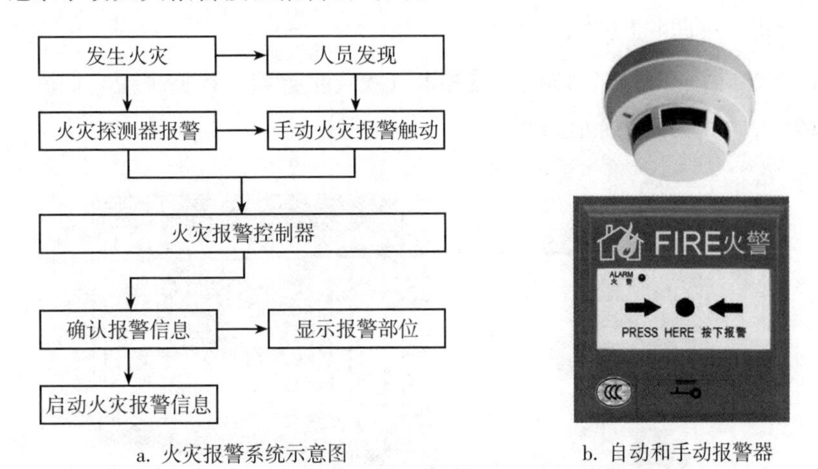

a. 火灾报警系统示意图　　b. 自动和手动报警器

图4–9　火灾报警系统示意图及自动和手动报警器

火灾报警控制器在确认火灾探测器和手动火灾报警的报警信息后，驱动安装在被保护区域现场的火灾警报装置，发出火灾警报，向处于被保护区的人员警示火灾的发生。

火灾探测器根据其探测火灾特征参数的不同，分为感温、感烟、感光、气体和复合5种基本类型，以及图像探测等仪器。在火灾的孕育阶段和初期阶段，建筑物内会出现发热、发光、发声以及散发烟尘可燃气体、特殊气味这些特性，是物质在燃烧过程中发生物质转变和能量转变的结果，为早期发现火灾，进行火灾探测提供了依据。一般火灾发生初期，首先产生烟气，后温度上升产生火焰。因而实验室里一般安装感烟探测器，或同时安装感烟和感光探测器。

① 感烟火灾探测器，即响应悬浮在大气中的燃烧和/或热解产生的固体或液体微粒的探测器，进一步可分为离子感烟、光电感烟、红外光束、吸气型等火灾探测器。

② 感温火灾探测器，即响应异常温度、温升速率和温差变化等参数的探测器。

③ 感光火灾探测器，即响应火焰发出的特定波段电磁辐射的探测器，又称火焰探测器，进一步可分为紫外、红外及复合式等火灾探测器。

④ 气体火灾探测器，即响应燃烧或热解产生的气体的火灾探测器。

⑤ 复合火灾探测器，即将多种探测原理集于一身的探测器。

火灾发生时，火灾探测器检测到燃烧产生的烟雾、热量、火焰等物理量，转变成电信号，传输到火灾报警控制器。人员接到警报或发现起火后，立即触动手动火灾报警器确认报警信息。同时启动火灾报警信息，显示报警部位，使其他人能够及时发现火灾。

除此之外还有可燃气体报警器和电气火灾报警器，严格来说它们属于火灾预警装置，如图4-10所示。

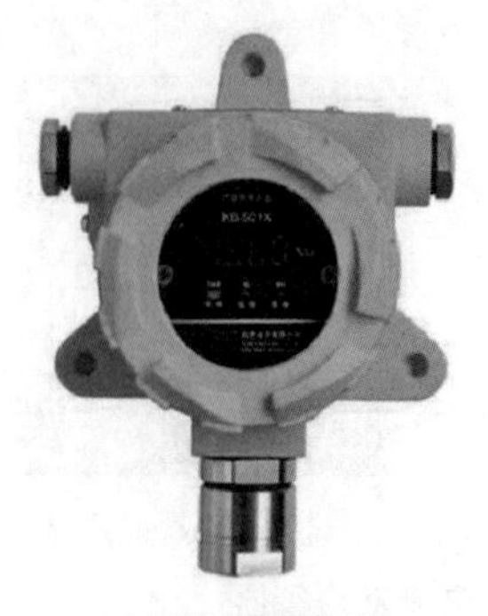

a. 可燃气体报警器

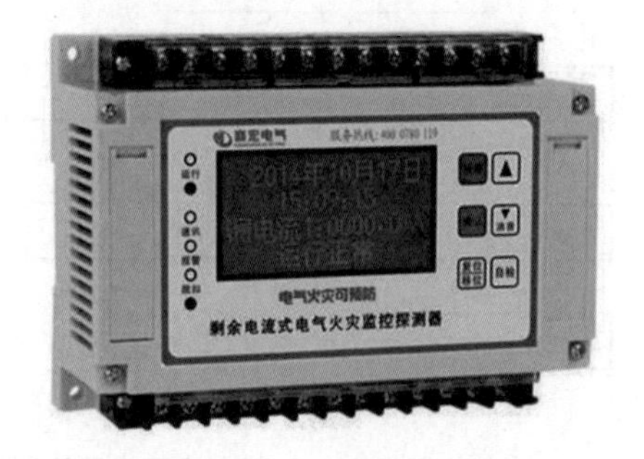

b. 电气火灾报警器

图4-10　报警器

可燃气体报警器是对单一或多种可燃气体浓度响应的探测器。可燃气体探测器有催化型、红外光学型两种类型。催化型可燃气体探测器是利用难熔金属铂丝加热后的电阻变化来测定可燃气体浓度。当可燃气体进入探测器时，在铂丝表面引起氧化反应（无焰燃烧），其产生的热量使铂丝的温度升高，从而产生报警动作。

电气火灾报警器的检测原理是，当漏电发生时，漏泄的电流在流入大地途中，如遇电阻较大的部位时，会产生局部高温，当电气线路达到一定温度开始报警。

4.2.4.5　室内消防栓

消防栓系统是扑救、控制建筑物火灾的最为有效的灭火设施，也是应用最为广泛、用量最大的水灭火系统（如图4–11所示）。消防栓系统是以水为介质用于灭火、控火、冷却等功能的消防系统，室内消防栓通常安装在消防栓箱内与消防水带等器材配套使用，室内消防栓设置在建筑物的公共部位，如楼梯走道等明显易于取用，以及便于火灾扑救的位置。

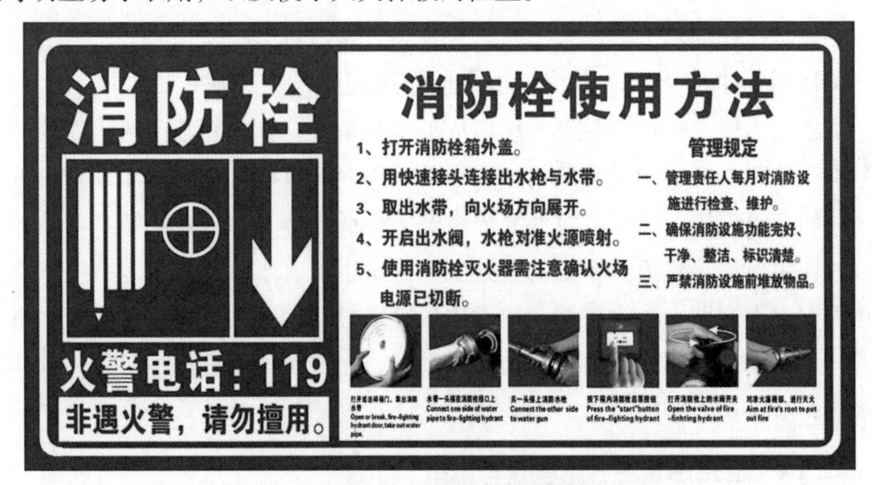

图4–11　消防栓标签图

消防栓门贴有使用说明，应按照说明使用。一人接好枪头和水带奔向起火点，另一人逆时针打开阀门水喷出即可。消防栓栓口动压很大，力量小或未经训练的人员不宜操作。

4.2.4.6　自动喷水灭火系统

消防喷淋系统是一种应用十分广泛的固定消防设施，可以在发生火灾时自动喷水、自动发出警报，并且和其他消防设施同步联动工作，因此能有效控制、扑灭初期火灾。自动喷水灭火系统主要分为湿式、干式、预作用式等类型。

（1）湿式喷水灭火系统

湿式喷水灭火系统由洒水喷头、报警阀组、水流报警装置等组件，以及管道、供水设施组成。该系统的管道内始终充满带压水体，一旦发生火灾，喷头动作后立即喷水，故称湿式自动喷水灭火系统。其结构简单、有灭火效率高、灭火速度快等优点，应用最为广泛。但是管路中充满水，受到环境温度的限制，也容易产生误动作。

（2）干式喷水灭火系统

系统是由闭式喷头、管道系统、干式报警阀、报警装置、充气设备、排气设备和供水设备等组成。干式自动喷水灭火系统与湿式系统不同，其管路和喷头中没有水，而是处于充气状态。探测到火灾后，干式自动喷水灭火系统首先排出气体，然后再开始喷水灭火。干式系统增加了充压设备，喷水启动速度也稍慢。

（3）预作用喷水灭火系统

预作用喷水灭火消防系统是指由预作用阀门，闭式喷头、管网，报警装置、供水设施以及探测和控制系统组成的消防系统。预作用喷水灭火系统适用于冬季结冰和不能采暖的建筑物内，以及凡不允许有误喷而造成水渍损失的建筑物（如高级旅馆、医院、重要办公楼、大型商场等）和构筑物等。

预作用自动喷水灭火系统的管路和喷头中也没有水，充以空气或氮气。只有在火灾发生初期，火灾探测系统发出报警信号，控制器开启阀门，使水进入管网，并在很短时间内迅速转变为湿式系统，完成预作业程序，故称为预作用喷水灭火系统。

4.2.4.7 消防应急灯及疏散指示标志

消防应急照明灯是为人员疏散、消防作业提供照明的消防应急灯具。在发生火灾时，为了保证人员的安全疏散以及消防扑救人员的正常工作，必须保持一定的电光源，据此设置的照明称为火灾应急照明。它平时利用外接电源供电，在断电时自动切换到电池供电状态。高层建筑、人员密集的地方都有配置。

疏散指示标志的合理设置，可以帮助人们在浓烟弥漫的情况下，及时识别疏散位置和方向，迅速沿发光疏散指示标志顺利疏散。安全出口或疏散出口的上方、疏散通道应设有灯光疏散指示标志。

4.2.4.8 安全出口和疏散通道

安全出口指的是疏散通道或者消防通道的出入口，如建筑物外门、楼梯间的门等。安全出口易于寻找，设有明显的“安全出口”标志。一般情况下安全出口遵照“双向疏散”的原则设置，当一个出口被封闭时，应该按照指示立即寻找另一个方向的出口。

实验室的房间门及疏散通道的门应该设计成向外开（顺着疏散方向），防止人群突然拥挤阻挡致使门无法打开。

疏散通道是人员从火灾现场逃往安全场所的通道。疏散通道的设置能保证逃离火场的人员进入走道后，能顺利地继续通行至楼梯间。疏散通道有疏散指示标志和诱导灯。避难通道是一种特殊的疏散通道，耐火能力更强，而且采用了防烟措施，配套了消火栓的设置，保障人员安全。

4.3 灭初起火

普通的实验人员掌握灭火的基础知识，防止火灾扩大是非常必要的。火灾刚发生的初期阶段，火势弱、燃烧面积小，如果及时地采取正确的扑救方法，会有效地减少火灾损失，避免人员伤亡。实验室发生火警时，应首先确定火情，确认火灾发生后，起火部位人员在一分钟内形成灭火第一战斗力量，采取措施防止火势蔓延，如关闭电闸、气体阀门，移开易燃易爆物品，确保安全撤离的情况下，视火势大小，采取不同的扑灭方法。需要特别强调的是，火灾发展到一定阶段，火场温度高，扑救难度大，此时需要在专业人员的指挥下，参与有组织的救援行动，否则应立即撤离。

4.3.1 灭火基本原理

根据物质燃烧着火四面体原理，灭火就是破坏燃烧的4个条件，如图4-12所示。基本的灭火方法为：冷却灭火法、窒息灭火法、隔离灭火法和化学抑制灭火法。

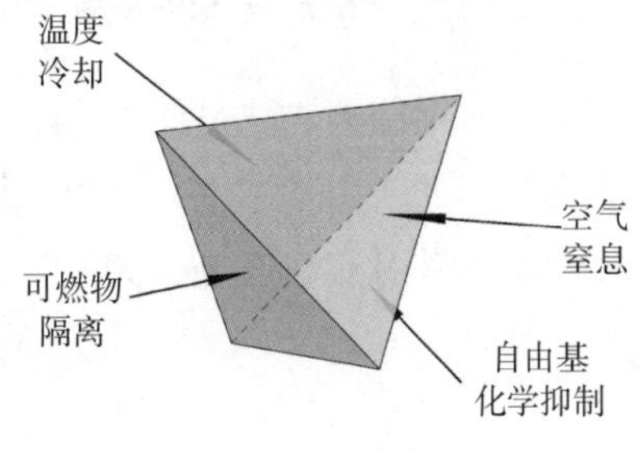

图4-12 灭火基本原理

4.3.1.1　冷却灭火法

冷却灭火法是最主要的灭火方法，也是最简单、易于做到的有效方法。将冷却灭火剂直接喷射到燃烧物质表面，以降低燃烧物质的温度，使其温度降低到该物质的着火点以下，燃烧就会终止；或者将灭火剂喷洒到火源附近的可燃物上，防止其受到辐射热影响而形成新的起火点。冷却灭火剂广泛使用以水为基础的灭火剂，水具有大的比热容和很高的汽化热，冷却性能很好。除此之外还可以使用二氧化碳（干冰）、液氮作为冷却灭火剂。

4.3.1.2　窒息灭火法

窒息灭火法是隔绝空气与可燃物接触，阻止空气流入燃烧区域，或用不燃烧的惰性气体降低空气的浓度，使燃烧物质得不到足够的氧气而熄灭。物质燃烧需要在最低氧浓度以上才能进行，一般氧浓度低于14%，就不能维持燃烧。在着火场所内，可以用水喷雾或惰性气体降低空间的氧浓度，从而达到窒息灭火。水雾吸收热气流热量而转化成水蒸气，当空气中水蒸气浓度达到35%，燃烧就会停止。此外，用不燃或难燃的石棉毯、灭火毯、湿麻袋覆盖在燃烧的物体上，也会使火焰熄灭。

4.3.1.3　隔离灭火法

隔离灭火法是将可燃物质与助燃物质、火焰隔离，就可以中止燃烧，扑灭火灾。例如，关闭实验可燃气体的阀门，迅速转移火焰附近的有机溶剂，拆除与燃烧物质相连的可燃物质，都属于隔离灭火法。再如泡沫灭火器灭火时，泡沫覆盖于燃烧液体或固体的表面，将可燃物质与空气隔开，从而中止燃烧。

4.3.1.4　化学抑制灭火法

化学抑制灭火法是使灭火剂参与燃烧的反应过程，抑制自由基的产生或降低火焰中的自由基浓度，即可使燃烧中止。化学抑制灭火剂常见的有干粉和七氟丙烷，其对有焰燃烧火灾效果好，可快速扑灭初期火灾。

4.3.2 手提式灭火器

4.3.2.1 手提灭火器基础

化学实验室灭火器材要求灭火效率高、使用方便，除实验室自备的水、灭火毯，扑灭初期火灾更主要的是依靠商业灭火器材，普通的实验人员应该掌握手提式灭火器的使用方法。我国灭火器的型号是按照《中华人民共和国公安部标准消防产品型号编制方法》（GN 11-82）的规定编制的。它由类、组、特征代号及主要参数几部分组成，如图4-13所示。

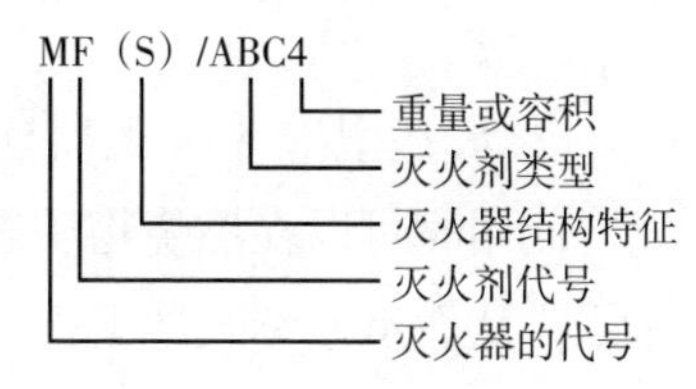

图4-13 灭火器型号编制方法

类、组、特征代号用大写汉语拼音字母表示：首字母是灭火器的代号，用“M”表示；第二位是灭火剂的代号，F表示干粉灭火剂，Q表示清水灭火剂，P表示泡沫灭火剂，T表示二氧化碳灭火剂；第三位表示灭火剂的结构特征，分别用S、T、Y、Z、B表示手提式、推车式、鸭嘴式、舟车式和背负式。型号后面的阿拉伯数字表示灭火器的充装量。手提式灭火器的代号可以省略，如MF/ABC4表示4kg的ABC干粉灭火器。

实验室通常配备的灭火器主要有干粉灭火器、二氧化碳灭火器、水基型灭火器及洁净气体灭火器。手提式灭火器的主要部件为：灭火器筒体、阀门、灭火剂、保险销、喷嘴，并在灭火器的铭牌或筒体上标明灭火器的名称、型号、灭火种类、灭火级别、使用温度范围、许可证编号（或认证标记）、生产厂家和生产日期等信息，其中灭火种类和灭火级别是主要参数。

一般灭火器的筒体上注有其使用方法，包括一个或多个图形说明，并且在明显位置上。如图4-14b是某ABC干粉灭火器上的说明标签，其上注明该灭火器应用于A类火灾、B类火灾、C类火灾和E类火灾。标签中还包括使用方法和注意事项等信息。

4.3.2.2 手提灭火器的种类

（1）水基型灭火器

水基型灭火器是以水为基础、二氧化碳或氮气为驱动气体的灭火器，一般由水、氟碳催渗剂、碳氢催渗剂、阻燃剂、稳定剂等组分配合而成。常用的水基型灭火器有清水灭火器、水基型泡沫灭火器和水基型水雾灭火器，三者具有不同的特点和应用。

① 清水灭火器。清水灭火器中是清洁的水，并以二氧化碳或氮气为驱动气体。它主要应用于扑救固体火灾，灭火时无毒、无味、无粉尘等残留物，不会对环境造成污染，缺点是应用范围小，不适用于扑救油类、气体、金属以及电器火灾。

② 水基型泡沫灭火器。水基型泡沫灭火器内部装有水成膜泡沫剂和氮气，使用时可以在燃烧物质表面形成能抑制其蒸发的泡沫，起到隔离和窒息的作用，从而迅速有效地灭火，常常用于可燃固体和可燃液体的火灾。

③ 水基型水雾灭火器。水基型水雾灭火器是在水中加入添加剂，改进水的流动性和分散性，使液体在喷射时形成细小水滴。细小水滴受热后易于汽化，吸收大量的热量，使燃烧物质表面温度迅速下降，达到终止燃烧的作用。此外水雾灭火器还具有隔氧窒息、辐射热阻隔、浸湿作用。

水基型灭火器在化学实验室中使用限制较多，在化学实验室使用较少。不能扑救精密仪器设备，也不能扑救有忌水性物质所引起的火灾，如电石、磷化铝、硫磺粉等。

（2）干粉灭火器

干粉灭火剂是由一种或多种具有灭火功能的细微无机粉末和具有特定功能的填料、助剂共同组成的。干粉灭火器制作工艺不复杂，它依靠压缩氮气的压力，将干粉喷射到燃烧物质表面，主要起到覆盖隔离和窒息的作用，具有灭火速度快、使用简单、应用范围广等优点，目前在我国应用较为普遍。干粉灭火器灭火效率高、速度快、使用方便，灭火剂低毒，对环境影响较小。

如图4-14a所示，使用干粉灭火器时应站在上风或侧风处，拔下保险销，俯低身体靠近火源。一手握住喷嘴对准火焰根部，另一手按下压把，依靠灭火器内加压气体将干粉喷出，形成干粉气流喷向火焰。

干粉灭火剂一般分为BC干粉灭火剂（主要成分为碳酸氢钠，偏碱性）和ABC干粉灭火剂（主要成分为磷酸二氢铵，偏酸性）两类。灭火时，依靠灭火器内加压气体将干粉喷出，形成干粉气流喷向火焰。

使用灭火器时可见瓶身上的使用说明书，如图4-14b所示。

干粉灭火的灭火原理主要包括两个方面，一是靠干粉中无机盐的挥发性分解物，与燃烧过程中燃料所产生的自由基或活性基团发生化学抑制和负催化作用，使燃烧的链式反应中断而灭火；二是靠干粉的粉末落在可燃物表面，发生

a. 灭火器使用示意图

手提式干粉灭火器	
本公司通过ISO9001 国际质量认证	
适用范围	A类火灾 B类火灾 C类火灾 E类火灾
使用方法	拔出保险销 对准火源 压下把手
说明	1. 灭火剂：ABC干粉 2. 灭火级别 3. 使用温度 4. 充氮压力 5. 不可日晒雨淋，严禁高温环境下存放

b. 灭火器使用说明书

图4-14 干粉灭火器使用示意图和使用说明书

化学、物理反应，在高温作用下形成一层玻璃状覆盖层，从而隔绝氧，产生窒息灭火作用。另外，干粉灭火剂在燃烧火焰中发生吸热分解反应，故也有较好的冷却灭火作用。由灭火作用机理可知，干粉需要直接覆盖在燃烧物体表面。所以使用时应站在火场上风处，对准火焰根部喷射才可以灭火，否则是没有效果的。干粉灭火后留有残渣，对设备有腐蚀，不应用来扑救精密仪器，此外用干粉灭火器扑灭火灾后要防止复燃。

（3）二氧化碳灭火器

二氧化碳灭火器是将二氧化碳以液态的形式加压充装于灭火器中，因液态二氧化碳易挥发成气体，体积扩大760倍，当它从灭火器里喷出时，部分气体吸收热变成干冰。霜状干冰喷向着火处，立即汽化，把燃烧区域包围起来，起到隔绝作用。这种灭火器在使用时，手一定要握在木柄或塑料柄上，避免手被冻伤。其次在窄小空间内使用，二氧化碳气体浓度过高，使用人员有窒息的风险。该灭火器对储存环境的温度要求比较严格，夏季要避免阳光直接照射，冬季北方地区要避开采暖设备。

使用二氧化碳灭火器时，一定要注意安全措施。因为空气中二氧化碳含量达到8.5%时，会使人血压升高、呼吸困难；当含量达到20%时人就会呼吸衰弱，严重者可窒息死亡。所以，在狭窄的空间使用后应迅速撤离或带呼吸器。要注意勿逆风使用。因为二氧化碳灭火器喷射距离较短，逆风使用可使灭火剂很快被吹散而妨碍灭火。此外，二氧化碳喷出后迅速排出气体并从人周围空气中吸取大量热，因此，使用中要防止冻伤。

二氧化碳灭火器的使用范围较广，可扑灭B类火灾、C类火灾、E类火灾及F类火灾。二氧化碳灭火器灭火速度快、无腐蚀性、灭火后不污染物质，不留痕迹，特别适合扑救贵重设备、档案资料、仪器仪表、600 V以下电气设备（600 V以上的电压会击穿二氧化碳，使其导电，危害人身安全）及油类的初起火灾。

（4）洁净气体灭火器

洁净气体灭火器是将洁净气体，如IG 541（50%的氮气、40%的惰性气体、10%的二氧化碳）、七氟丙烷，直接加压充装在容器中，使用时灭火剂从灭火器中排出，与火焰接触后发生复杂的物理化学反应，从而迅速地将火灾扑灭。洁净气体灭火器灭火效率高，在自然环境中存留时间短，适用于扑救可燃液体、可燃气体以及带电设备的初起火灾。

这些气体密度大，又无色无味，使用时一定要防止窒息。

4.3.2.3 手提灭火器的维护

实验室中配置的灭火器应该定期检查，出现问题的灭火器应该按照国家要求进行维修、更换，以保证其灭火功效。化学实验室因为有较多的可燃物，应该按照严重危险级别配置灭火器，并遵循以下原则。

① 灭火器应设置在位置明显和便于取用的地点，且不得影响安全疏散。

② 对有视线障碍的灭火器设置点，应设置指示其位置的发光标志。

③ 灭火器的摆放应稳固，其铭牌应朝外。手提式灭火器宜设置在灭火器箱内或挂、架上，其顶部离地面高度不应大于1.50 m，底部离地面高度不宜小于0.08 m。灭火器箱不应上锁。

④ 灭火器不应设置在潮湿或强腐蚀性的地点，当必须设置时，应有相应的保护。灭火器设置在室外时，也应有相应的保护措施。

⑤ 灭火器不得设置在超出其使用温度范围的地点。

⑥ 每个设置点的灭火器数量不宜多于5具。

⑦ 不相容的灭火器不能放在一起，也不能在一起使用。

4.3.2.4 灭火器的检查

手提式灭火器的结构相似，本书以ABC干粉灭火器和二氧化碳灭火器为例，介绍其检查要求，如图4-15所示。

检查干粉灭火器时应关注以下内容：筒体不得变形，筒体或连接部位不得锈蚀；灭火器的压把、阀体等金属件不得有严重损伤、变形、锈蚀等影响使用的缺陷；灭火器压力表的外表面不得有变形、损伤等缺陷，压力表的指针不得指在绿区（黄色区压力过大，红色区为压力不足）；灭火器喷嘴不得有变形、开裂、损伤等缺陷；灭火器的橡胶、塑料件不得有变形、变色、老化或断裂情况。

二氧化碳灭火器的结构和干粉灭火器的结构不同，二氧化碳灭火器的充装压力大，取消了压力表，增加了安全阀。判断二氧化碳灭火器是否失效一般采用称重法，低于额定充装量的95%就应该进行检修。

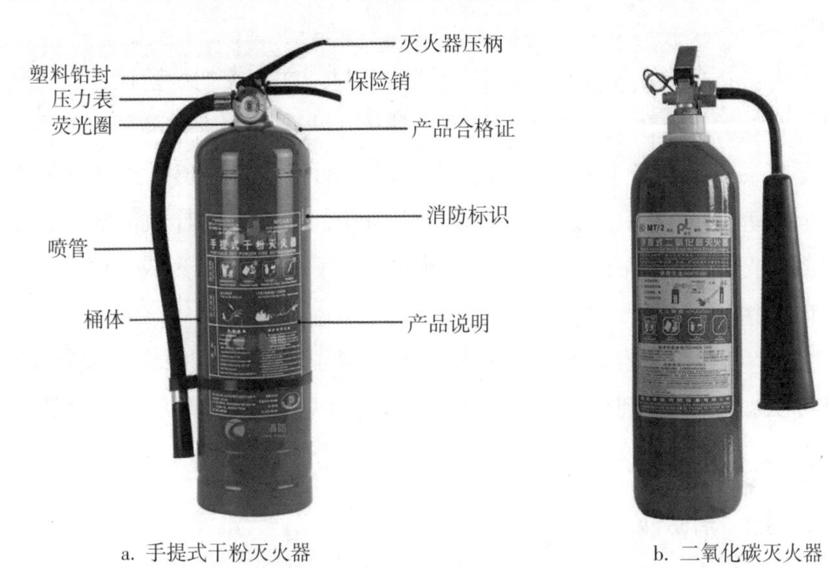

a. 手提式干粉灭火器　　b. 二氧化碳灭火器

图4-15　手提式干粉灭火器和二氧化碳灭火器

4.3.2.5　灭火器维修与报废

灭火器如果存在问题或达到维修期限的，应交给专业厂家进行维护，符合报废条件或达到报废期限的，应重新购买。当灭火器达到一定年限必须维修或强制报废的，需等效更换，具体要求如表4-8所示。

表4-8　灭火器维修与报废期限

灭火器类型	充装单位	检测标准	维修期限	报废期限
水基型灭火器	L	压力	出厂期满3年 首次维修后每满1年	6年
干粉灭火器	kg	压力	出厂期满5年 首次维修后每满2年	10年
洁净气体灭火器	kg	压力		
二氧化碳灭火器	kg	重量		12年

4.3.3 灭火器材

4.3.3.1 灭火毯

灭火毯是利用覆盖火源、阻隔空气的原理来达到灭火的目的。灭火毯对于须远离热源体的人、物是一个最理想和最有效的外保护层，并且非常容易包裹表面凹凸不平的物体，灭火迅速，在无破损的情况下可重复使用。

灭火毯是化学实验室应该常备的消防器材。在火灾初始阶段，灭火毯是最简单、有效的灭火工具，能以最快速度扑灭小火，控制灾情蔓延。使用的时候将灭火毯展开，将涂有阻燃、灭火涂料的一面朝外，迅速覆盖在火源上（油锅、地面等），注意一定要包裹完全，不留任何缝隙，这样就能够迅速阻隔空气并熄灭火源。待着火物体熄灭，灭火毯冷却后，将毯子裹成一团，作为不可燃垃圾处理。

在逃生时，用灭火毯裹住全身，由于毯子本身具有防火、隔热的特性，能够使人的身体得到保护。当人的身体着火后，最好的方法也是用灭火毯扑灭。

4.3.3.2 消防沙

消防沙是消防用的沙子，一般是较粗的干燥黄沙，放在消防箱（桶）内，一般用于扑灭油类火灾。消防沙是利用覆盖火源、阻隔空气的原理来达到灭火的目的。消防沙的使用方法简单，着火时要少量多次，由外向内，把沙子直接覆盖在油上，以能完全覆盖油火为好；或者阻止油向四处流淌，避免火势迅速扩大。

消防沙要用箱子装好，便于使用。消防沙箱应该有明显标志，放在实验室易于取用、便于火灾扑救的位置。消防沙要保持干燥，因为含有水分遇到火后会飞溅。

4.3.3.3 其他灭火剂

7150灭火剂是一种特殊的灭火剂，化学名称是三甲氧基硼氧六环。这种灭火剂热稳定较差，并且是可燃的，当它以雾状喷射到燃烧物质表面时会发生以下化学反应。

$$2(CH_3O)_3B_3O_3+9O_2 \longrightarrow 3B_2O_3+6CO_2+9H_2O \quad (4-10)$$

反应能迅速消耗燃烧物质表面的氧，生成的硼酐在高温下熔化成玻璃状液体，覆盖在燃烧物质表面和缝隙中，形成隔离膜，从而使燃烧中止。

4.3.3.4 破拆工具

破拆工具类有镐、锹、斧等，适用迫切性事故的救援。

4.3.3.5 其他

惰性气体气瓶可代替 CO_2 灭火器使用。性质稳定的无机盐可代替消防沙使用。

4.4 报警与疏散

发生火灾后，能否保证人员及时疏散到安全区域具有重要意义。火灾中的人员安全疏散指的是在火灾烟气、热辐射、氧气消耗尚未达到对人员构成危险的状态之前，将建筑物内的所有人员疏散到安全区域的行动。

火灾发生后有“三近原则”，距起火点近的人员负责利用灭火器和室内消防栓灭火，距电话或火灾报警点近的员工负责报警，距安全通道或出口近的员工负责引导人员疏散。

4.4.1 电话报警

① 火警电话号码是“119”。报警时要讲清着火建筑物所在的具体位置。

② 报警时要说明是什么东西着火和火势大小，以便消防部门调出相应的消防车辆。

③ 说清楚报警人的姓名和联系的电话号码。

④ 要注意听清消防队的询问，正确简洁地予以回答，待对方明确说明可以挂断电话时，方可挂断电话。

⑤ 报警后要安排人员到路口等候消防车，引导消防车去火场的道路，介绍被困人员和火场情况。

4.4.2 安全疏散设施

安全疏散是消防安全的核心，体现以人为本的消防理念。安全疏散是保证建筑物人员在火灾情况下安全，涉及建筑物结构、火灾发展过程、建筑消防设施、人员行为等多种复杂因素。安全疏散的目标就是保证建筑物内人员疏散完毕的时间必须小于火灾发展到危险阶段的时间。建筑安全疏散技术的重点是安全出口，疏散出口，安全疏散通道的数量、宽度、位置和疏散距离。疏散通道有宽度要求，不得堆放杂物妨碍人员通行。

4.4.3 人员疏散

根据《社会单位灭火和应急疏散预案编制及实施导则》（GB/T 38315—2019），人员安全疏散作为消防安全工作的重中之重，其影响因素也是消防安全工作的重点。人员在紧急情况下（如发生火灾）的疏散过程中，内在因素和外在环境因素都可能发生变化，这些因素有可能对人员安全疏散造成影响。由于实际情况条件千差万别，影响人员安全疏散的因素也复杂多样，如图4–16所示。

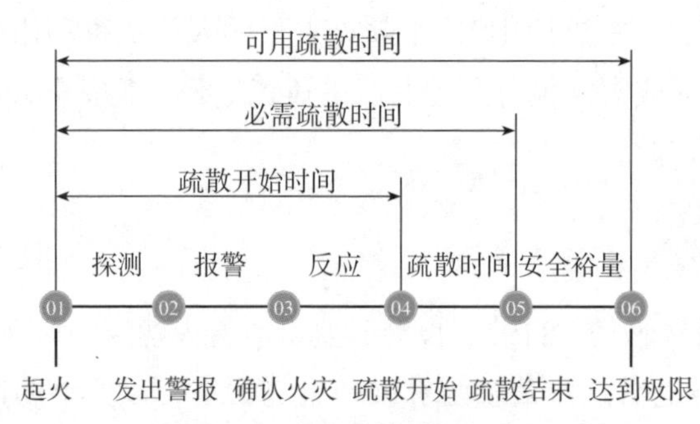

图4–16 安全疏散时间示意图

4.4.3.1 人员影响因素

人员内在影响因素主要包括：人员心理因素、人员生理因素、人员现场状态因素、人员社会关系因素等。

① 人员心理因素：人员在紧急情况下的心理普遍会发生显著的变化，如感知到火灾、烟气时会出现恐慌，一方面能够激发人的避险本能，另一方面也会导致人理性判断能力降低、情绪失控。

② 人员生理因素：人员生理因素包括人员自身的身体条件影响因素，如

幼儿、成年、老年、健康、疾病等差异。

③ 人员现场状态因素：人员在现场状态因素，包括清醒状态、睡眠状态、人员对周围环境的熟悉程度等。

④ 人员社会关系因素：人们的社会关系因素仍然会对疏散产生一定影响，人们往往会首先想到通知、寻找自己的亲友，这种因素也会影响人员开始疏散时间。

4.4.3.2 环境影响因素

① 外在环境影响因素。外在环境影响因素主要是指建筑物的空间几何形状、建筑功能布局以及建筑内具备的防火条件等因素。例如，疏散通道要保持畅通，消防设备要处于良好运行状态等因素。

② 环境变化影响因素。发生火灾时现场环境条件势必要有变化，从而对人员疏散造成影响。例如，火灾时，正常照明电源将被切断，人们需要依靠应急照明和疏散指示来寻找疏散出口；再如，原有正常行走路线一旦被防火卷帘截断，人员就需要重新选择疏散路线。

③ 救援和应急组织影响因素。发生火灾时自救和外部救援以及组织能力也会对安全疏散产生积极影响，有效提高人员的疏散效率。

在各种实际条件下，影响人员安全疏散的因素繁多，各种因素之间还存在相互联系和制约，某些产生主导作用的成为主要影响因素，而一些因素的变化会显著影响最终结果并成为关键性因素。

4.4.4 逃生与自救

由于火灾发生的突发性、火情的突变性、人员处理火情的瞬时性等，火灾来临能否成为幸存者，固然与火势的大小、起火时间、楼层高度等有关，还与被困者的自救能力以及是否懂得逃生的步骤和方法等密切相关。要避免恐惧、从众、逆反、等死等异常心理行为，对火场冷静观察、以积极心态寻找生机，创造生存机会。要掌握必要的逃生技能，了解火场逃生自救常识。根据火势实情选择最佳的自救方案，千万不要慌乱。要根据火势、房型冷静而又迅速地选择最佳自救方案，争取到最好的结果。

火灾发生时，一定不要贪恋财物。很多小火伤亡的事故中，受害人似乎很容易就逃离火场，但是往往想抢救物品而陷入危险，因而一定要注意。

4.4.4.1 常规逃生

① 熟悉环境，暗记出口。每个人对自己工作、学习或居所务必留心疏散通道、安全出口以及楼梯方位等，以便在关键时刻能尽快逃离火场。

② 保持头脑清醒，临危不乱。在实施逃生之前，一定要根据周围环境选择逃生方式。如果发现身上着火，立刻设法脱掉衣服或就地打滚压灭火苗。如果惊跑和用手拍打，只会形成风势，加速火势。不闯浓烟，避免烟气或一氧化碳中毒。千万不要乘普通电梯，因为电梯可能因停电停止运行或失控，又容易成为浓烟的流通通道，而使人员窒息死亡。

③ 观察，判断火灾位置，选择逃生路径。不得盲目趋光，应该通过空气流动方向判断火灾方向，应背向烟火方向离开，避开危险区域。在浓烟中应该摸着房间和楼梯的边缘行走，应低首俯身，贴近地面（地板之上总有约5 cm的空气层），也可以在地上爬动，以躲过浓烟，设法离开火场，以避开空气上方的毒烟。要尽量往楼层下面跑，若通道已被烟火封阻，应通过阳台、气窗等往室外逃生。

④ 离开火场时应关闭防火门、防火卷帘，减缓烟火蔓延。

⑤ 逃离火场后应主动报告火情，并不再返回火场。

4.4.4.2 固守待援

当火灾发展到一定程度时固守待援或许是更好的选择。固守待援时应注意以下几点。

① 就近寻找避难层、避难间，或找适合的房间营造临时的避难空间。

② 尽快发出求救信号，通过手机与外界联系，告知避难地点。在火场中呼叫效果不好还浪费体力，可以通过敲击面盆、锅、碗等或挥动鲜明衣物，引起救援人员注意。

③ 防烟堵火，这是非常关键的。当火势尚未蔓延到房间内时，将门缝用毛巾、毛毯、棉被等封死，并不断往上浇水冷却，防止外部火、烟的侵入，抑制火势蔓延速度、延长救援等待时间。若发现门、墙发热，说明大火逼近，这时千万不要开窗、开门。

4.4.4.3 非常规逃生

在其他逃生方法都做不到的情况下，可以尝试用以下方法逃生。

① 利用房间内的床单或窗帘卷成绳状，首尾互相打结衔接成逃生绳。将绳头绑在房间内的柱子或固定物上，绳尾抛出阳台或窗外，沿着逃生绳往下攀爬逃生。

② 如屋外有排水管可供攀爬往下至安全楼层或地面时，可利用屋外排水管逃生。但攀爬时要注意排水管是否牢固，避免发生坠楼意外。

③ 楼房下层无起火点时，可以骑坐在室外空调，或用绳子等吊在窗外，等待救援。

④ 如果迫不得已选择跳楼的方法逃生，尽量滑到最低点再跳下，以减少损伤。

5 化学品基础知识

化学品指各种元素组成的纯净物和混合物，是人们选择性地提取自然界的物质，或合成新的物质。化学品的命名基本上是依据《有机化合物命名原则》和《无机化学命名原则》进行的，别名是未包含在化学品中文名称中的其他名称；分子式是元素符号表示的物质分子的化学成分；CAS（Chemical Abstract Service的缩写）号是美国化学文摘社为每种出现在文摘中的物质分配的检索服务号，是检索化学物质有关信息资料最常用的编号。例如，氢氧化钠别名为火碱、烧碱，可以用分子式NaOH表示，CAS号1310-73-2。化学品作为商品还需要标注纯度和规格信息。

部分化学品具有的易燃、易爆、有毒、致畸、致癌、危害水生环境等特殊性质也需要标识出来，不正确使用这些化学品就会给人们的身体健康和环境带来影响。为了更安全、高效地使用这些化学品，应根据其危险性质进行分类，并将其危害及防护措施通过标签和安全技术说明书等方式向化学品接触者进行公示，以预防、控制和减少化学品对人类安全、生存环境的影响和危害。由于化学教材中讲解危险化学品的知识不多，有些实验人员不是充分了解危险化学品的分类和特点，因此本书通过介绍化学品的基础知识，并结合笔者的工作体会，浅谈危险化学品的类别、特性、注意事项等相关知识。

5.1 化学品的物理化学性质

物理化学性质指材料的物理性质和化学性质，主要有以下几点。外观与性状：包括物质的颜色、气味和存在的状态，以及难以分项的性质，如潮解性、挥发性等；pH，酸碱度；熔点；沸点；液体密度；蒸气密度；饱和蒸气压：在一定条件下，纯净液体与蒸气达到平衡量时的压力；闪点；燃烧热；临界温度：加压后使气体液化时所允许的最高温度；临界压力：物质在临界温度时使气体液化所需要的最小压力；溶解性：通常指物质在水中的溶解性，分别用混溶、易溶、溶于、微溶表示其溶解程度；辛醇/水分配系数：物质溶解在辛醇/水的混合物时，该物质在辛醇和水中浓度的比值称为分配系数，可以用来表示物质的有机或无机性质；燃点、自燃点；爆炸极限。

5.2 化学品的危险性质

《中华人民共和国危险化学品安全法》中规定的危险化学品，是指具有毒害、腐蚀、爆炸、燃烧、助燃等性质，对人体、设施、环境具有危害的剧毒化学品和其他化学品。

国家对危险化学品实施目录管理。危险化学品目录以及危险化学品确定原则，由中华人民共和国应急管理部会同国务院工业和信息化部、公安部、生态环境部、卫生健康委员会、市场监督管理总局、交通运输部、农业农村部、海关总署等主管部门，根据化学品危险特性的鉴定、分类标准和国家安全管理的实际需要确定、公布，并适时调整。危险化学品的主要危险性质有以下火灾危险性、爆炸性等。

5.2.1 火灾危险性

危险化学品的火灾危险性包括易燃性、助燃性等，具体内容见第4章。

5.2.2 爆炸性

化学爆炸具有释放热量、产生气体和反应迅速3个主要特点。从化学的角度去理解，爆炸和燃烧有一定的相似性，都是物质发生化学变化产生大量的能量，如果能量可以控制，平缓地释放出来就是燃烧。化学爆炸的反应活化能越低，物质越不稳定则越容易反应，反应速率就越快。如果爆炸过程非常缓慢，那么生成的热量将会散发，生成的气体也与周围的气体融为一体，从而无法出现剧增的压力和破坏性的冲击波以及高温现象。

如果一种物质的化学键较弱，特别是如果它能产生稳定的产物，则很可能会带来火灾或爆炸的危险。例如，图5-1显示了反应的概念模型。一般物质发生化学反应时，会由弱化学键转变成含有强化学键的稳定产物，并释放出大量能量。这在图中通过从左侧反应起始点到右侧反应结束点的高度差来显示。随着反应物和产物之间自由能差的增加，反应发生时可释放的能量也在增加。然而，为了从反应物生成产物，分子必须有足够的能量来启动反应。反应通常从键的断裂开始，而强键则需要大量能量才能断裂。因此，要启动一个稳定分子的反应，必须为反应提供大量的能量。这种能量被称为活化位垒，由反应路径中间“小山”的高度表示。一旦突破活化位垒，反应就会发生。

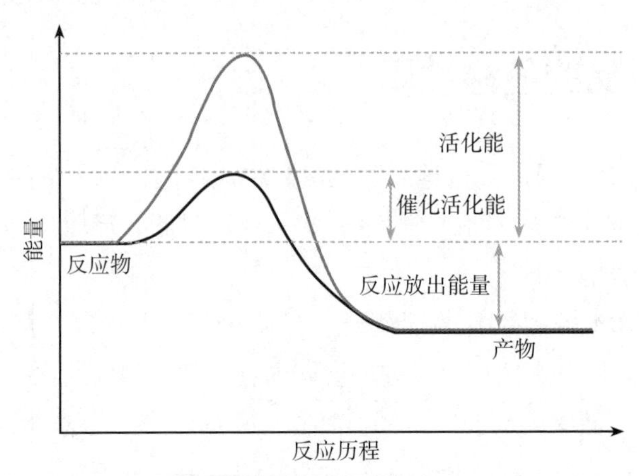

图5-1　活化位垒与反应能量

由于反应物和产物之间的自由能差很大，一个分子的反应可以提供足够的能量帮助其他分子克服活化位垒。然后反应会加速，并且，在反应物被消耗掉之前难以停止。如果产物是气态的则会比反应物占据更多的空间。而体积的膨胀会将能量传递到周围；如果反应发生在密闭空间内，则可能会引起爆炸。

弱化学键的存在为反应启动提供了一个容易的起始点。一旦键发生断裂，反应就可以完成。当产物的能量远低于反应物的能量时，一个分子反应可以释放能量用以开始其他分子的反应；由于反应的活化位垒较低，所释放的能量可以引起更多分子发生反应。弱键的存在意味着反应一旦开始，就会迅速加速。如果产物是气体，它们也会向周围扩散；如果反应足够快，就会发生爆炸。含有弱化学键的物质的反应活化位垒越低，意味着启动反应所需的能量越少。三碘化氮是对接触极其敏感的爆炸物，少量即可引发爆炸，伴随有紫色碘蒸气的生成。

在爆炸时如果产生气体，释放出的热量促使气体体积急剧膨胀，温度越高，气体体积膨胀越快。相反，如果不产生气体，则不会有爆炸的情况。例如，钠和空气生成氧化钠和过氧化钠，而不产生气体。因此钠虽然具有强还原性，但是不具有爆炸的危险，可以在空气平稳燃烧。但是当钠与水接触，产生水蒸气，破坏力则迅速增强。

利用公式进行简化分析。假定爆炸时产生的能量都转化为物质的动能，可以得到公式（5-1），能量和物质移动速度的相关性。

$$E=\frac{1}{2}m\cdot v^2 \tag{5-1}$$

其中，E表示物质的动能；m表示物质的质量；v表示移动速度。

又根据冲量守恒原理：

$$m\cdot v=F\cdot t-P\cdot S\cdot t=P\cdot 4\pi\cdot R^2 t \tag{5-2}$$

其中，m表示物质的质量；v表示移动速度；F表示爆炸产生的作用力；t表示爆炸作用时间；P表示爆炸压强；S表示爆炸作用面积；R表示爆炸半径。

如公式（5–2）所示，物质的动能越大，产生的冲量也就越大。如果爆炸泄压的时间短，相对产生的作用力就很大。假定爆炸时作用面是球型，作用力又等于压强乘以作用面积。显然离爆炸的中心越近，受到的冲击压也越大，破坏越严重。通常爆炸反应在极短时间内完成，释放出的能量高度集中，所以具有极大的破坏能力。

爆炸化学品是由分子中存在某些能通过反应使其温度或压力骤增的化学基团引起。由于爆炸反应的速度极快，所需的氧是反应物中的氧原子，而非空气中氧气。氮原子与氧原子结合的硝基化合物通常都具有爆炸性，而其他含有氮和氧，但是彼此不相连的化合物则不具有易爆性。例如，对硝基甲苯具有爆炸性，而对氨基苯甲酸则没有爆炸性。硝基化合的爆炸威力取决于分子中硝基的数目，例如，三硝基甲苯（TNT）的爆炸力远远大于对硝基甲苯，如图5–2所示。

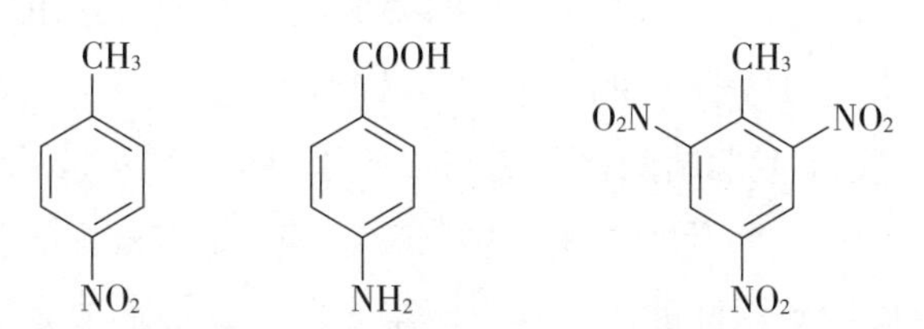

图5–2　对硝基甲苯、对氨基苯甲酸、三硝基甲苯（TNT）

三硝基苯酚又称苦味酸，黄色块状或针状结晶，无臭，有毒，味极苦。熔点122～123 ℃，能溶于乙醚、苯及乙醇。该物质在1771年就已能用化学方法制得，并且容易合成，最早作为丝绸和羊毛的人工染料使用。1871年的一天，法国一家染料作坊里有位工人，打不开苦味酸桶，于是用榔头狠狠地砸，意外地发生了爆炸。人们发现只要引爆物的强度足够大，苦味酸也可以产生爆炸效果，于是其开始被大量应用于军事上黄色炸药的制造。相对于硝化甘油，其爆炸时有碳产生，会形成烟雾。

爆炸混合物是两种及多种物质混合时，在一定条件下发生的活性反应（如分解、聚合等）引起的能量释放而产生的爆炸危险。因此，不能将化学性质上相抵触的物质放在一起，否则可能会发生燃烧爆炸或其他化学反应，酿成灾害。如黑色火药就是将硫磺、木炭和硝石机械混合放在一起制成的爆炸物，反应式如式（5-3）所示。

$$2KNO_3 + S + 3C = K_2S + N_2 + 3CO_2 \tag{5-3}$$

由于有机过氧化物都含有过氧基—O—O—，而—O—O—是极不稳定的结构，对热、震动、冲击或摩擦都极为敏感，所以当受到轻微的外力作用时即分解。过氧基之所以不稳定，是因为过氧基断裂所得的两个基团均含有未成对的电子，这两个基团称为自由基。自由基的独特性质是具有不稳定性、显著的反应性和较低的活化能，且只能暂时存在。当自由基周围有其他基团和分子时，自由基能迅速与其他基团和分子作用，并放出能量。这时自由基被破坏，形成新的分子和基团。由于自由基都具有较高的能量，当在某一反应系统中大量存在时，自由基之间相互碰撞或自由基与器壁碰撞，就会释放出大量的热量。加之有机过氧化物本身易燃，因此就会形成由于高温引起的有机过氧化物自燃，而自燃又产生更高的热量，致使整个反应体系的反应速度加快，体积迅速膨胀，最后导致反应体系爆炸。

例如，过氧化二乙酰，纯品制成后存放24 h就可能发生强烈的爆炸；过氧化二苯甲酰当含水在1%以下时，稍有摩擦即能爆炸；过氧化二碳酸二异丙酯在10 ℃以上时不稳定，达到17 ℃时即分解爆炸。不难看出，有机过氧化物对温度和外力作用是十分敏感的，其危险性和危害性比其他氧化剂更大。

四氢呋喃是实验室常用的一种有机试剂，在接触空气或光照条件下可生成具有爆炸危险性的过氧化物，也曾经出现过实验室安全事故，产生过氧化物的机理如图5-3所示。因此四氢呋喃应该避光保存，长期放置的药品在使用前

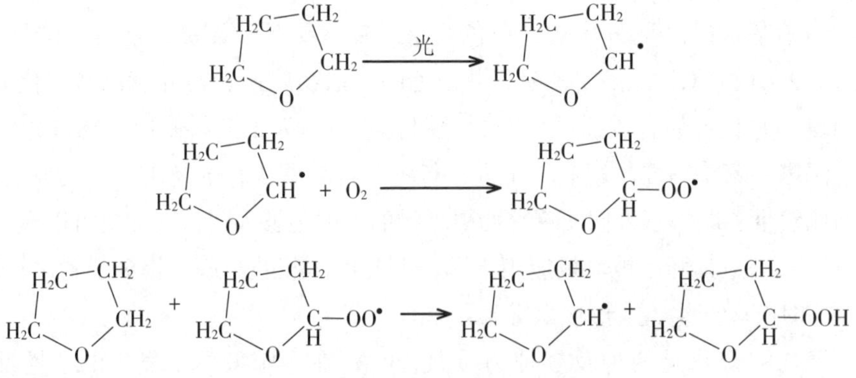

图5-3　四氢呋喃形成过氧化物的机理图

需要检查其发生变化情况。检验四氢呋喃中有过氧化物的方法是：把新配制的5 mL 1%的硫酸亚铁铵、0.5 mL浓度为1 mol/L的硫酸及0.5 mL浓度为0.1 mol/L的硫氰酸铵溶液混合后，加入等体积的四氢呋喃一起震摇，如显现红色则表示有过氧化物存在。

具有爆炸性的物质不一定易燃。例如，硝酸铵在较低温度下的分解反应，还需要吸收热量，只有在较高的温度下生成化学性质稳定的氮气，才会放出大量的热。氮原子间的三键非常牢固，在形成氮气分子的过程中会释放大量的热。

硝酸铵在110 ℃时逐渐分解，在150～200 ℃时显著分解发生如下反应：

$$NH_4NO_3 \longrightarrow NH_3 + HNO_3 - 173\ kJ/mol \qquad (5\text{-}4)$$

在185～200 ℃时会分解，发生如下反应：

$$NH_4NO_3 \longrightarrow N_2O + 2H_2O + 37\ kJ/mol \qquad (5\text{-}5)$$

当温度达到235 ℃以上时，硝酸铵转而生成更稳定的产物，能够促进硝酸铵分解反应加速进行，直至引起爆炸。

$$NH_4NO_3 + 4N_2O \longrightarrow 4N_2 + H_2O + 2HNO_3 + 232\ kJ/mol \qquad (5\text{-}6)$$

在300 ℃以上时，能量作为热量释放出来，导致火灾或爆炸的发生。

$$NH_4NO_3 \longrightarrow N_2 + \frac{1}{2}O_2 + 2H_2O + 129\ kJ/mol \qquad (5\text{-}7)$$

上述反应是硝酸铵的理想爆炸分解反应，高温下释放大量热并产生气体。

19世纪，意大利化学家阿斯卡尼奥将丙三醇倒入冷却后的硫酸和硝酸溶液中，再将混合溶液倒入水中，然后收集浮在上层的油脂，随即得到硝化甘油。硝化甘油为白色或淡黄色黏稠液体，低温易冻结。熔点13 ℃。不溶于水，易溶于乙醚、丙酮等。硝化甘油受暴冷暴热、撞击时，均有引起爆炸的危险。诺贝尔将硝化甘油稀释在硅藻土中，降低了其分解速度，从而提高了安全性。

$$4C_3H_5N_3O_9 \longrightarrow 6N_2 + 12CO_2 + 10H_2O + O_2 \qquad (5\text{-}8)$$

双氧水是爆炸性强氧化剂。过氧化氢自身不燃，但能与可燃物反应放出大量热量和氧气而引起着火爆炸。过氧化氢在pH为3.5～4.5时最稳定，在碱性溶液中极易分解，在遇强光，特别是短波射线照射时也能发生分解。当加热到100 ℃以上时，开始急剧分解。过氧化氢与许多无机化合物或杂质接触后会迅速分解而导致爆炸，放出大量的热量、氧和水蒸气。大多数重金属（如铜、银、铅、汞、锌、钴、镍、铬、锰等）及其氧化物和盐类都是活性催化剂，尘土、香烟灰、碳粉、铁锈等也能加速分解。浓度超过69%的过氧化氢，在具有适当的点火源或温度的密闭容器中，会产生气相爆炸。

5.2.3 毒性

化学毒性物质系指进入肌体后，累积达一定的量，能与体液和器官组织发生生物化学作用或生物物理学作用，扰乱或破坏肌体的正常生理功能，引起某些器官和系统暂时性或持久性的病理改变，甚至危及生命的物质。毒性物质的毒性常用半致死剂量（LD_{50}）和半致死浓度（LC_{50}）来表征。半致死剂量（LD_{50}）：在一定时间内经口或经皮给予受试样品后，使受试动物发生死亡概率为50%的剂量。以单位体重接受受试样品的质量（mg/kg体重或g/kg体重）来表示。半致死浓度（LC_{50}）是在一定时间内经呼吸道吸入受试样品后引起受试动物发生死亡概率为50%的浓度。以单位体积空气中受试样品的质量（mg/L）来表示。目前在我国，有关毒性物质的判定方面所依据的标准或文件是《危险货物分类和品名编号》和《化学品分类和标签规范》。剧毒化学品可以参考《危险化学品目录》。

化学品的危害性一般指对人的危害而言，需要从溶剂自身的特性、个体的差异、人与溶剂的关系3个方面分析，对溶剂的危害性有比较全面的认识。

5.2.3.1 影响毒性的因素

① 溶解性。毒性物质在水中溶解度越大，越易被人吸收而导致中毒；而有的毒害品不溶于水但可溶于脂，也会对人体产生较大的危害。

② 挥发性。大多数有机毒性物质挥发性较强，易引起蒸气吸入中毒。毒性物质的挥发性越强，导致中毒的概率越大。

③ 分散性。固体毒性物质颗粒越小，分散性越好，越易被人吸入肺部而导致中毒，特别是悬浮于空气中的毒性物质。

5.2.3.2 毒性物质侵入人体的途径

中毒的发生是指毒性物质进入人体并对其产生伤害。人体与毒性物质的接触方式不同，也即毒性物质进入人体的途径不同，造成的伤害程度也有所不同。预防中毒的重要措施就是切断毒性物质进入人体的途径。通常毒性物质进入人体的途径有3种。

（1）呼吸道

毒性物质通过呼吸道进入人体是最常见、最危险的途径。毒性物质进入人体内被支气管和肺泡吸收，然后经血液或淋巴液传送至其他器官，造成不同程度的中毒现象。因人体肺泡面积为体表面积的数十倍以上，且血液循环扩散速率很快，常会对呼吸道、神经系统、肺、肾、血液及造血系统产生重大毒害。空气中的毒性物质的浓度越高，吸收则越快。在火灾中，吸入毒性气体是造成死亡的主因。

（2）消化道

在化学实验室，毒性物质经消化道进入人体的情况比较少见，一般是由于不遵守卫生制度、误服或其他意外事故造成。毒性物质进入消化道的顺序是口腔、食道、胃和小肠，引起恶心、呕吐现象，然后再由消化系统，危害到其他器官。发生误服毒性物质时应立即呕吐或洗胃，尽量减少毒性物质在胃肠中的停留时间。

（3）皮肤

毒性物质对皮肤的毒害作用还不明晰，伤害作用一般分为以下4种：① 造成皮肤表面脂肪层脱除，使皮肤易受细菌感染；② 由于皮肤表面角质（一种硬蛋白质）的脱除容易引起急性和慢性皮肤炎症；③ 溶剂通过皮肤吸收到体内引起中毒；④ 与一般皮肤病有关的变态反应。以上4种作用以第一种最普遍，因为许多溶剂都容易溶解动物性脂肪。因此在使用溶剂时常常在皮肤表面涂适当的防护膏，以防止溶剂的侵蚀。当处于皮肤受损状态，以及高温高湿环境时，可导致中毒加重。

5.2.3.3 毒物的作用方式

化学品通过物理、化学、生理学或相互结合而发挥其作用。

（1）物理作用

对于具有溶解或乳化作用的有害物质，经长期或反复与之接触后能造成皮肤干裂，此影响通常是由于皮肤表面类脂化合物被清除所导致，但也可由角质变性或皮肤水屏障层的损伤引起。酸溶性或碱溶性气体、蒸气和液体可溶于多水的眼保护膜、鼻及咽喉黏膜，也可溶于汗液，并在这些部位产生刺激作用。此外，这样的情况还可能腐蚀牙齿或引起头发结构的改变。

在机体内表面上（肺和肠道）非生理剂量物质的物理性接触可引起刺激。这可能导致炎症或引起收缩，对胃肠道上部的影响有呕吐，而进一步向下刺激可导致肠蠕动和排便。

惰性气体通过置换氧气，能产生严重的影响，甚至可以导致窒息。在压力作用下，氮气以非生理剂量溶解于血、淋巴液和细胞内，以致引起压缩病或脆弱的膜如耳膜的破裂。在压力急速降低时将导致减压病。惰性较小的气体如CO_2和O_2在高于大气压的压力下能引起麻醉，产生更严重的影响。

吸入固体或液体构成的气体（烟）和蒸气时，可产生与吸入浓度不成比例的生理作用。当气体和微粒的作用超过各个作用的总和时称为协同作用，而当小于总和时则称为对抗作用。当气体到组织的解吸作用快速发生时，就产生协同作用，解吸作用很慢或不存在则产生对抗作用。SO_2和NaCl晶体的混合吸入（单独吸入的NaCl是惰性的）是协同作用的例子，混合物质对支气管收缩影响更大。氧化氮和氧化铁粒子的混合烟吸入是对抗作用的例子，作用减小的原因是氧化铁粒子吸附了一层氧化氮。

放射性粒子通过局部能量释放能引起明显的染色体链错位和断裂。

（2）化学作用

许多重要类型的职业性中毒是由化学反应产生的。中毒机制中人们最熟悉和最了解的是毒物与机体成分的直接化学结合，一氧化碳就是其中的一例。发生吸入一氧化碳中毒时，气体迅速而牢固地与血红蛋白结合形成新的复合物碳氧血红蛋白，后者不能执行血红蛋白对组织输送氧的正常机能。同样硫化氢与血红蛋白结合会使它转变为硫化血红蛋白，也是不能携带氧的色素。

有的损伤机制是正常机体成分的某些物质以可致损伤或死亡的异常量释放。例如，2，4-二异酸甲苯酯进入机体，会促进局部组胺或组胺样物的大量释放，从而产生特征性炎症、水肿、损伤和应变性反应。一些胺能够将组织内的组胺置换释放出来，同样对人体造成伤害。

螯合也是毒性作用的方式。例如，乙二胺四乙酸（EDTA）通过螯合作用能与金属结合，这样与细胞内的生物活性金属发生反应；铁通过正常机制吸收时是无毒的。而在异常情况下，通过螯合作用形成可溶性易吸收的物质则是有毒性的。若在螯合前的结构碰巧是代谢通路中的关键结构，螯合后则机体的正常机能就会停止。

（3）生理作用

机体的多数代谢活动是酶催化活动的结果，所以认为多数中毒机理是化学品对正常酶活动的干扰。酶是由活细胞产生的、对其底物具有高度特异性和高度催化效能的蛋白质或RNA。酶的催化作用有赖于酶分子的一级结构及空间结构的完整。若酶分子变性或亚基解聚均可导致酶活性丧失。

毒物改酶活性的简单方式是毒物与酶的活性化学基团直接结合，它们与酶的活性基团结合得很牢，使酶不能进一步发挥作用，或酶系统出现危急现象而无旁路代偿机制时，细胞死亡或机能低下，最终导致细胞器官的损伤。例如，非金属物质如氰化物能结合金属酶，并阻滞其活动，导致氰化物中毒。金属汞和砷也具有这样的作用。

物质通过氧化酶的功能基团而破坏酶。在这些情况下，酶的特殊化学基团通过氧化转变为非功能基团或氧化作用破坏酶的化学链，导致变性和失去活性。例如，二氧化氮、臭氧具有这样的作用。

在职业暴露中更常遇到酶抑制机理。胆碱酯酶（乙酰胆碱酯酶）通过破坏肌肉刺激因子乙酰胆碱而调节神经肌肉活动，乙酰胆碱是一种具有强的药理作用的物质，它被释放后如果不被破坏，本身能作为毒物发挥作用。许多有机磷农药，能阻滞机体内同样酶的活动。因而允许过量的肌肉刺激因子蓄积，过量的蓄积将导致麻痹和虚脱。

竞争性抑制也是酶常见的中毒机制。在酶的活性部位的毒物与正常代谢物质或酶存在竞争机制。竞争性毒物的化学结构与酶的结构越相似，则这种竞争机制越强。在此作用下，酶不再能正常地发挥作用，或者完全失去活性。

竞争性作用机理可以解释同时暴露于两种结构类似的毒物马拉松（马拉硫磷）和伊皮恩（苯硫磷）后毒性增加的原理。尽管伊皮恩的毒性大，而马拉松的毒性小得多，但两者同时存在于体内时，马拉松的毒性等于伊皮恩的毒性，两者联合的毒性远超过预计的毒性。伊皮恩有效的抑制具有水解马拉松并减低其毒性作用的酶，从而通过抑制酶活性维持体内马拉松浓度在高水平，以增加毒性。

与酶有关的中毒机理的另一种方式是通过作用于原来进入机体的毒物而合成新的毒性产物，然后新产物通过干扰正常代谢过程而发挥其毒性作用。典型的例子是鼠药氟醋酸钠。它被吸入体内后，酶将氟醋酸盐中的氟原子转移到柠檬酸上，后者是终本代谢通路中重要的中间物。在此代谢通路中不能充分发挥作用的氟柠檬酸盐打断了代谢活动的程序，从而导致呼吸停止，甚至死亡。

其他的作用机制还有毒性酶、诱导酶等。

5.2.3.4 有机溶剂的毒性

以下是不同有机溶剂的毒性。

（1）脂肪烃

烷烃类溶剂多属于低毒和微毒类，其毒性随碳原子数的增加而增强，高级烷烃沸点高、溶解度小、化学性质不活泼，因此中毒的可能性反而减少。

脂环烃的毒性大于相应的直链烷烃，但急性毒性低，能完全由机体排出而不在体内积累，所以脂环烃一般没有慢性中毒危险。

（2）芳香烃

芳香烃具有麻醉、刺激作用，毒性表现在对神经系统有毒害作用，少数可使造血系统损害。长时间与皮肤接触会造成皮炎，对呼吸道有较强的刺激作用。

芳香烃的毒性中以苯的毒性较为特殊，在高浓度时，苯与其他物质一样具有麻醉和刺激作用，但苯能在神经系统和骨髓内蓄积，神经系统和造血组织受到损害使血液中白血球、血小板数减少，红血球数也逐渐减少。

（3）卤代烃

卤代烃的毒性相差较大，有的在短期内大量吸入时具有强烈的麻醉作用，抑制中枢神经，并造成肝、肾的损害。在同一类卤代烃中，毒性随碳原子数增加而减小，随卤素原子数目增加而增强。

（4）醇

醇类具有较弱的麻醉和刺激作用，其麻醉作用随碳原子数增多而增强，这是由于体内代谢、排泄速度减慢的原因。醇类毒性对不同的动物表现相差较大，主要表现在对视神经有特殊的选择作用，例如，甲醇在醇脱氢的作用下转化成甲醛、甲酸而使视神经萎缩，严重者导致失明。

（5）酮

酮类的化学性质稳定，其饱和蒸气一般具有麻醉作用，经呼吸道吸入，对皮肤、眼有刺激作用，其刺激性麻醉作用随分子量增加而增大。

（6）醛

醛为刺激性物质，对皮肤、眼和呼吸道黏膜有刺激作用，其刺激程度随碳原子数增多而减弱；麻醉作用随碳原子数增多而增强。

（7）醚

醚类一般对中枢神经具有麻醉作用，但毒性不大，故可用作麻醉剂。

（8）酯

酯的毒性比较小，属微毒至中等毒类，具有麻醉性。从甲酸甲酯起，随碳原子数增多麻醉性增强。

5.2.3.5　有机溶剂毒性表现

化学物质中毒的机理非常复杂，相对而言，在实验室里使用有机溶剂中毒的现象较多，因此，本书在此介绍有机溶剂的毒性情况。一般有机溶剂对人体生理危害的影响主要有下列几种。

① 对神经系统破坏。因抑制神经系统的传导冲动功能，产生麻醉、神经系统障碍或引起神经炎等。

② 对肝脏机能损伤。因损伤肝脏机能，引起恶心、呕吐、发烧、黄疸炎及中毒性肝炎。

③ 对肾脏机能破坏。肾脏为毒物排泄器官，故最易中毒，且因血氧量减少，亦足以使肾脏受害，发生肾炎及肾病。

④ 对造血系统破坏。因破坏骨髓造成贫血现象。

⑤ 对黏膜及皮肤刺激。因刺激黏膜，使鼻黏膜出血，喉头发炎，嗅觉丧失或因皮肤敏感产生红肿、发痒、红斑及坏疽病等。

5.2.3.6　乙醇的中毒机理

（1）乙醇对人体影响

乙醇进入磷脂膜，影响膜内分子相互作用，导致膜磷脂排列异常，对膜-蛋白质相互作用产生影响。乙醇直接与几种信号蛋白和离子通道相互作用，影响细胞信号传导。乙醇使甘油三酯水解，向肝内输送脂肪酸增强。乙醇还特异地增加对胆碱的消耗，导致脂蛋白合成障碍，致使肝细胞中的脂肪不易输出，易形成脂肪肝。

（2）乙醇代谢物对人体影响

乙醇进入人体的血液循环，被体内的乙醇脱氢酶氧化为乙醛，再氧化为乙酸，最后分解为水和二氧化碳。饮酒后血液中乙醇浓度随时间延长呈直线下降，而毒性较大的乙醛仍维持在较高的水平，干扰肝脏的正常代谢功能。例如，抑制对维生素B1的吸收，使体内维生素B1水平降低；造成糖代谢障碍，引起神经组织的供能减少。

5.2.4　腐蚀性

当一种物质与其他物质接触时，会使其他物质发生化学变化或电化学变化而受到破坏，这种性质就叫腐蚀性，这是腐蚀性物品的主要危险特性，其特点如下。

腐蚀品主要是指能灼伤人体组织并对金属、纤维制品等物质造成腐蚀的固体、液体或气体（或蒸气）试剂。在化学实验室，经常需要接触或者使用具有一定腐蚀性的试剂，如常见的三酸两碱，如果不注意防护也将给个人带来较大伤害。

5.2.4.1 对人体的伤害

腐蚀性物品的形态有液体和固体（晶体、粉状）两种，当人们直接触及这些物品后，会引起灼伤或发生破坏性创伤以至溃疡等。当人们吸入这些挥发出来的蒸气或飞扬到空气中的粉尘时，呼吸道黏膜便会受到腐蚀，引起咳嗽、呕吐、头痛等症状，特别是接触氢氟酸时，能发生剧痛，使组织坏死，如不及时治疗，会导致严重后果。人体被腐蚀性物品灼伤后，伤口往往不容易愈合。

5.2.4.2 对有机物质的伤害

腐蚀性物品能夺取木材、衣物、皮革、纸张及其他一些有机物质中的水分，破坏其组织成分，甚至使之碳化。如有时封口不严的浓硫酸中进入杂草、木屑等有机物，浅色透明的酸液会变黑就是这个道理。浓度较大的氢氧化钠溶液接触棉质物，特别是接触毛纤维，即能使纤维组织受破坏而溶解。这些腐蚀性物品在储运过程中，若渗透或挥发出气体（蒸气）还能腐蚀库房的屋架、门窗和运输工具等。

5.2.4.3 对金属的腐蚀

在腐蚀品中，不论是酸性还是碱性的，对金属均能产生不同程度的腐蚀作用。浓硫酸虽然不易与铁发生作用，但当长久储存，其吸收空气中的水分后浓度变小，也能继续与铁发生作用，使铁受到腐蚀。又如冰酸，有时使用铝桶包装，但长久储存也能引起腐蚀，产生白色的醋酸铝沉淀。有些腐蚀品，特别是无机酸类，挥发出的蒸气对库房建筑物的钢筋、门窗、照明用品、排风设备等金属物料和库房结构的砖瓦、石灰等均能发生腐蚀作用

如强酸、强碱类化学品直接接触到人体时，可以迅速造成皮肤表面灼伤，引起人体警觉。低浓度的酸、碱类物质对人体直接作用小，但接触时间长，也会造成皮肤干燥开裂、过敏及皮炎等，危害不容小觑。有些实验人员不在通风橱里使用氢氟酸，挥发的氢氟酸容易造成实验者牙龈出血，严重者会累

及骨骼。同样水中含有微量氯离子，在空气的作用下对不锈钢有一定的腐蚀作用。所以不锈钢器具应保持干燥，避免锈蚀。总之，实验者在使用任何化学品时，都必须给予特别关注，定期检查接触腐蚀性物质的设备和防护用具。

5.2.5 放射性

放射性是指元素从不稳定的原子核自发地放出射线（如α射线、β射线、γ射线等），衰变形成稳定的元素而停止放射（衰变产物），这种现象称为放射性。放射性危害影响因素包括电离辐射的种类、照射剂量、剂量率、照射方式、照射部位、受照个体差异。此外，放射性化学物质的危险性还在于它的穿透力很强，人的感觉器官不能及时觉察。

电离辐射对人体细胞组织的伤害作用，主要是阻碍和伤害细胞的活动机能及导致细胞死亡。电磁辐射对人体的危害分为热效应、非热效应和累积效应。由于电磁波穿透生物表面直接对内部组织作用，往往机体表面看不出来，而内部组织细胞大量死亡超过机体的再生和代偿能力。非热效应则是人体被电磁波辐射后，体温未明显提高，但人体的固有微弱电磁场已经受到干扰，人体长期或反复受到允许放射剂量的照射能使人体细胞改变机能，导致白血球过多，眼球晶体浑浊，皮肤干燥、毛发脱落、和内分泌失调。较高剂量能造成贫血、出血、白血球减少、胃肠道溃疡、皮肤溃疡或坏死等；对生育系统的影响是性功能降低。累积效应即人体受到辐射来不及恢复又被辐射伤害，久之成为永久性病态。

辐射防护的3要素“时间、距离和屏蔽”。国家对放射性物质的管理有严格和专业的要求，而且化学实验室使用放射性物质很少，在这里不做过多介绍，相关资料可以自行查阅《电离辐射防护与辐射源安全基本标准（GB 18871)》。

5.2.6 其他

5.2.6.1 致癌性

致癌性指毒性化学物质或其他化学药剂能致使生物体因摄入此化学物质而导致癌细胞的产生的特性。致癌物的危害性有以下分类。

类别1为已知或可疑人类致癌物。1A是已知对人类具有致癌能力；1B是根据推断有致癌能力，因而怀疑对人类有致癌能力。类别2是可疑人类致癌物，是根据人类和/或动物研究得到的证据进行的，但是没有充分证据可将该化学品分在类别1中。

5.2.6.2 生殖毒性

生殖毒性指对成年男性或女性的性功能和生育力的有害作用；对子代发育的有害作用。

5.3 危险化学品基础知识

《中华人民共和国危险化学品安全法（征求意见稿）》中所称危险化学品，是指具有毒害、腐蚀、爆炸、燃烧、助燃等性质，对人体、设施、环境具有危害的剧毒化学品和其他化学品。制订危险化学品的标准不仅要考虑安全，还要综合各方面的因素。例如，棉花的自燃危险性高，如果作为危险货物进行管理则运送成本很高，因此交运发字〔2011〕141号（《交通运输部关于同意将潮湿棉花等危险货物豁免按普通货物运输的通知》）将其列为普通货物，但是这样只是为降低管理成本，并不是表明其危险性降低。

5.3.1 联合国危险化学品的管理

随着科学技术的进步和工业经济的发展,世界各国对化学品的需求不断增大，进而促进了国际贸易的发展。但是由于不同国家科学技术和管理水平差距很大，导致化学品在运输过程中经常发生恶性事故，对生命财产造成极大威胁。如1947年4月16日，美国得克萨斯西基城港口发生爆炸，造成数百人死亡，数千人受伤。针对此种情况，联合国经济与社会理事会于1952年设立了联合国危险货物运输专家委员会，专门研究国际间危险货物的安全运输问题，并制定了联合国关于《危险货物运输的建议书》(又称橙皮书，以下简称《建议书》)。《建议书》既是对国际危险货物包装运输实行统一管制的最高国际法规，又是关于危险货物及其包装运输方面水平最高的大百科全书。《建议书》允许各国政府和有关国际组织根据自身的特殊情况，制订符合其特点的特殊规定。如国际海事组织于1965年9月，通过了适合海运特点的《国际海运危险货物规则》。多年来，许多国家或组织制定了化学品分类和标签的规章或标准，但这些规章或标准各有差别，因此有必要建立一套全球统一的化学品分类和标签制度，统一全世界对化学品危害的认识，提高对危险化学品的防护水平。

2002年12月，联合国召开了危险货物运输和全球化学品统一分类及标签制度专家委员会，会议上通过了《全球化学品统一分类和标签制度》（又称紫皮书，以下简称GHS）文件，并于2003年7月正式出版。联合国希望各国政府执行GHS，加强对危险化学品的管理和防护。各国家可以依据GHS，采取“积木式”方法，选择性实施符合本国实际情况的GHS种类和类别。GHS核心要素包括两个方面：第一方面，按照化学品物理危险、健康危害和环境危害对化学品进行分类的统一标准，具体说明见化学品危险性分类表；第二方面，统一化学品危险公示要素，包括对标签和化学品安全技术说明书的要求。

5.3.2 我国危险化学品的分类与管理

我国为做好实施GHS的相关工作，工业和信息化部、外交部、发展和改革委员会、财政部、生态环境部、交通运输部、农业农村部、卫生和计划生育委员会、海关总署、工商行政管理总局、质量监督检验总局、安全生产监管管理总局共同组建了实施GHS的部际联席会议，要求各成员单位按照实施GHS要求和职责分工，研究实施GHS的相关问题，共同推进GHS的实施。与GHS配套的法令有《危险化学品安全管理条例》（中华人民共和国国务院令第591号）、《中华人民共和国道路危险货物运输管理规定》（中华人民共和国交通运输部令2013年第2号）等，对化学品危险性分类、标签、安全说明书进行严格的要求，为GHS在中国的实施奠定了基础。相应的国家标准有《化学品分类和危险性公示通则》（GB 13690，以下简称公示通则）、《化学品分类和标签规范》，相关的法令和国家标准有《化学品物理危险性鉴定与分类管理办法》（国家安全生产监督管理总局令第60号）、《危险化学品目录（2015版）》等。

《公示通则》中对危险化学品的分类与GHS一致，其分为3大项：物化危险、健康危害、环境危害，如表5-1所示。物化危险项包括16类，如表5-2所示。

表5-1 化学品危险性分类表

<table>
<tr><th>类别</th><th>危险种类</th><th colspan="5">危险类别</th></tr>
<tr><td rowspan="4">物理危险</td><td>爆炸物</td><td>不稳定爆炸物</td><td colspan="4">1.1项~1.6项</td></tr>
<tr><td rowspan="2">易燃气体
（含化学性质不稳定气体）</td><td rowspan="2">易燃气体</td><td>1</td><td>化学性质不稳定气体</td><td>A类</td><td></td></tr>
<tr><td>2</td><td></td><td>B类</td><td></td></tr>
<tr><td>烟雾剂/气溶胶</td><td>1</td><td>2</td><td>3</td><td></td><td></td></tr>
</table>

表5-1（续）

类别	危险种类	危险类别					
物理危险	氧化性气体	1					
	高压气体/压力下气体 压缩气体 液化气体 冷冻液化气体溶解气体	1					
	易燃液体	1		2	3	4	
	易燃固体	1		2			
	自反应物质和混合物	A~G					
	发火液体/自燃液体	1					
	发火固体/自燃固体	1					
	自热物质和混合物	1		2			
	遇水放出易燃气体的物质和混合物	1		2	3		
	氧化性液体	1		2	3		
	氧化性固体	1		2	3		
	有机过氧化物	A~G					
	金属腐蚀剂	1					
健康危害	急性毒性： 经口；经皮肤；吸入	1		2	3	4	5
	皮肤腐蚀/刺激	1	1A 1B 1C	2	3		
	严重眼损伤/眼刺激	1		2 2A 2B			
	呼吸过敏/皮肤过敏	1	1A 1B	2			
	生殖细胞致突变性	1	1A 1B	2			
	致癌性	1	1A 1B	2			
	生殖毒性	1	1A 1B	2	附加： 哺乳影响		

表5–1（续）

类别	危险种类	危险类别					
健康危害	特异性靶器官毒性——一次接触	1	2	3			
	特异性靶器官毒性——反复接触	1	2				
	吸入危险	1	2				
环境危害	危害水生环境——急性（短期）	1	2	3			
	危害水生环境——慢性（长期）	1	2	3	4		
	危害臭氧层	1					

《化学品物理危险性鉴定与分类管理办法》关于危险性鉴定项目的说明中，相比于《公示通则》中物理危险16类，增加了“与物理危险性分类相关的其他指标”。健康危害项包括10类，与GHS相同，分别是：急性毒性；皮肤腐蚀/刺激；严重眼损伤/眼刺激；呼吸或皮肤过敏；生殖细胞致突变性；致癌性；生殖毒性；特异性靶器官系统毒性——一次接触；特异性靶器官系统毒性——反复接触；吸入危险。环境危害项为危害水生环境，与GHS相比缺少危害臭氧层类项。相关的信息可以参考《化学品分类和标签规范》的信息。

表5–2 物化危险性鉴定的内容

类别	序号	危险种类	参数或指标
物理危险性相关参数与指标	1	爆炸品	撞击敏感度、摩擦敏感度、在封闭条件下加热的效应等
	2	易燃气体	燃烧极限
	3	气溶胶	点火距离、燃烧热等
	4	氧化性气体	气体氧化性
	5	加压气体	气体压力
	6	易燃液体	闪点(闭杯)、初沸点
	7	易燃固体	燃烧速率
	8	自反应物质	自加速分解温度、在封闭条件下加热的效应等
	9	自热物质和混合物	自热性
	10	自燃液体	发火性
	11	自燃固体	发火性
	12	遇水放出易燃气体的物质	遇水反应释放易燃气体速率
	13	氧化性液体	液体氧化性

表5-2（续）

类别	序号	危险种类	参数或指标
物理危险性相关参数与指标	14	氧化性固体	固体氧化性
	15	有机过氧化物	传导爆炸性、在封闭条件下加热的效应等
	16	金属腐蚀物	对金属的腐蚀性

不同行业又根据自身的特殊情况，制订符合其特点的国家标准。如货运行业有《危险货物分类和品名编号》（GB 6944）和《危险货物品名表》（GB 12268）。《危险货物分类和品名编号》中对危险货物分类较为简单，包括9类：爆炸品；气体；易燃液体；易燃固体、易于自燃的物质、遇水放出易燃气体的物质；氧化性物质和有机过氧化物；毒性物质和感染性物质；放射性物质；腐蚀性物质；杂项危险物质和物品，包括危害环境物质。

建筑行业制订了《建筑设计防火规范》（GB 50016），根据生产中使用或产生物质的燃烧性质及其数量等因素将物质分为甲、乙、丙、丁、戊类别。储存物品的火灾危险性特征中，甲类危险物质有6项，乙类物质有6项，丙类有2项，丁类为难燃物品，戊类为不燃烧物品。生产的火灾危险性分类方法与之相近，但是在甲、乙类别中有明显不同。《建筑设计防火规范》中根据物品储存和使用对危险物质进行分别管理的方法，适合高校实验室管理部门借鉴。

教育部下发的高等学校实验室安全检查项目表中要求，单个实验装置存在10公升以上甲类物质储罐，或20公升以上乙类物质储罐，或50公升以上丙类物质储罐，需加装泄漏报警器及通风联动装置。

5.3.3 化学品安全技术说明书

化学品安全说明书简称MSDS（Material Safety Data Sheet），国际上为化学品安全信息卡SDS（Safety Data Sheet），是化学品生产商和经销商按法律要求必须提供的有关安全、健康和环境保护方面的各种信息，以及有关化学品的基本知识、防护措施和紧急情况下应对措施的综合性文件。相同的物质，如果采用不同的方法生产，危险性质也不同。例如，使用强酸生产的异丙醇里含有致癌物硫酸二异丙酯，危险性较高。

每位实验人员在使用危险化学品之前，通过学习安全技术说明书，准确理解化学品危险特性、预防和应急处置措施等。SDS包含16项基本信息，文件应该以书面或电子的形式免费提供给使用者，并在危险化学品包装（包括外包装件）上粘贴或者拴挂与包装内危险化学品相符的化学品安全标签。安全技术说明书可以作为安全相关信息的参考文件。

我国现行关于MSDS的编制标准是《化学品安全技术说明书内容和项目顺序》（GB/T 16483）及《化学品安全技术说明书编写指南》（GB/T 17519）。其中GB/T 17519是GB/T 16483的配套实施标准。标准规定SDS需要分为16个部分，每部分的标题、编号和前后顺序不得随意变更。

5.3.3.1 SDS基础信息

（1）化学品及企业标识

主要标明化学品名称、生产企业名称、地址、邮编、电话、应急电话、传真和电子邮件地址等信息。

（2）危险性概述

简要概述本化学品最重要的危害和效应，主要包括：危害类别、侵入途径、健康危害、环境危害、燃爆危险等信息。

（3）成分/组成信息

标明该化学品是纯化学品还是混合物。纯化学品，应给出其化学品名称或商品名和通用名。混合物，应给出危害性组分的浓度或浓度范围。

5.3.3.2 SDS事故处置

（1）急救措施

是指人员意外地受到化学品伤害时，所需采取的自救或互救的简要的处理方法，包括，吸入、食入、眼睛接触、皮肤接触的治疗措施。

（2）消防措施

是指化学品合适的灭火介质以及消防人员个体防护等方面的信息，包括，危险特性、有害燃烧产物、灭火方法及灭火剂，以及灭火注意事项。

（3）泄漏应急处理

是指化学品泄漏后，现场可以采取的简单有效的应急处理措施，清理化学物质泄漏的规定、具体事项等。

5.3.3.3 SDS日常管理

（1）操作和储存

提供有关材料的安全储存，安全使用的相关信息等。

(2) 接触控制和个体防护

在生产、操作、处置、搬运和使用化学品的作业过程中，为保护作业人员免受化学品危害而采取的防护方法和手段。

(3) 理化特性

一般包括这样的化学信息：沸点、熔点、蒸气压力、比重、在水中的溶解度、蒸发率物理属性（如物理状态，外观和气味）。

(4) 稳定性和反应性

描述化学品的稳定性和反应活性方面的信息，包括：稳定性、禁配物、避免接触的条件、聚合危害、分解产物，等。

5.3.3.4 SDS其他信息

(1) 毒理学信息

化学品详细完整的毒理学资料，包括：急性毒性、亚急性和慢性毒性、刺激性、致敏性、致突变性、致畸性、致癌性及其他。

(2) 生态学信息

对可能造成环境影响的主要特性的描述，包括：生态毒性、生物降解性、非生物降解性、生物富集或生物积累性及其他。

(3) 废弃处置

化学品和包装物的安全处置方法及要求，包括：废弃物性质、废弃物处置方法、废弃注意事项。

(4) 运输信息

国内、国际化学品包装和运输的要求，及运输注意事项等。包括：危险货物编号、UN编号、包装标志、包装类别、包装方法、运输注意事项。

(5) 法规信息

(6) 其他信息

如果企业提供的MSDS数据不完整，使用者应该查阅《国际化学品安全卡》(简称ICSC)。ICSC是联合国环境规划署（UNEP)、国际劳工组织（ILO）和世界卫生组织（WHO）的合作机构国际化学品安全规划署（IPCS）与欧洲联盟委员会（EU）合作编辑的一套具有国际权威性和指导性的化学品安全信息卡片。卡片扼要介绍了接近2000种常用有毒化学物质的理化性质、接触可能造成的人体危害和中毒症状、如何预防中毒和爆炸、急救/消防、泄漏处置措施、储存、包装与标志及环境数据等，供在工厂、农业、建筑和其他作业场所工作的各类人员和雇主使用。卡片涵盖的化学品代表性强，具有优先控制的必要性。列入卡片名单的化学品大多是具有易燃、爆炸性及对人体健康和环境有毒性或潜在危害的常用化学品。ICSC设有化学品标识、危害/接触类型、急性危害/症状、预防、急救/消防、溢漏处置、包装与标志、应急响应、储存、重要数据、物理性质、环境数据、注解和附加资料14个项目。卡片清晰地概述了基本的健康与安全信息，文字简练、易懂易记、实用性强，是化学品安全管理、环境管理、职业病防治的权威标准性文件。

5.3.4 标签

化学品标签是GHS危险公示的表现形式，用文字、图形符号和编码的组合形式表示化学品所具有的危险性和安全注意事项，包含了从使用须知与化学品生产、储存、运输、使用等相关的信息。标签非常重要，它是向作业人员传递安全信息，预防和减少化学危害，达到保障安全和健康目的的重要文件。实验人员在没有SDS数据时，可以根据标签内容获得化学品相关的初级安全知识，并采取必要的安全措施。

标签必须附于或印刷在化学品的直接容器上或它的外部包装上。标签上的必要信息包括：表示危害性的象形图、警示语、危害性说明、注意事项、产品名称、生产商/供货商。标准象形图不能与GHS规定的象形图有显著差异，以便于识别，如表5-3所示。

表5-3 象形图形及表示的危害性类别

象形图	危害性类别	象形图	危害性类别
	可燃性气体、易燃性 易燃性压力下气体 易燃液体 易燃固体 自反应化学品 自燃液体和固体 自热化学品 遇水放出可燃性气体化学品、有机过氧化物		助燃性、氧化性气体类，氧化性液体、固体类
	火药类 自反应性化学品 有机过氧化物		金属腐蚀物 皮肤腐蚀/刺激 对眼有严重的损伤、刺激性

表5-3（续）

象形图	危害性类别	象形图	危害性类别
	压力下气体		急性毒性/剧毒
	急性毒性/剧毒 皮肤腐蚀性、刺激性 严重眼睛损伤/眼睛刺激性 引起皮肤过敏		对水生环境有害性
	对靶器官/全身有毒害性 引起呼吸器官过敏 引起生殖细胞突变 致癌性 对生殖毒性 对靶器官/全身有毒害性 对吸入性呼吸器官有害		

我国现行的危险化学品标签格式和内容要求的标准有《化学品安全标签编写规定》（GB 15258）、《化学品分类和标签规范》（GB 30000）、《基于GHS的化学品标签规范》（GB/T 22234）。图5-4是化学品标签示意图。

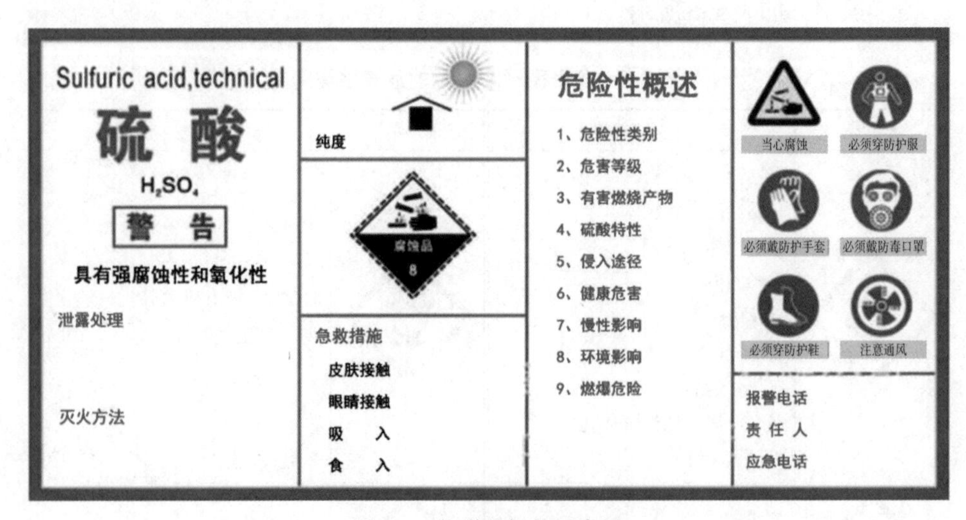

图5-4 化学品标签示意图

5.4 实验室管控化学品

《危险化学品安全法》中，对研究开发、试产试销、低量、低释放和低显露、聚合物等危险化学品免予登记，如表5-4所示。

表5-4 实验室管控化学品及相关依据

序号	类别	管理依据	备注
1	剧毒化学品	《剧毒化学品购买和公路运输许可证件管理办法》公安部令第77号	《危险化学品目录(2022版)(2018版)》
2	易制爆危险化学品	《易制爆危险化学品治安管理办法》公安部	《易制爆危险化学品名录》(2021年版)
3	易制毒化学品	《易制毒化学品管理条例》国务院令第445号	《易制毒化学品管理条例》附表
4	麻醉药品和精神药品	《麻醉药品和精神药品管理条例》国务院令第442号	《麻醉药品和精神药品品种目录》(2023年版)
5	实验室废弃物	《废弃危险化学品污染环境防治办法》环境保护总局令第27号	《国家危险废物名录》(2021年版)
6	气体钢瓶	《气瓶安全监察规定》国家质监总局令第166号	

法律要求，学校、科研院所、医疗机构等使用危险化学品的单位应当开展危险有害因素辨识，采取安全风险防范措施，加强从业人员安全培训教育，提升安全意识，建立健全危险化学品安全管理规章制度。

近年来，高等院校实验室安全事故频发，引起社会对高等院校安全工作的重视，教育部陆续出台了一些文件，要求各高校重视危险化学品的管理，但是相关文件还是缺少符合高等学校情况的配套标准，难以实施和督察。笔者认为，学校危险化学品的管理优先进行总量控制。危险化学品的危险性既与其自身的物理化学性质有关，也与存放总量和蕴藏的危险相关。当一般的危险化学品存放量小于一定限额时，笔者建议这些化学品按照普通化学品进行管理，许多标准和管理办法中就有相似的规定。但是有些危险化学品具有特殊规定，管理非常严格，应该如实地记录使用、储存化学品的数量，流向，建立危险源记录台账，制订风险评估和应急管控方案，有针对性地强化管理。

5.4.1 剧毒化学品

剧毒化学品指具有剧烈急性毒性危害的化学品，包括人工合成的化学品及其混合物和天然毒素，还包括具有急性毒性易造成公共安全危害的化学品。中华人民共和国国家安全生产监督管理总局会同工业和信息化部、公安部、生态环境部、交通运输部、农业农村部、卫生和计划生育委员会、质量监督检验总局、国家铁路局、中国民用航空局制定了《危险化学品目录（2015版）》，具体内容查询《危险化学品目录》，备注一栏中注明“剧毒”的化学品。

国家对购买和通过公路运输剧毒化学品行为实行许可管理制度。相应的科研单位经常需要使用剧毒化学品的应依照《剧毒化学品购买和公路运输许可证件管理办法》申请取得《剧毒化学品购买凭证》《剧毒化学品准购证》，如实填写《剧毒化学品购买凭证申请表》，并提交使用。

5.4.2 易制爆化学品

易制爆危险化学品是指列入公安部确定、公布的易制爆危险化学品名录，可用于制造爆炸物品的化学品，具体内容查询《易制爆危险化学品名录》（2017年版）。易制爆化学品通常包括：强氧化剂，可/易燃物，强还原剂，部分有机物。

易制爆危险化学品严禁个人购买，科研单位购买易制爆危险化学品的，应当向销售单位出具本单位“工商营业执照”“事业单位法人证书”等复印件、经办人身份证明复印件，以及易制爆危险化学品合法用途说明，说明中应当包含具体用途、品种、数量等内容。易制爆危险化学品购买单位应当在购买后5日内，通过易制爆危险化学品信息系统，将所购买的易制爆危险化学品的品种、数量以及流向信息报所在地县级公安机关治安部门备案，并如实登记易制爆危险化学品销售、购买、出入库、领取、使用、归还、处置等信息，录入易制爆危险化学品信息系统。

5.4.3 易制毒化学品

为了加强易制毒化学品管理，防止易制毒化学品被用于制造毒品，维护经济和社会秩序，国家制定了《易制毒化学品管理条例》（国务院令第445号）对于这类化学品进行专门管理。2021年，国务院办公厅关于同意将α-苯乙酰乙酸甲酯等6种物质列入易制毒化学品品种目录。其中增列α-苯乙酰乙酸甲酯、α-乙酰苯胺、3,4-亚甲基二氧苯基-2-丙酮缩水甘油酸和3,4-亚甲基二氧苯基-2-丙酮缩水甘油酯为第二类易制毒化学品，增列苯乙腈、γ-丁内酯为第三类易制毒化学品。易制毒化学品分为三类。第一类是可以用于制毒的主要原料，第二类、第三类是可以用于制毒的化学配剂。

高等学校购买第一类中的非药品类易制毒化学品的，由所在地的省、自治区、直辖市人民政府公安机关审批。购买第二类、第三类易制毒化学品的，应当在购买前将所需购买的品种、数量，向所在地的县级人民政府公安机关备案。易制毒化学品的使用单位，应当建立使用台账，记录易制毒化学品的使用情况。

易制毒化学品的具体分类和品种如下。

第一类：1-苯基-2-丙酮、3,4-亚甲基二氧苯基-2-丙酮、胡椒醛、黄樟素、黄樟油、异黄樟素、N-乙酰邻氨基苯酸、邻氨基苯甲酸、麦角酸*、麦角胺*、麦角新碱*、麻黄素伪麻黄素、消旋麻黄素、去甲麻黄素、甲基麻黄素、麻黄浸膏、麻黄浸膏粉等麻黄素类物质*。

2014年增列：1-苯基-2-溴-1-丙酮、3-氧-2-苯基丁腈。

2017年增列：N-苯乙基-4-哌啶酮、4-苯胺基-N-苯乙基哌啶、N-甲基-1-苯基-1-氯-2-丙胺。

第二类：苯乙酸、醋酸酐、三氯甲烷、乙醚、哌啶。

2017年增列：溴素、1-苯基-1-丙酮。

2021年增列：α-苯乙酰乙酸甲酯、α-乙酰乙酰苯胺、3,4-亚甲基二氧苯基-2-丙酮缩水甘油酸、3,4-亚甲基二氧苯基-2-丙酮缩水甘油酯。

第三类：甲苯、丙酮、甲基乙基酮、高锰酸钾、硫酸、盐酸。

2021年增列:苯乙腈、γ-丁内酯。

易制毒化学品管理条例说明。

一、第一类、第二类所列物质可能存在的盐类，也纳入管制。

二、带有*标记的品种为第一类中的药品类易制毒化学品，第一类中的药品类易制毒化学品包括原料药及其单方制剂。

5.4.4 麻醉药品和精神药品

麻醉药品和精神药品是指列入《麻醉药品目录》《精神药品目录》（以下称目录）的药品和其他物质。精神药品分为第一类精神药品和第二类精神药品。这两个目录由国务院药品监督管理部门会同国务院公安部门、国务院卫生主管部门制定、调整并公布。

国家对麻醉药品、药用原植物以及精神药品实行管制。科研教学单位需要使用麻醉药品和精神药品开展实验、教学活动的，应经所在地省、自治区、直辖市人民政府药品监督管理部门批准，向定点批发企业或者定点生产企业购买。使用单位应设立专库或者专柜储存麻醉药品和第一类精神药品。专库应设有防盗设施并安装报警装置；专柜应使用保险柜。专库和专柜应实行双人双锁管理。

化学教学实验中提取的咖啡因，合成的苯佐卡因都是属于这类管制的化学品。

5.5 危险性化学品分类

按照《危险货物分类和品名编号》（GB 6944），危险化学品分为爆炸品、气体、易燃液体、易燃固体和易于自燃的物质以及遇水放出易燃气体的物质、氧化性物质和有机过氧化物、毒性物质和感染性物质、放射性物质、腐蚀性物质、杂项危险物质和物品，共9大类20项。危险品的品种繁多、性质各异、大小不一，而且一种危险品常常具有多重危险性。例如，二硝基苯酚既有爆炸性、易燃性，又有毒害性；一氧化碳既有易燃性，又有毒害性。工业生产对危险品分类时遵循“择重归类”的原则，根据该危险品的主要危险性来进行分类，即危险品的多重危险性质中对人类危害最大的危险性进行分类。本节依据这种分类方法介绍化学品的危险特点。

5.5.1 爆炸品

爆炸品包括：（1）爆炸性物质，但是不包括太危险以致不能运输或其主要危险性符合其他类别的物质；（2）爆炸性物品，指含有一种或几种爆炸性物质的物品；（3）为产生爆炸或烟火效果而制造的，前两种未提及的物质或物品。

5.5.1.1 爆炸品分类

爆炸性物质是固体或液体物质（或物质混合物），自身能够通过化学反应产生气体，其温度、压力和速度高到能对周围造成破坏。烟火物质即使不放出气体也包括在内。爆炸品的危险特性包括爆炸性和敏感性。爆炸品按照其爆炸的危险性大小分为以下6项，如表5-5所示。

表5-5 爆炸品分类及代表性物质

危险性类别	爆炸危险性	代表性物质
1.1项	具有整体爆炸危险的物质、混合物和制品	雷管、叠氮化合物、硝化棉、硝化甘油、三硝基甲苯（TNT）等
1.2项	具有迸射危险但无整体爆炸危险的物质、混合物和制品	闪光粉、弹药、不带雷管的民用炸药等
1.3项	有燃烧危险和较小的爆轰危险或较小的迸射危险或两者兼有	二硝基苯、三硝基苯酚（苦味酸）、点火引信等
1.4项	不呈现显著危险的物质、混合物和物品	烟花爆竹等
1.5项	有整体爆炸危险，但本身又很不敏感的物质或混合物	铵油炸药等
1.6项	无整体爆炸危险的极端不敏感物质或混合物	

5.5.1.2 爆炸品的危险性质

爆炸品的爆炸性是由本身的组成和性质决定的，主要指标主要有爆速、爆炸后产生的气体量和敏感度；而爆炸的难易程度则取决物质本身的敏感度，和爆炸物质的基团、温度、杂质、结晶、密度等因素有关。爆炸品的敏感性，是指物质受到环境的加热、撞击、摩擦或电火花等外能作用时发生着火或爆炸的难易程度。其对外界作用的敏感程度不同，而且差别还很大。例如，碘化氯若用羽毛轻轻触动就可能引起爆炸；而常用的炸药TNT用枪弹射穿也不爆炸。

① 敏感易爆性。通常能引起爆炸品爆炸的外界作用有热、机械撞击、摩擦、冲击波、爆轰波、光、电等。爆炸品的起爆能越小，则敏感度越高，其危险性也就越大。

② 自燃危险性。一些火药在一定温度下可不用火源的作用即自行着火或爆炸。如双基火药长时间堆放在一起时，由于火药的缓慢热分解放出的热量及产生的NO_2气体不能及时散发出去，火药内部就会产生热积累，当达到其自燃点时就会自行着火或爆炸这是火药爆炸品在储存和运输工作中需特别注意的。

③ 遇热/火焰易爆性。炸药遇到高温或火焰的作用而发生爆炸。

④ 机械作用危险性。许多炸药受到撞击、震动、摩擦等机械作用时都有着火、爆炸的危险。

⑤ 带静电危险性。聚集的静电荷表现出很高的静电电位，一旦有放电的

条件形成，就会发生放电火花。当炸药的放电能量达到足以点燃炸药时，就会出现着火、爆炸事故。

⑥ 爆炸破坏性。爆炸品一旦发生爆炸，爆炸中心的高温、高压气体产物会迅速向外膨胀，剧烈地冲击、压缩周围原本平静的空气，使其压力、密度、温度突然升高，形成很强的空气冲击波并迅速向外传播。冲击波在传播过程中有很大的破坏力，会使周围建筑物受到破坏和人员遭受伤害。

⑦ 着火危险性。由炸药的成分可知，凡是炸药，百分之百的都是易燃物质，而且着火不需外界供给氧气。这是因为许多炸药本身就是含氧的化合物或者是可燃物与氧化剂的混合物，受激发就能发生氧化还原反应形成分解式燃烧。同时，炸药爆炸时放出大量的热，形成数千摄氏度的高温，能使自身分解出的可燃性气态产物和周围接触的可燃物质起火燃烧，造成重大火灾事故。

⑧ 毒害性。有些炸药具有一定毒害性，且绝大多数炸药爆炸时能够产生诸如CO、CO_2、NO、HCN、N_2等有毒或窒息性气体，可从呼吸道、食道甚至皮肤等进入体内，引起中毒。例如，苦味酸、TNT、硝化甘油、雷汞、叠氮化铅等。

5.5.2 气体

5.5.2.1 气体的分类

危险化学品中的气体是指满足下列条件之一的物质：① 温度小于50 ℃，包装容器内蒸气压力大于300 kPa；② 在标准大气压101.3 kPa，温度20 ℃时，在包装容器内完全处于气态的物质。列入危险品管理的包装气体包括压缩气体、液化气体、溶解气体和冷冻液化气体、一种或多种气体与一种或多种其他类别物质的蒸气混合物、充有气体的物品和气雾剂。

压缩气体是指在-50 ℃下加压包装供运输时完全是气态的气体。液化气体是指温度大于-50 ℃下加压包装供运输时部分是液态的气体。溶解气体是加压包装供运输时溶解于液相溶剂中的气体。冷冻液化气体是指包装供运输时由于其温度低而部分呈液态的气体。气体危险性的比较，溶解气体优于其他气体，压缩气体优于液化气体。气体又分为易燃气体、非易燃无毒气体、有毒气体。

（1）易燃气体

易燃气体包括在20 ℃和101.3 kPa条件下满足下列条件之一的气体：① 爆炸下限小于或等于13%的气体；② 不论其爆燃性下限如何，其爆炸极限（燃烧范围）不小于12%的气体。常见的易燃气体有氢气、一氧化碳、乙烯、乙炔、液化石油气、环氧乙烷。

（2）非易燃无毒气体

这项气体包括窒息性气体、氧化性气体以及不属于其他项别的气体，但是不包括温度20 ℃时，压力低于200 kPa，并且未经液化或冷冻液化的气体。常见的气体有氧气、压缩空气、二氧化碳、氩气等。

值得注意的是，此类气体虽然不燃、无毒，但由于处于压力状态下，仍具有潜在的爆裂危险，其中氧气和压缩空气等还具有强氧化性，属气体氧化剂或氧化性气体，逸漏时遇可燃物或含碳物质也会着火或使火灾扩大，所以，此类气体的危险性是不可忽视的。

（3）有毒气体

有毒气体包括满足下列条件之一的气体：① 其毒性或腐蚀性对人类健康造成危害的气体；② 急性半数致死浓度LC_{50}值小于或等于5000 mL/m^{3}的毒性或腐蚀性气体。常见的有毒性气体有无水氯化氢、氯气、溴甲烷等。

5.5.2.2 气体的危险性质

（1）易燃易爆性

许多气体具有火灾危险性，大部分具有可燃性，少部分具有助燃性。可燃气体的主要危险性是易燃易爆性，所有处于燃烧浓度范围之内的可燃气体，遇火源都可能发生着火或爆炸，有的可燃气体遇到极微小能量火源的作用即可引爆。

（2）扩散性

处于气体状态的任何物质都没有固定的形状和体积，且能自发地充满任何容器。由于气体的分子间距大，相互作用力小，所以非常容易扩散。可燃气体与空气在局部形成爆炸性混合气体，遇着火源发生着火或爆炸。

（3）可缩性和膨胀性

任何物体都有热胀冷缩的性质，气体也不例外，其体积也会因温度的升降而胀缩，且胀缩的幅度比液体要大得多。

（4）带电性

影响压缩气体和液化气体静电荷产生的因素主要是杂质和流速。从静电产生的原理可知，任何物体间的摩擦都会产生静电，压缩气体或液化气体从管口或容器破损处高速喷出时，气体本身剧烈运动造成分子间的相互摩擦，或气体中含有固体颗粒或液体杂质在压力下高速喷出时与喷嘴产生的摩擦等也同样能产生静电。

带电性是评定可燃气体火灾危险性的参数之一，掌握了可燃气体的带电性，可以采取设备接地、控制流速等相应的防范措施。

（5）腐蚀性、毒害性和窒息性

腐蚀性指一些含氢、硫元素的气体。如硫化氨、氨、氢等，都能腐蚀设备，削弱设备的耐压强度，严重时可导致设备系统裂隙、漏气，引起火灾等事故。目前危险性最大的是氢，氢在高压下能渗透到碳素中去，使金属容器发生“氢脆”变化。

在《危险货物品名表》列入管理的剧毒气体中，毒性最大的是氯化氢，当其在空气中的浓度达到300 mg/m^{3}时，能够使人立即死亡；达到200 mg/m^{3}时，10 min后死亡；达到100 mg/m^{3}时，一般在1 h后死亡。

除氧气和压缩空气外，其他压缩气体和液化气体都具有窒息性。气体的窒息性往往被忽视，尤其是那些不燃无毒的气体。这些气体泄漏于房间或大型设备及装置内时，均会使现场人员窒息死亡。

（6）氧化性

氧化性气体有助于可燃物质的燃烧，特别是与可燃气体混合时能着火或爆炸。如氯气与乙炔气接触即可爆炸，氯气与氢气混合见光可爆炸，氯气通氢气在黑暗中也可爆炸，油脂接触到氧气能自燃，铁在氧气中也能燃烧等。

5.5.3 易燃液体

5.5.3.1 易燃液体的分类

易燃液体包括易燃液体和液态退敏爆炸品。易燃液体是指易燃的液体或液体混合物，或是在溶液或悬浮液中有固体的液体，其闭杯试验闪点不高于60 ℃时，或开杯试验闪点不高于65.6 ℃。易燃液体还包括满足下列条件之一的液体：① 在温度等于或高于其闪点的条件下提交运输的液体；② 液态在高温条件下运输或提交运输，并在温度等于或低于最高运输温度下放出易燃蒸气的物质。液态退敏爆炸品是指为抑制爆炸性物质的爆炸性质，将爆炸性物质溶解或悬浮在水中或其他液态物质后，而形成的均匀液态混合物。

对于易燃且易燃为其唯一危险性的液体，包装类别分为3类，如表5-6所示。

表5-6 按易燃性划分的危险类别表

包装类别	闪点（闭杯）	初沸点	代表性物质
Ⅰ		≤35℃	汽油、乙醚、丙酮
Ⅱ	<23℃	>35℃	苯、甲醇、辛烷
Ⅲ	≥23℃，≤60℃	>35℃	煤油、壬烷、樟脑油、乳香油

5.5.3.2 易燃液体危险特性

易燃液体的特性有高度易燃性、蒸气易爆性、受热膨胀性、流动性、带电性、毒害性，具体说明如下。

① 高度易燃性。液体的燃烧是通过其挥发出的蒸气与空气形成可燃性混合物，在一定比例范围内遇火源而被点燃。

② 蒸气易爆性。液体蒸发形成蒸气，在作业场所或储存场地弥漫，当易燃蒸气与空气混合，达到爆炸浓度时，遇火源就会发生爆炸。

③ 受热膨胀性。易燃液体受热后体积会膨胀，如果储存于密闭容器中就会造成容器膨胀，甚至爆裂。

④ 流动性。液体具有流动的性质，当其着火时，液体会四处流淌，造成火势蔓延，扩大着火面积，给施救带来困难。

⑤ 带电性。多数易燃液体在灌注、输送、喷流过程中能够产生静电，当静电荷聚集到一定程度则会放电发火，故有引起着火或爆炸的危险。

⑥ 毒害性。易燃液体本身或其蒸气大都具有毒害性，有的还有刺激性和腐蚀性。

5.5.4 易燃固体、易自燃的物质、遇水放出易燃气体的物质

5.5.4.1 易燃固体、自反应物质和固态退敏爆炸品

易燃固体指燃点低，对热、撞击、摩擦敏感，易被外部火源引燃，燃烧迅速并可能散发出有毒烟雾或有毒气体的固体。包括以下几种：

① 易燃固体是易于燃烧的固体和摩擦可能起火的固体。

② 自反应物质，即使没有氧气（空气）存在，也容易产生激烈放热分解的热不稳定物质。

③ 为抑制爆炸性物质的爆炸性能，用水或酒精浸湿爆炸性物质，或用其

他物质稀释爆炸物质后，形成均匀固体混合物。

易燃固体的危险特性在于：燃点低，易点燃；遇酸、氧化剂易燃易爆；本身或燃烧产物有毒；兼有遇湿易燃性；自燃危险性。

5.5.4.2　易自燃的物质

易自燃的物质指在空气中易发生氧化反应，放出热量而自行燃烧的物品。自燃物品包括发火物质和自热物质两类。

① 发火固体和发火液体。指与空气接触5 min之内即可自行燃烧的液体、固体或固体和液体的混合物，如黄磷、三氯化钛、钙粉、烷基铝等。

② 自热物质。指与空气接触，不需要外部热源的作用即可自行发热燃烧的物质。

自燃物品的危险特性：遇空气自燃性；遇湿易燃性；积热自燃性。影响自燃物品危险特性的因素有氧化介质、温度、潮湿程度、含油量、杂质等。自燃物品的包装、堆放形式等，对其自燃性也有影响。

5.5.4.3　遇水放出易燃气体的物质

遇水放出易燃气体的物质是遇水或受潮时可发生剧烈的化学反应，并放出大量易燃气体和热量。包括碱金属、碱土金属、金属氢化物、金属碳化物、金属硅化物、金属磷化物、碱金属的硼氢化物、轻金属粉末。

遇水放出易燃气体的物质的危险特性：遇水易燃易爆性；遇氧化剂和酸着火爆炸；自燃危险性；毒害性和腐蚀性。

5.5.5　氧化性物质和有机过氧化物

5.5.5.1　氧化性物质

氧化性物质是指本身未必燃烧，但通常因放出氧可能引起或促使其他物质燃烧。氧化性物质具有较强的氧化性能，分解温度较低，遇酸碱、潮湿、强热、摩擦、冲击或与易燃物、还原剂接触能发生分解反应，并引起着火或爆炸。其特点是本身不一定可燃，但能导致可燃物的燃烧，与松软的粉末状可燃物能形成爆炸性混合物。

氧化性物质的危险特性有以下几项。

① 强烈的氧化性。氧化剂多为碱金属、碱土金属的盐或过氧化基所组成

的化合物。主要有硝酸盐类、氯的含氧酸及其盐类、高锰酸盐类、过氧化物类、有机硝酸盐类。这一类氧化性物质中含有高价态的元素，易得电子变为低价态。

② 受热、碰撞分解性。硝酸铵在加热到210 ℃时即能分解，当温度超过400 ℃时，这个变化就能引起爆炸。

③ 可燃性。有少数有机氧化剂具有可燃性，如硝酸脲、四硝基甲烷等，这类物质不需要外界可燃物参与即可燃烧。因此，对于有机氧化剂，除防止与任何可燃物质相混外，还应隔离所有火种和热源，防止阳光暴晒和任何高温的作用。

④ 与可燃液体作用自燃性。有些氧化剂与可燃液体接触能引起自燃。如高锰酸钾与甘油或乙二醇接触，过氧化钠与甲醇或醋酸接触，铬酸与丙酮或香蕉水接触等，都能自燃起火。

⑤ 与酸作用分解性。部分氧化性物质遇酸后，先生成不稳定物质，再迅速分解，放出大量的热，引起着火甚至爆炸。例如，高锰酸钾与硫酸，氯酸钾与硝酸接触等都十分危险。

⑥ 与水作用分解性。有些氧化剂，例如，过氧化钠、过氧化钾等活泼金属的过氧化物，遇水或吸收空气中的水蒸气时，能分解放出氧原子。

⑦ 腐蚀毒害性。氧化性物质的强氧化性使其具有一定的毒害性和腐蚀性，能毒害人体、烧伤皮肤。如铬酸既有毒害性又有腐蚀性。

5.5.5.2 有机过氧化物

有机过氧化物是有机分子组成中含有两价—O—O—结构的有机物质，不稳定、易分解，放出具有强氧化性的氧原子。

有机过氧化物按其危险性程度分为7种类型，从A型到G型。

A型：易于起爆或快速爆燃，或在封闭状态下加热时呈现剧烈效应的有机过氧化物。

B型：指只有爆炸性，配置品在包装运输时不起爆，也不会快速爆燃，但在包件内部易产生热爆炸的有机过氧化物。

C型：在包装运输时不起爆、不快速爆燃，也不易受热爆炸，但仍具有潜在爆炸性的有机过氧化物。

D型：在封闭条件下进行加热试验时，呈现部分起爆，但不快速爆燃，也不呈现剧烈效应，或不爆轰，可缓慢爆燃并不呈现剧烈效应，或不爆轰或爆燃但呈现中等效应的有机过氧化物。

E型：在封闭条件下进行加热试验时，不起爆、不爆燃，只呈现微弱效应的有机过氧化物。

F型：在封闭条件下进行加热试验时，既不引起空化爆炸，也不爆燃，只呈现微弱爆炸力或没有爆炸力的有机过氧化物。

有机过氧化物的主要危险特性在于分解爆炸性和易燃性。

5.5.6 毒性物质和感染性物质

这里指对人体特别有害的物质，按其致病机理的不同分为毒性质和感染性物质。

5.5.6.1 毒性物质

毒性物质是指经吞食、吸入或与皮肤接触后可能造成死亡或严重受伤或损害人类健康的物质。对于毒性物质（固体或液体）有以下4类。

① 急性口服毒性，LD_{50}≤300 mg/kg。

② 急性皮肤接触毒性，LD_{50}≤1000 mg/kg。

③ 急性吸入粉尘和烟雾毒性，LC_{50}≤4 mg/L。

④ 急性吸入蒸气毒性，LC_{50}≤5000 mg/m^3，且在20℃时和标准大气压力下的饱和浓度大于或等于1/5LC_{50}。

5.5.6.2 感染性物质

感染性物质按对人或动物的伤害程度分为A类和B类。A类是在与之发生接触时，可造成健康的人或动物永久性致残，产生有生命危险的疾病。

5.5.7 放射性物质

放射性物质的主要危险性是对人体有严重伤害，所以，必须按照国家有关规定，严格执行其相关控制要求。本类物质是指任何含有放射性核素并且其活度浓度和放射性总活度都超过GB 11806规定限值的。具有其他危险性质的放射性物质，无论在什么情况下都应划入该类别，再确认其次要危险性。

5.5.8 腐蚀性物质

腐蚀性物质是指通过化学作用使生物组织接触时造成严重损伤或在渗漏

时会严重损害甚至毁坏其他物品的物质。其区分标准是：① 与皮肤接触在60 min以上，但不超过4 h之后开始的最多14 d的观察期内，全厚度毁损的物质；② 温度在55 ℃时，对钢或铝的表面腐蚀率超过6.25 mm/年的物质。

腐蚀性物质的划分标准是以已往的经验为基础的，并考虑到呼吸的危险性、遇水反应性等。按照危险程度分为Ⅰ类、Ⅱ类和Ⅲ类。

Ⅰ类包装腐蚀物质：完好皮肤组织在暴露3 min，或少于3 min之后的暴露期后开始的直到60 min的观察期内，出现全厚度毁损。

Ⅱ类包装腐蚀物质：完好皮肤组织在暴露3 min并少于60 min，以及之后至14 d的观察期内，出现全厚度毁损。

Ⅲ类包装腐蚀物质：a. 完好皮肤组织在暴露60 min并少于4 h，以及之后至14 d的观察期内，出现全厚度毁损；b. 被判定不引起完好皮肤组织全厚度毁损，但在55 ℃时，对钢或铝的表面腐蚀率超过6.25 平方毫米/年的物质。

对于实验人员来说，不能因为化学品的腐蚀性小而减少防护措施。越是腐蚀性小的物质，越难以察觉，影响就越大。

5.5.9 杂项危险物质和物品

本类物质是指有在危险，但不能满足其他类别定义的物质和物品，也包括危害环境物质。例如，以做细粉尘吸入可威胁健康的石棉。

5.6 实验室化学品管理

高等学校实验人员集中且流动性大，普遍缺乏化学品安全知识。特别是很多新进入实验室的学生，未经过正规的安全教育就开展实验，不了解化学品的性质和危害，实验习惯不好。如有的实验室把大量的化学试剂不加分类地堆放在一起；一些试剂瓶和废液桶使用后不盖盖子，任由试剂挥发；一些实验室闲置的化学品比较多，缺少试剂使用记录本，这些都是实验室发生安全事故的隐患。

关于实验室化学品的管理有几点说明。首先，到现在为止，还没有针对高等学校实验室危险化学品制订标准。没有列入危险化学品目录的试剂，也不能说明该化学品就不具有危险性。其次，小包装的化学品是否应该按照工业大包装化学品的危险性进行管理。例如，高浓度白酒的火灾危险性比较高，但是市售的白酒只归入丙类火灾危险性实行管理，同样小瓶装的无水乙醇应该如何归类，进行管理还需要讨论。《中华人民共和国危险化学品安全法（征求意见稿）》中对学校的危化品管理已经降低了要求，其中对研究开发、试产试销、低量、低释放、低暴露和聚合物等危险化学品免予登记。如果把小包装的化学品也严格管理，那样保存的成本非常高，不适用于高校实验室实际需求。

还有实验室只考虑了原料的危险性质，而合成产品的安全性该如何保障，特别是合成的少量新型化学品，它的危险性质该如何界定。最后，非危险化学品该如何管理。以氯化钠为例，其必要时可以作为D类火灾的灭火剂；有的学校要求实验室清理过期的化学试剂，但是有些试剂具有特殊的性质，平时很少用到，如果按照生产日期作为过期试剂处理则过于可惜。综上所述，高校实验室化学品的危险性和日常管理措施建议由实验人员制订，不宜作统一的要求。

5.6.1 实验室化学品存放

危险化学品的危险性既与其自身的物理、化学性质有关，也与存放总量和蕴藏的危险相关。一般危险化学品存放量小于一定限额时，危险性会大大降低。学校在危险化学品的管理方面应该优先进行总量控制。

5.6.1.1 化学品库管理

学校应该提供公共的安全服务，建设专门的化学品存放库，配备通风、隔热、避光、防盗、防爆、防静电、泄漏报警、应急喷淋、安全警示标识等技防措施，符合相关规定，专人管理；消防设施符合国家相关规定，正确配备灭火器材（如灭火器、灭火毯、沙箱、自动喷淋等）；若仓库或贮存站在实验楼内，必须有警示、通风、隔热、避光、防盗、防爆、防静电、泄漏报警、应急喷淋等技防措施，面积不超过30平方米；不混放、整箱试剂的叠加高度不大于1.5米；贮存站不能在地下室空间，保障化学品的存放安全。实验人员存放试剂，应当收取一定的费用，通过经济手段控制化学品的贮量，并用于库房的建设和管理支出。公共存放的危险化学品，其贮存要求为以下几点。

① 剧毒化学品执行“五双”管理（即双人验收、双人保管、双人发货、双把锁、双本账），技防措施符合管制要求，单独存放，不得与易燃、易爆、腐蚀性物品等一起存放；有专人管理并做好贮存、领取、发放情况登记，登记资料至少保存1年；防盗安全门应符合GB 17565的要求，防盗安全级别为乙级（含）以上；防盗锁应符合GA/T 73的要求；防盗保险柜应符合中华人民共

和国国家标准GB 10409—2001防盗保险柜的要求；监控管控执行公安要求。

② 麻醉药品和第一类精神药品管理符合“双人双锁”，有专用账册，设立专库或者专柜储存；专库应当设有防盗设施并安装报警装置；专柜应当使用保险柜；专库和专柜应当实行双人双锁管理；配备专人管理并建立专用账册，专用账册的保存期限应当自药品有效期期满之日起不少于5年。

③ 易制爆化学品存量合规、双人双锁，存放场所出入口应设置防盗安全门，或存放在专用储存柜内；储存场所防盗安全级别应为乙级（含）以上；专用储存柜应具有防盗功能，符合双人双锁管理要求，并安装机械防盗锁。

④ 易制毒化学品储存规范，台账清晰，设置专库或者专柜储存；专库应当设有防盗设施，专柜应当使用保险柜；易制毒化学品、药品类实现双人双锁管理，账册保存期限不少于两年。

⑤ 爆炸品单独隔离、限量存储，使用、销毁按照公安部门要求执行，查看现场、台账。

5.6.1.2 实验房间化学品管理

普通实验房间可以存放少量的危险化学试剂。按照教育部的要求实行双人双锁保管，如实记录化学品的数量和使用情况，并采取必要的防水、防火、防静电等安全防范措施。实验室里应建立存放化学品目录，并有危险化学品安全技术说明书（MSDS）或安全周知卡，以及化学试剂应急处置预案，方便查阅。应该做好以下几点。

① 避免存放过量的化学品，并定期检查、清理，防止其变质，危险性增强。例如，硝化棉（学名纤维素硝酸酯），具有高度可燃性和爆炸性，在贮运时加入30%左右的乙醇或水为湿润剂，以增加稳定性。2015年，天津港爆炸事故直接原因就是硝化棉由于湿润剂散失出现局部干燥，在高温（天气）等因素作用下加速分解放热，积热自燃，最终导致危险化学品发生爆炸。

② 化学品一定要放置在安全、妥当的地方。例如，光在试剂瓶的作用下发生折射，汇聚光能，会导致瓶内温度升高，有可能引起燃烧或爆炸。

③ 性质不同的化学品应该分类存放。具有不同性质的化学品不得放置在一起，如强氧化剂和还原性金属钠不能放置在一起，否则会立即发生化学反应，瞬时释放大量能量，容易发生爆炸而无法补救。易挥发的试剂宜放置在具有抽风功能的试剂柜里；易潮解或易积热的化学品应放在干燥和通风的环境。

④ 化学试剂分装时，应及时重新粘贴标识，并选择合适的容器保存，不

得开口保存。例如，见光易分解的试剂应存放在棕色广口瓶，HF溶液因腐蚀玻璃不能用玻璃瓶盛放，可用塑料瓶或铅皿。一般性固体试剂存放在广口瓶中，一般性液体试剂存放在细口瓶中。滴瓶不宜长期存放液体。

⑤ 液体试剂瓶应放置在托盘中，防止泄漏和腐蚀。

5.6.2 化学品的使用

实验人员应当认为实验室里的化学品都是有害的，即使取用食盐配制饱和氯化钠溶液，也应该严格按照规范操作。这样的好处是可以养成习惯，同时避免无害化学品被污染，造成对实验人员的伤害。使用化学品时有以下几点注意事项。

① 实验前必须进行安全教育，阅读SDS资料，掌握化学品的特点和危险性质。对于不了解的化学品，初次实验时可在相关人员指导下操作，或以最小剂量为原则进行探索。

② 实验前应做好手部、眼睛、身体以及其他部位的防护。

③ 取用试剂时应遵守规范。例如，遇到打不开试剂瓶塞子的情况，要及时查阅资料，找到解决方法，不得盲目敲击或加热处理。

④ 一般化学品泄漏时应及时清理，防止其他人员受到伤害。而特殊化学品泄漏时应该查阅应急预案提供的办法处理。

⑤ 对于产生有毒和有异味废气的实验，应在通风橱中进行，并在实验装置尾端配有气体吸收装置；配备合适有效的呼吸器。

⑥ 实验产生的化学品应做好标签，注明使用日期和负责人，便于管理。废弃物则应倒入指定的容器，集中处理。

5.7 化学实验

不同的化学反应，具有不同的原料、产品、工艺流程、控制参数，其危险性也呈现不同的水平。2009年6月，国家安全监管总局公布了《首批重点监管的危险化工工艺目录》，具有危险性的化工工艺主要包括：光气及光气化工艺、电解工艺（氯碱）、氯化工艺、硝化工艺、合成氨工艺、裂解（裂化）工艺、氟化工艺、加氢工艺、重氮化工艺、氧化工艺、过氧化工艺、胺基化工艺、磺化工艺、聚合工艺、烷基化工艺。

化学实验本身就存在着危险性。一方面是物质发生变化，形成新的物质，另一方面是能量发生变化。只有理解各种化学反应过程，了解相关物质、能量的危险性，才能有针对性地采取安全对策措施。

① 放热（吸热）的化学反应。

② 物料的危险性。有危险性物质存在的化学反应，这些不稳定物质可能是原料、中间产物、成品、副产品、添加物或杂质。此外，物质发生相态的变化，或产生气体，也会导致系统的压力迅速增大。

5.7.1 热危险性

热危险性是化工生产过程中可能造成反应失控的最典型表现。所谓化工反应的反应失控，就是反应系统因反应放热使温度升高，经过一个“放热——反应加速——温度再升高”的过程，过度的反应放热超过了反应器冷却能力的控制极限，反应物、产物分解，生成大量气体，压力急剧升高，最后导致喷料，反应器破坏，甚至燃烧、爆炸的现象。这种反应失控的危险不仅可以发生在作业中的反应器里（这是主要的），而且也可能发生在其他单元操作，甚至储存中。反应失控或失衡依具体情况不同而有化学工艺过程中的反应失控，含能材料或自反应性物质储运中的热爆炸，大量可燃物堆积中的热自燃等。现象不同，但本质原理相通，通过对化工反应中的反应失控的分析，对于认识其他过程的热危险性或热安全性也是有用的。

在进行未知或不熟悉的实验时，应该首先了解化学反应的热力学数据。进行实验时应基于最小量原则，确认安全后再逐渐增大反应物用量和反应温度。部分教学实验，如果随意增大反应物的用量，有可能发生反应失控现象。

2012年2月28日，河北克尔化工有限责任公司发生爆炸事故，造成25人死亡、4人失踪、46人受伤。该公司硝酸胍的生产为釜式间歇操作，一车间8台反应釜。初始安装时，均装有釜内温度指示计。因操作工投入的硝酸铵物料块大，在反应釜搅拌器的带动下，块状硝酸铵对温度计套管频繁撞击，导致温度计套管弯曲或温度指示不准。对此，企业擅自拆除了温度计，操作工在记录反应釜内温度时，不进行测定，只根据以往的经验填写，这成为导致事故发生的第一步。后来企业在原加热器旁安装了一台同一厂家生产、型号相同的导热油加热器，对整个油路系统进行了改造，增大了导热油系统的加热能。2011年10月，企业又擅自将两套加热器出口温度设定高限由215 ℃调高至255 ℃，将绝不可以突破的油温高限提高了40 ℃。这虽然加快了物料熔融速度和反应速度，实现了提高产量的目的，但也使得反应釜内物料温度接近了硝酸胍的爆燃温度（270 ℃），这是导致事故发生最致命的一步。

事故当天，1号反应釜底部保温放料球阀的伴热导热油软管连接处发生泄漏自燃着火。外部火源使反应釜底部温度升高，局部热量积聚，达到硝酸胍的爆燃点，造成釜内反应产物硝酸胍和未反应的硝酸铵急剧分解爆炸。1号反应釜爆炸又引爆了堆放在1号反应釜附近的硝酸胍。

化学反应体系在温度升高时能引起危险，在温度降低时也有引起危险的可能。例如，在进行蒸馏实验时，用直型冷凝管（水冷）代替空气冷凝管，可能导致冷凝物料凝固，堵塞住冷凝管出口，进而使体系形成密封的系统，发生危险。

5.7.2 物质危险性

反应原料、产品、副产品、中间产物都可能具有毒性，实验时一定要认真分析。例如，美剧《绝命毒师》中，主人公用红磷与浓氢氧化钾共热制备剧毒的磷化氢（PH_3）气体。磷化氢是一种无色、剧毒、易燃的气体，遇火容易引发爆炸。吸入者数分钟即可出现严重中毒症状，主要表现头晕、头痛、乏力、恶心、呕吐等。

反应前后，物质相态变化也会带来危险。例如，钠和水的反应，其反应历程如下。

$$2Na + 2H_2O \longrightarrow 2NaOH + H_2\uparrow + Q \qquad (5\text{-}9)$$

$$O_2 + 2H_2 \longrightarrow 2H_2O(g)\uparrow + Q \qquad (5\text{-}10)$$

由式（5-9）和式（5-10）可知，反应迅速产生大量的热，促使水由液态转为气态，其迅速膨胀，引发生爆炸而产生破坏力。

同样，物质由液态转化为固态，堵住管口，造成系统压力增大的风险。甚至液体温度降低时，其黏度迅速增大，这种情况也会带来风险，需要重视。

6 仪器设备

仪器设备是开展科学研究、支撑技术创新和人才培养的重要物质基础。随着国家对科研教学投入的不断加大，学校的仪器设备的种类和数量也在不断增加。然而仪器设备自身存在电能、机械能、热能等危险，存放和使用又相对集中，与危险化学品相互叠加作用，由于使用、维护等管理原因致使其安全危险性升高。仪器设备在采购之前应考虑培训、运行、维修、售后服务等事项，保证设备全生命周期安全使用。

6.1 仪器设备安全基础

6.1.1 本质安全

本质安全就是构成某个系统、过程或者环境的所有元素自身具有这样的特质，既不会因为自身失效对其他元素造成损坏，也不会因为其他元素失效而遭受损坏，从而来保障系统、过程或者环境安全。

广义的本质安全指“人—机—环境—管理”这一系统表现出的安全性能，就是通过优化资源配置和提高其完整性，使整个系统安全可靠。狭义的本质安全指机器、设备本身所具有的安全性能。当系统发生故障时，机器、设备能够自动防止操作失误或引发事故；即使由于人为操作失误，设备系统也能够自动排除、切换或安全地停止运转，从而保障人身、设备和财产的安全。狭义的本质安全往往也称为设备本质安全，如图6-1所示。

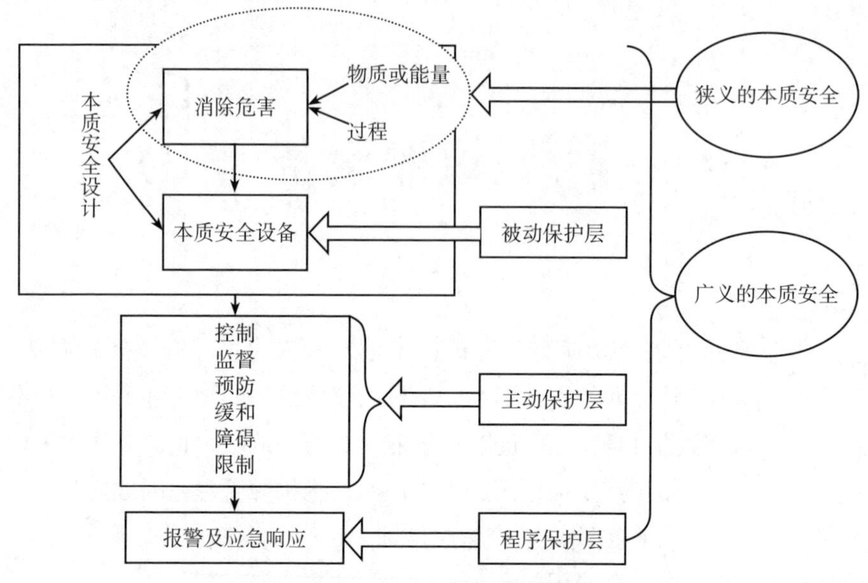

图6-1　广义本质安全和狭义本质安全

设备本质安全的特性为自稳性、它稳性和抗扰性。“自稳性”是指本质安全的设备具有保障本身安全和稳定运行的性能；“它稳性”是指本质安全的设备具有保障本身不对外部输出风险的性能；“抗扰性”是指本质安全的设备具有有效抵御和防范系统外部输入风险影响的性能。

本质安全概念的提出距今已过半个世纪。最初概念源于20世纪50年代世界宇航技术界，主要是指电气系统具备防止可能导致可燃物质燃烧所需能量释放的安全性[①]。1977年12月，英国的Kletz教授作了题为“What you don’t have, can’t leak”的报告，首次明确提出“本质安全的化工过程（Inherently Safer Chemical Process）”概念，形成了“本质安全”的雏形。

传统的安全工作往往是作为设计工作的下游，接受已有工艺和装置所产生的危险，然后通过额外的防护设备等方法来降低风险，或减小事故造成的损害。本质安全则通过选用更合理的原料、工艺、设备等，尽可能从源头上消除危险。在研发和设计过程的早期，工艺路线、反应物、辅助物料、生产设备等方面选择的自由度越高，成本越低。

本质安全设计最主要的策略概括为如下几项。

① 许正权，宋学锋，吴志刚. 本质安全管理理论基础：本质安全的诠释［J］. 煤矿安全，2007（9）：75-78.

6.1.1.1 最小化/强化

装置中危险物质的存量应尽量做到最小化，无论是在生产、分离、储存还是在输送环节。理想状况下，即使全部泄漏也在安全范围内，不会引发严重的后果。而这往往要通过对各个单元操作效果的强化来实现。一个典型的例子是通过增强反应器的混合效果提高单程转化率，从而减少需要反复循环的物料量，在降低各环节泄漏发生可能性的同时，提高了生产效率，降低了设备成本。

6.1.1.2 代替

即使用较安全的物质来替换危险的物质。例如，使用不具有可燃性的制冷剂和传热介质，选择原料和中间产物更安全的生产工艺，以及推广生产工艺更安全的同类最终产品。

6.1.1.3 弱化/缓和

当危险物质的使用不可避免时，应该尽量在较不危险的条件下使用它们，无论是在生产还是在储运过程中。例如，液化气体的储存，低温常压（或相对较低的压力），要比常温高压更加安全。再比如为了减少粉尘爆炸的威胁，可以选择操作较大颗粒尺寸的固体以减少粉尘。

6.1.1.4 限制影响

这里是指通过改变设计或反应条件，而非增加额外的防护设备，来减小可能发生事故的影响。一个细微而典型的例子是，缠绕垫片往往比纤维垫片更安全，因为当密封出现问题时，使用前者造成的泄漏速率一般较低。

6.1.1.5 简化

与复杂的装置相比，简单的装置可能发生故障的环节更少，人为误操作的可能性更低。同时，很多设备的复杂化可能并不是必要的，只是由于片面推崇新技术，或者为了满足不合理的评估标准。因此，合理的简化也是本质安全设计中的重要一环。

6.1.2 仪器设备危险性

根据《机械安全基本概念与设计通则》（GB/T 15706—2007）第1部分：基本术语和方法，仪器设备危险性按照标准有如下项目。

6.1.2.1 机械危险

与机器、机器零部件或其表面、工具、工件，载荷、飞射的固体或流体物料有关的机械危险可能会导致挤压、剪切、切割/切断、缠绕、吸入/卷入、冲击、刺伤/刺穿、摩擦/磨损、高压流体喷射（喷出危险）。

由机器、机器零部件（包括加工材料夹紧机构）、工件或载荷产生的机械危险主要由以下因素产生。① 形状：切削元件、锐边、角形部件，即使其是静止的（刺伤、切割危险）；② 相对位置：机器零件运动时可能产生挤压、剪切、缠绕区域的相对位置；③ 抗翻转性（考虑动能）；④ 质量和稳定性：在重力的影响下可能运动的零部件的势能；⑤ 质量和速度：可控或不可控运动中的零部件的动能；⑥ 加速度/减速度；⑦ 机械强度不够：可能产生危险的断裂或破裂；⑧ 弹性元件（弹簧）的位能或在压力或真空下的液体或气体的势能；⑨ 工作环境。

6.1.2.2 电气危险

这类危险是由造成伤害或死亡的电击或灼伤引起的，产生原因包括以下几种。① 人体与以下要素的接触：a. 带电部件，例如，在正常操作状态下用于传导的导线或导电零件（直接接触）；b. 在故障条件下变为带电的零件，尤其是绝缘失效而导致的带电部件（间接接触）；② 人体接近带电部件，尤其在高压范围内；③ 绝缘不适用于可合理预见的使用条件；④ 静电现象，例如，人体与带电荷的零件接触；⑤ 热辐射。⑥ 由于短路或过载而产生的诸如熔化颗粒喷射或化学作用等引起的现象；⑦ 电击的惊吓造成人员跌倒的情况（或由人员造成的物品掉落）。

6.1.2.3 热危险

热危险可以导致由于与超高温的物体、材料、火焰、爆炸物及热源辐射接触造成的烧伤或烫伤；炎热或寒冷的工作环境对健康的损害。

6.1.2.4 噪声危险

噪声可以导致：① 永久性听力丧失；② 耳鸣；③ 疲劳、压力；④ 其他影响，如失去平衡、失去知觉；⑤ 干扰语言通信或对听觉信号的接受。

6.1.2.5 振动危险

振动可能传至全身（使用移动设备），尤其是手和臂（使用手持式和手导式机器）；最剧烈的振动（或长时间不太剧烈的振动）可能产生严重的人体机能紊乱（腰背疾病和脊柱损伤）。全身振动和血脉失调会引起严重不适，如因手臂振动引起的白指病、神经和骨关节失调。

6.1.2.6 辐射危险

此类危险具有即刻影响（如灼伤）或者长期影响（如基因突变），由各种辐射源产生，可由非离子辐射或离子辐射产生。① 电磁场（例如，低频、无线电频率、微波范围等）；② 红外线、可见光和紫外线；③ 激光；④ X射线和 γ 射线；⑤ α、β射线，电子束或离子束，中子。

6.1.2.7 材料和物质产生的危险

由机械加工、使用、产生或排出的各种材料和物质及用于构成机械的各种材料可能产生不同危险。① 由摄入、皮肤接触、经眼睛和黏膜吸入的，有害、有毒、有腐蚀性、致畸、致癌、诱变、刺激或过敏的液体、气体、雾气、烟雾、纤维、粉尘或悬浮物所导致的危险；火灾与爆炸危险。② 生物（如霉菌）和微生物（病毒或细菌）危险。

6.1.2.8 机械设计时忽略人类工效学原则产生的危险

机械与人的特征和能力不协调，表现为① 生理影响（如肌肉骨骼的紊乱），由于不健康的姿势、过度或重复用力等所致；② 心理影响，由于在机器的预定使用限制内对其进行操作、监视或维护而造成的心理负担过重、准备不足、压力等所致；③ 人的各种差错。

6.1.2.9 滑倒、绊倒和跌落危险

忽视地板的表面情况和进入方法可以导致因滑倒、绊倒或跌落而造成的

人身伤害。

6.1.2.10 综合危险

看似微不足道的危险，其组合可构成重大危险。

6.1.2.11 与机器使用环境有关的危险

若所设计的机器用于会导致各种危险的环境（如温度、风、雪、闪电），则应考虑这些危险。

6.1.3 防护装置和保护装置

仪器设备的防护装置和保护装置的设计应适用于预定使用，并考虑相关的机械危险和其他危险。防护装置和保护装置应与机器的工作环境协调，且其设计应使其不易被废弃。为减少其被废弃的诱因，应将防护装置和保护装置对机器运行期间和机器生命周期其他各阶段的各种动作的干涉降至最低。

6.1.3.1 防护装置和保护装置要求

① 结构坚固耐用；② 不增加任何附加危险；③ 不容易被绕过或使其无法操作；④ 与危险区有足够的距离；⑤对观察生产过程的视野障碍最小；⑥只允许进入不得不进行操作的区域，进行工具的安装和/或更换及维修等必要的工作，且尽可能不移除防护装置或使保护装置不起作用。

6.1.3.2 安全防护方式

① 隔离防护装置。通过物体障碍方式防止人或人体部分进入危险区，阻止人与外露的高速运动或传动的零部件接触而被伤害，避免飞溅出来的切屑、工件、刀具等外来物伤人。该装置又分为防护罩和防护屏两种类型。

② 联锁控制防护装置。防止相互干扰或不安全操作时电源同时接通或断开的互锁装置。分为机械式连锁装置、电气联锁线路、液压（或气动）联锁回路等。

③ 超限保险装置。防止设备在超出规定的极限参数（温度、压力、载荷、速度、位置、振动、噪声等）运行的装置。如熔断器、保险丝。

④ 紧急制动装置。防止和避免在紧急危险状态下发生人身或设备事故的装置，可以在即将发生事故的一瞬间迅速制动。

⑤ 报警装置。通过监测装置及时发现机械设备的危险与有害的异常因素及事故预兆，通过闪烁红灯或鸣笛向人们发出警报的装置。

6.1.4 仪器设备使用

根据《化学化工实验室安全管理规范》（T/CCSA 5005—2019）规定，重要的仪器设备应该有明确的负责人，负责设备的日常维护；建立台账，内容包括仪器设备的建账信息、使用说明、有效日期或检测日期、维修记录等信息；仪器设备上须有信息，具有运行、故障、停用等状态标识。涉及高温、低温、用电、易燃物、危险化学品等的仪器设备相关部位应有相应的安全警示标志。仪器设备长期不用，使用前应由专业人员或教师检测确认没有问题，才能重新启用。

根据《机械安全　基本概念与设计通则》（GB/T 15706.1—2007）规定，仪器设备安全使用，应包括以下原则。

6.1.4.1 使用限制

使用限制包括预定使用和可预见的误用。应考虑以下几个方面。

① 不同的机器运行模式和使用者的不同干预程序，包括机器失灵时所需的干预；② 性别、年龄、优势手或身体能力限制（如视力或听力损伤、身高、体力等）不同的人员使用机械；③ 操作人员、维护人员或技师、实习人员或学徒、一般公众的预期培训水平、经验或能力水平；④ 暴露于可合理预见的与机械有关危险的其他人员。

6.1.4.2 空间限制

① 运动范围；② 人机交互的空间要求，例如，运行和维修期间；③ 人员交互方式，例如，“人机”界面；④ “机器—动力源”接口。

6.1.4.3 时间限制

时间限制应考虑以下几个方面。

① 考虑机器的预定使用和可合理预见的误用时，机械和/或机器某些组件（如工具、易损的部件、机电组件）的寿命限制；② 推荐的维修保养时间间隔。

6.1.4.4 其他限制

① 被加工物料的特性；② 符合清洁水平要求的保养；③ 环境推荐的最低和最高温度，机器能在室内或室外、干燥或潮湿气候中运行，在太阳直射条件下运行，耐受粉尘和潮湿环境等。

此外，设备的安全操作规程或说明书、重点注意事项、设备故障或异常应急处置手册等应放置在现场附近。

6.2 电气设备安全基础

化学实验室与电的关系特别密切，使用的电气设备种类也很多。如果电气设备装置使用不当或管理不善容易引起人员死亡事故。所以实验室工作人员必须要学习电气基本常识，了解电气产品的危险性质，掌握一定的电气安全知识。

电气事故是由电流、电磁场、雷电、静电和某些电路故障等直接或间接造成人、动物伤亡，建筑设施、电气设备毁坏以及引起火灾和爆炸等后果的事件。电气事故与其他事故有很大不同，电气事故最大的危险是对人的伤害大，致死率较高。人的神经系统是以电信号和电化学反应为基础的，所涉及的能量是非常小的，一旦遇到强电流，身体的系统功能很容易被破坏。电气事故的次生灾害多，容易引发火灾。还有机械危险、过热危险和辐射危害。因为电不具备直观识别特征，不易被人们察觉和识别，危险更加难以识别。管理、规划、设计、安装、试验、运行、维修、操作中的失误都可能导致电气事故。

电气火灾在整个建筑火灾中占有1/3的比重，电气防火工作十分重要。据统计，2011年至2016年，我国共发生电气火灾52.4万起，造成3261人死亡、2063人受伤，直接经济损失92亿余元，均占全国火灾总量及伤亡损失的30%以上；其中重特大电气火灾17起，占重特大火灾总数的70%。首先电气线路是引起电气火灾的首要起火源，占电气火灾总数的一半左右，其中大部分发生在低压电气线路上，其次是用电器具，再次是电气设备和用电设备，最后是照明器具。

6.2.1 用电安全基础知识

6.2.1.1 触电

触电包括人接触正常情况下带电部件而引起的直接触电，以及由于设备老化、绝缘保护措施失效等原因使产品漏电而引起的间接触电，如图6–2所示。

直接触电事故是电器没有故障，正常运行过程中，在有误操作的情况下会发生的事故。直接触电保护可采用绝缘、防护罩、围栏、安全距离等措施。

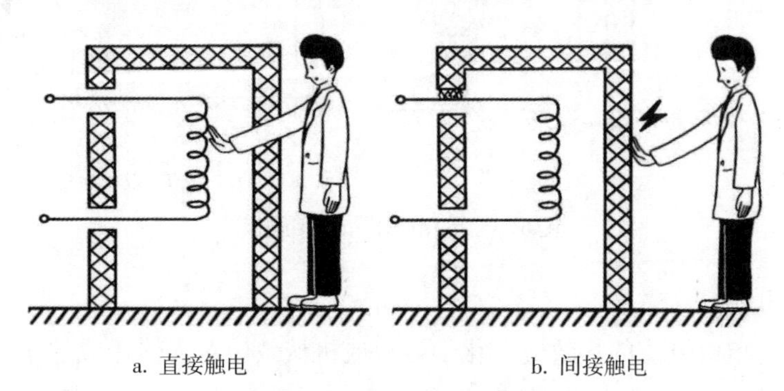

a. 直接触电　　b. 间接触电

图6–2 直接触电和间接触电

间接触电事故是机器在正常情况下不带电，出现故障时人接触意外带电的金属导体（如触及漏电设备的外壳）所导致的触电，更为常见。导致间接触电的原因很多。例如，电气线路设计不符合要求，设备不能有效接地、接零；接线松脱、接触不良，电气设备、导线的绝缘损坏，导致外壳漏电，致使人员误触带电设备或线路；人体违规接触电器导电部分，如用湿的手接触电插头等。间接接触一般可采用保护接地（接零）、保护切断、漏电保护器等措施预防触电。

6.2.1.2 触电事故分类

触电事故主要分为两种类型：一种是电击，另一种是电伤。

（1）电击

电击是电流通过人体内部对器官和组织造成的伤害，是电气产品最主要的危险。电流作用于人体中枢神经，使心脑和呼吸机能的正常工作受到破坏，严重的可导致死亡。电击的特点有伤害人体内部、致命电流较小、低压触电在人体的外表没有显著的痕迹等特点。

电击分为单相触电、两相触电，如图6–3所示。还可分为跨步电压、接触电压和雷击触电。对于电击事故，是否会造成人身伤亡的关键不在于是哪一种方式，而在于触电者接触带电体的方式以及触电后脱离的时间。

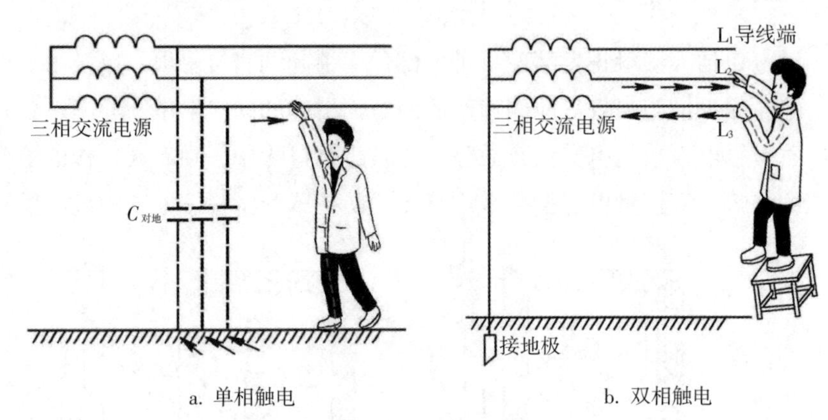

图6–3　单相触电和双相触电

（2）电伤

电伤是指由电流的热效应、化学效应或机械效应对人体造成的伤害。电伤可伤及人体内部，但常会在人体上留下伤痕。它一般可分为电弧烧伤、电烙印、皮肤金属化、机械性损伤、电光眼。

① 电弧烧伤也叫电灼伤，是最常见也最严重的一种电伤。多由电流的热效应引起，但与一般的水、火烫伤性质不同。具体症状是皮肤发红、起泡，甚至皮肉组织破坏或被烧焦。

② 电烙印。当载流导体较长时间接触人体时，因电流的化学效应和机械效应作用，接触部分的皮肤会变硬并形成圆形或椭圆形的肿块痕迹，如同烙印一般，故称电烙印。

③ 皮肤金属化。由于电流或电弧作用（熔化或蒸发）产生的金属微粒进入人体皮肤表层而引起，使皮肤变得粗糙坚硬并且显特殊颜色（多为青黑色或褐红色），所以叫“皮肤金属化”，它与电烙印一样都是对人体的局部伤害，且多数情况下会逐渐褪色，不会有不良后果。

④ 机械性损伤。电流作用于人体时，由于中枢神经反射和肌肉强烈收缩等作用导致的机体组织断裂、骨折等伤害。

⑤ 电光眼。发生弧光放电时，有紫外线、可见光、红外线对眼睛的伤害。

6.2.1.3 触电事故危害

根据《电流对人和家畜的效应（GB/T 13870.1—2022）》可知，影响电流对人体危害程度的因素主要取决于电流的数值和通电时间。但是在许多情况下是以时间为函数的接触电压的允许极限作为判据。人体的阻抗随接触电压的大小而变化，所以电流与电压的关系也不是线性的。人体阻抗取决于电流路径、接触电压、电流的持续时间、频率、皮肤潮湿程度、接触表面积、施加的压力和温度。

电流作用于人体中枢神经，使心脑和呼吸机能的正常工作受到破坏，其中心室纤维性颤动是致命事故的主要机制。当电流通过神经纤维刺激到肌肉时，肌肉即要收缩。心脏本身具有工作过程所需的电动势，形成心脏各个区域按正确顺序有节奏运动的控制电信号。这个电信号的平均电压为1～1.6 mV，心脏的一个搏动周期约为0.75 s。当通过人体的触电电流和通过时间超过某个限值时，心脏正常搏动的电信号便受到干扰而被打乱。这样，心脏便不能再进行强有力的收缩而出现心肌震动，这就是医学上所称的“心室纤维性颤动”。

心室纤维性颤动阈值取决于生理参数（人体结构、心脏功能状态等）以及电气参数（电流的持续时间路径，电流的特性等）。对于正弦波交流（50 Hz或60 Hz），如果电流的流通被延长到超过一个心搏周期，则纤维性颤动阈值会显著下降，这种效应是由于诱发器外收缩的电流，使心脏不协调的兴奋状态加剧所导致的结果。当电击的持续时间小于0.1 s，电流大于500 mA时，心室纤维性颤动就有可能发生。电击发生在易损期内，数安培的电流幅度，就很可能引起纤维性颤动。对于这样的强度而持续的时间又超过一个心搏周期的电击，有可能导致可逆的心脏停搏。

其他电气效应，如肌肉收缩、血压上升、心跳脉冲的形成和传导的紊乱（包括心房纤维性颤动和瞬时的心律失常）都可能发生。如果有数安培电流持续的时间超过数秒，则深度烧伤和其他内部伤害都可能产生，也可能有外表烧伤。这些相关机理包括呼吸调节的功能紊乱、呼吸肌肉的麻痹、肌肉的神经中枢活动通路的破坏和头脑内部呼吸调节机理的破坏。这些效应如若时间过长，则不可避免地会导致死亡。

（1）电流强度

通过人体的电流越大，人体的生理反应越明显，病理状态越严重，致命的时间就越短。根据人体对电流的反应，将触电电流分为感知电流、反应电流、摆脱电流和室颤电流。

流通过人体的电流如果其数值很小，仅仅使人能够感觉到刺痛，这个通过人体能引起任何感觉的电流的最小值叫作感知电流。实验表明,成年男性平均感知电流有效值为1.1 mA；成年女性约为0.7 mA，感知电流一般不会对人造成伤害；增大电流，手和脚的肌肉就会发生不自觉的收缩，这个电流的最小值叫作反应电流；如果通过人体的电流进一步增大，触电者会因肌肉收缩，发生痉挛而紧握带电体，人就不能再靠自己的力量脱离这种状态。摆脱电流是人触电后能自行摆脱带电体的最大电流，若通过人体的电流超过摆脱电流且时间过长，会造成昏迷、窒息，甚至死亡，摆脱触电源的能力随着时间的延长而降低。一般成年男性平均摆脱电流为16 mA，成年女性约为10.5 mA，儿童较成年人小。室颤电流是通过人体引起心室发生纤维性颤动的最小电流，如图6-4所示，当心脏跳动处于兴奋传播期间，约50 mA的电流强度就会引起心室发生纤维性颤动。

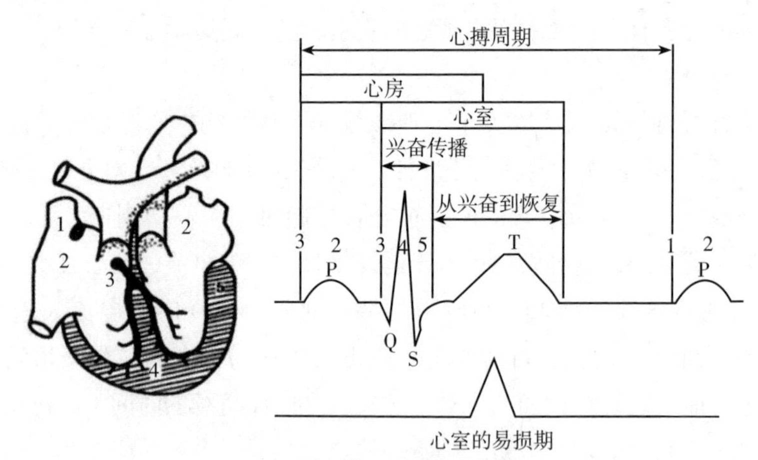

图6-4　心脏跳动周期与电击影响

（2）电流持续时间

首先，电流通过人体的时间越长，能量积累越多，对人体的伤害就越大；其次，电流持续时间越长，与易损期重合的可能性就越大，电击的危险性就越大。人体电阻因出汗等原因降低，电流就会越大，电流对人体产生的热伤害、化学伤害及生理伤害越严重。一般情况下，工频电流（国内为50 Hz，美国为60 Hz）15 ~ 20 mA以下及直流电流50 mA以下，对人体是安全的。但如果触电时间很长即使工频电流小到8 ~ 10 mA，也可能使人致命。

（3）特低（安全）电压

安全电压是为了防止触电事故而设定的电压数值，以人体允许电流和人体电阻的乘积为依据制订的。在安全电压规定的条件下通过人体的电流不超过一定的范围，对人是不会有危险的。例如，在特别危险的环境使用的携带式电动工具应采用42 V安全电压，有电击危险环境使用的手执照明和局部照明应采用36 V或24 V安全电压，工作地点狭窄、行动不便的特别危险环境或特别潮湿环境使用的手提照明灯应采用12 V安全电压；水下作业等特殊场所应采用6 V安全电压。

安全电压的说法仅作为特低电压保护形式的表示，即：不能认为仅采用了“安全”特低电压电源就能防止电击事故的发生。实际工作中应该以国家标准规定的《特低电压（ELV）限值》（GB/T 3805—2008），指导人们正确选择使用各种电气设备。这样才能保证人体在正常和故障两种状态，在各种外界因素的影响下，电气设施或电气设备中的任何两个可被人体同时触及的可导电部分之间可能存在的电压，不会对人体造成较大伤害。

（4）人体阻抗

在一定电压作用下，流过人体的电流与人体电阻成反比。因此，人体电阻是影响人体触电后果的另一因素。人体电阻由皮肤阻抗和人体内阻抗构成。皮肤阻抗是人体阻抗的重要部分，在限制低压触电事故的电流时起着非常重要的作用。人体皮肤电阻与皮肤状态有关，随条件不同在很大范围内变化。如皮肤在干燥、洁净、无破损的情况下，电阻较高，而潮湿的皮肤其电阻下降很多。人体阻抗还与电流路径、接触电压、电流持续时间、电流频率、接触面等因素相关。接触面积增大、电压升高，人体的阻抗变小。

（5）电流通过人体途径

当电流通过人体内部的重要器官时，对人伤害后果很严重。例如，通过头部，会破坏脑神经，使人死亡；通过脊椎，会破坏中枢神经，使人瘫痪；通过肺部会使人呼吸困难；通过心脏，会引起心室颤动或心脏停止跳动而导致死亡。通过人体途径最危险的电流路径是从左手到胸部，然后是右手到胸部，危险最小的是从脚到脚。

（6）电流的种类和频率

电流可分为直流电、交流电。交流电可分为工频电和高频电。一般来说，频率在25 ~ 300 Hz的电流对人体触电的影响较大，其中40 ~ 60 Hz的交流电对人体最危险。低于或高于此频率段的电流对人体触电的伤害程度明显减轻。

（7）个体差异

电流对人体的伤害作用还与性别、年龄、身体及精神状态有很大关系。一般来说女性比男性对电流敏感；小孩比大人敏感。肌肉发达者、成年人比儿童摆脱电流的能力强，男性比女性摆脱电流的能力强。电击对患有心脏病、肺病、内分泌失调及精神病等的患者更加危险，触电死亡率升高。

6.2.1.4 触电事故分布特点

触电事故的分布是有规律的，对于实验室来说，主要体现在以下几个方面。

① 触电事故季节性明显。二、三季度是事故多发期，6—9月份最为集中。主要是因为气温较高，人们穿着单薄，皮肤暴露、多汗等，而且此时段潮湿多雨，导致电气设备的绝缘性能降低。

② 手持式、可移式电动工具触电事故多。主要是因为这些电动工具经常移动，其防护外壳及电源线也容易发生损坏。

③ 电气连接部位触电事故多。电气连接部位机械牢固性相对较差，电气可靠性也较低，是电气系统的薄弱环节，较易出现故障。最典型的有插头与插座之间、开关电器的接线端子与导线之间的连接等。

④ 违章操作、误操作事故多。主要是由操作者违反安全操作规程或误操作等不安全行为，加之管理措施不到位、防止误操作技术措施不完备造成的。

触电事故的分布规律对于电气安全检查、实施电气安全措施以及电气安全培训等工作提供了参考依据。

6.2.2 触电急救

人触电后，电流可能直接流过人体的内部器官，导致心脏、呼吸和中枢神经系统机能紊乱，形成电击；或者电流的热效应、化学效应和机械效应对人体的表面造成电伤。无论是电击还是电伤，都会带来严重的伤害，甚至危及生命。特别是当人员触电发生心室颤动时，如得不到及时的抢救，1 min就会造成人的脑干活动消失，呼吸停止，瞳孔放大；4～6 min就会造成脑和其他人体重要器官组织的不可逆的损害，这段时间是抢救的黄金时间。因此，当遇到人员触电情况时，必须遵守“先救后送”原则，急救是所有实验人员必须熟练掌握的技术。

触电急救的第一步是在保证安全的前提下使触电者迅速脱离电源。采取动作的优先次序为“拉、切、挑、拽、垫”。尽可能使触电人员与电线脱离，或关闭电源开关，确保切断电源的情况下再去救援。若无法立即切断电源，可以用干燥的木棒、竹竿等绝缘物体将电线拨开，使触电者脱离电源，或戴绝缘手套将触电人员拽出来。实在没有条件，可用绝缘物体将触电人员垫起来，形成断路。如遇高压触电事故，应立即通知相关部门切断电源，不可以前去施救。

触电急救的第二步是现场救护。触电最常见的类型是心室纤维性颤动，心室肌发生快速而极不规则、不协调的连续颤动，频率为200~500次/分。心肺复苏术简称CPR，是针对骤停的心脏和呼吸采取的救命技术。目的是恢复患者自主呼吸和自主循环。心肺复苏的操作如下。

① 评估和现场安全。急救者在确认现场安全的情况下轻拍患者的肩膀，并大声呼喊观察患者是否有反应和呼吸。然后一边呼救，一边进行心肺复苏操作。

② 心肺复苏术的次序应为C-A-B。

胸外按压（Circulation，C）：急救者可采用跪式或踏脚凳等不同体位，将一只手的掌根放在患者胸部的中央，将另一只手的掌根置于第一只手上。按压时双肘须伸直，垂直向下用力按压，成人按压频率为100~120次/min，下压深度5~6 cm，每次按压之后应让胸廓完全恢复。按压时间与放松时间各占50%左右，放松时掌根部不能离开胸壁，以免按压点移位。在整个复苏过程中，都应该尽量减少延迟和中断胸外按压，一般按压30 次，进行2次人工呼吸。国际心肺复苏指南强调持续有效胸外按压，尽量不间断，因为过多中断按压，会使冠脉和脑血流中断，复苏成功率明显降低。

开放气道（Airway，A）：有两种方法可以开放气道提供人工呼吸：仰头抬颏法和推举下颌法。将一只手置于患者的前额，然后用手掌推动，使其头部后仰；将另一只手的手指置于颏骨附近的下颌下方；提起下颌，使颏骨上抬。

人工呼吸（Breathing，B）：实施口对口人工呼吸是借助急救者吹气的力量，使气体被动吹入肺泡，通过肺的间歇性膨胀，以达到维持肺泡通气和氧合作用，从而减轻组织缺氧和二氧化碳滞留。人工呼吸应该持续吹气1秒以上，保证有足够量的气体进入并使胸廓起伏。

现场CPR应坚持不间断地进行，不应轻易放弃抢救。心室颤动如果能立刻给予电除颤，则触电人员复苏成功率较高。目前已出现电脑语音提示指导操作的自动体外除颤器（AED），按照语音提示操作即可。

6.2.3 电路安全基础知识

6.2.3.1 低压配电系统

国际电工委员会（IEC）将低压电网的配电制及保护方式分为IT、TT、TN 3类，其中第一个字母表示电力系统对地关系；I——不接地或经电阻接地，T——直接接地；第二个字母表示装置外露的可导电部分的对地关系：T——电气设备的金属外壳接地，并与配电系统接地相互独立，N——电气设备的金属外壳接地，并与配电系统直接连接。

（1）IT系统

IT系统就是电源中性点不接地，用电设备外露可导电部分直接接地的系统。IT方式供电系统在供电距离不是很长时，供电的可靠性高、安全性好。一般用于不允许停电的场所，或者是要求严格地连续供电的地方，例如，大医院的手术室、地下矿井等处。地下矿井内供电条件比较差，电缆易受潮。运用IT方式供电系统，即使电源中性点不接地，一旦设备漏电，相对地漏电流仍小，不会破坏电源电压的平衡，所以比电源中性点接地的系统还安全。

由于电气装置绝缘老化、磨损、腐蚀等原因致使原来不应带电部分（如金属底座、外壳等）带电，或原来带低压电部分带上高压电。这些意外的不正常带电都会引起电气设备损坏和人身伤亡事故。为了避免这类电气事故的发生，IT系统采用保护接地的方式，就是将电气设备在故障情况下可能出现危险的对地电压的金属部分（如外壳等）用导线与大地做电气连接。保护接地的目的是降低外壳电压，电流将同时沿着接地体和人体两条通路流过。流过每条通路的电流值将与其电阻的大小成反比，R_e愈小，通过人体的电流也愈小，保护作用就更大。图6–5是IT系统，以及保护接地原理与等效图。

$$U = I_e R_e = I_P \cdot R_P \tag{6–1}$$

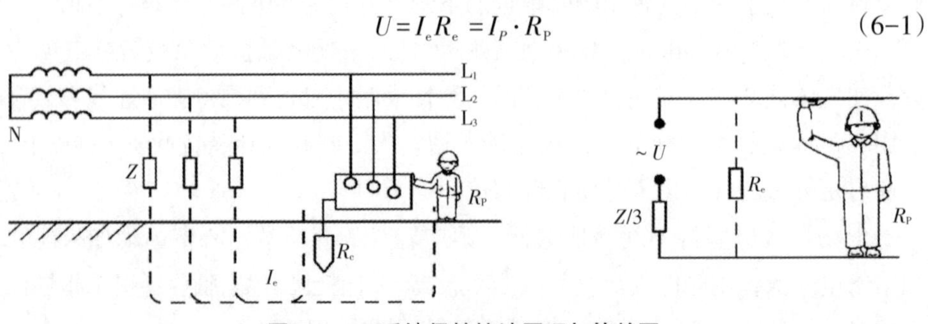

图6–5 IT系统保护接地原理与等效图

（2）TT系统

TT系统就是电源中性点直接接地，用电设备外露可导电部分也直接接地的系统。通常将电源中性点接地叫作工作接地，而设备外露可导电部分接地叫作保护接地。TT系统中，这两个接地必须是相互独立的。设备接地可以是每个设备都有各自独立的接地装置，也可以若干设备共用一个接地装置。TT系统接线图如图6-6所示。

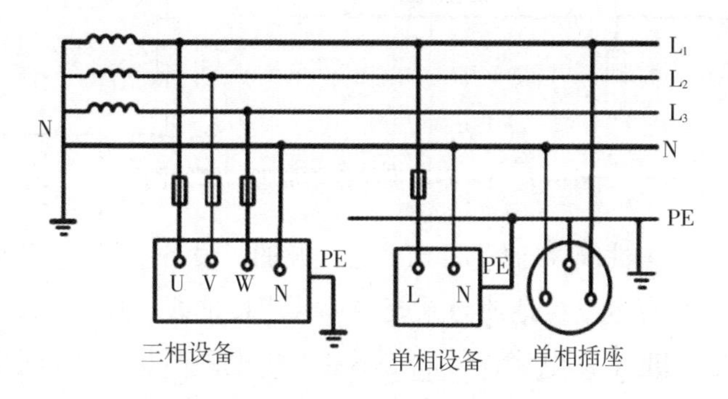

图6-6 TT系统

当设备故障而金属外壳带电时，由于有接地保护，可以大大减少漏电的危险性。但是此时往往短路电流很小，不能立刻切断回路，从而使漏电设备的外壳长期带上危险电压，若人体触及则有触电危险。为了将接触电压限制到安全电压以下，就必须使保护接地电阻值比系统的接地电阻更低，耗材料多，成本较高。

（3）TN系统保护

TN系统电源端直接接地，电气设备的金属外壳与中性线相连接（保护接零）。保护接零是将电气设备在正常情况下不带电的金属部分用导线直接与低压配电系统的零线相连接。这样一旦电气设备发生了单相漏电故障，便形成了一个单相短路回路。因为该回路内不含工作接地电阻与保护接地电阻，整个回路的电阻就很小，因此故障电流必将很大，就足以保证在最短的时间内使熔丝熔断，系统自动断路跳闸，从而切断电源，保证人身安全。

图6-7是TN系统，以及保护接零原理与等效图。

在三相四线配电网中，工作零线——中性线，用 N 表示；保护零线——保护导体，用PE表示；如果一根线既是工作零线又是保护零线，用PEN表示。按照中性线和保护线的组成情况，TN系统分为 TN-S，TN-C-S，TN-C 3

种方式。

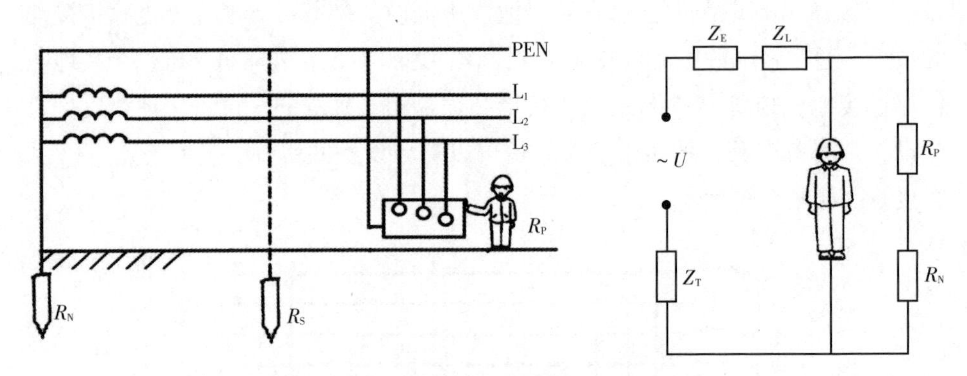

图6-7 TN系统保护接零原理与等效图

TN-S系统内中性线N与保护线PE是分开的，设备金属外壳都接在保护线PE上，不管是否有重复接地或与系统接地共用接地线，保护接线都是单独引出。正常情况下PE上无电流，各设备不会产生电磁干扰，所以适用于数据处理和精密检测装置使用。这种接地方式可以避免由于末端线路、分支线路或主干线中线断线所造成的危害，只有当保护线断开，并且有一台设备发生相线碰壳时才会发生危险，减少了设备外壳出现危险电位的可能性，安全性高。缺点是这种系统需要多增加一根保护线，成本较高。

TN-C-S系统内中性线N与保护线PE是部分合用的，这种系统组合方式是前端用TN-C，给一般的三相平衡负荷供电；末端用TN-S，给少量单相不平衡负荷或对质量要求高的电子设备供电。它兼有两种系统的优点，适于配电系统末端环境较差或有数据处理设备的场所，但是安全性能不如TN-S系统。

TN-C系统内中性线N和保护线E是合用的，见表6-1所示，且标为PEN（实为中性点接地的三相线制配电系统）。如果三相不平衡，工作零线上有不平衡电压，所以与保护线所连接的电气设备外壳对地有一定的电压。假如工作零线断线，则保护接零的漏电设备外壳带电。当电源的相线碰地，则设备的外壳电压升高，使中性线的危险电位蔓延。TN-C系统的成本较低，在我国应用最为普遍。

表6-1　低压配电系统

类型	图例	说明
TN-S 系统	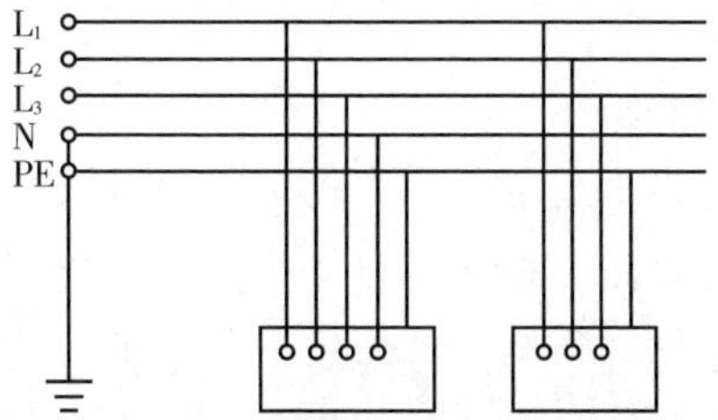 L_1 L_2 L_3 N PE	保护零线是与工作零线完全分开的
TN-C-S 系统	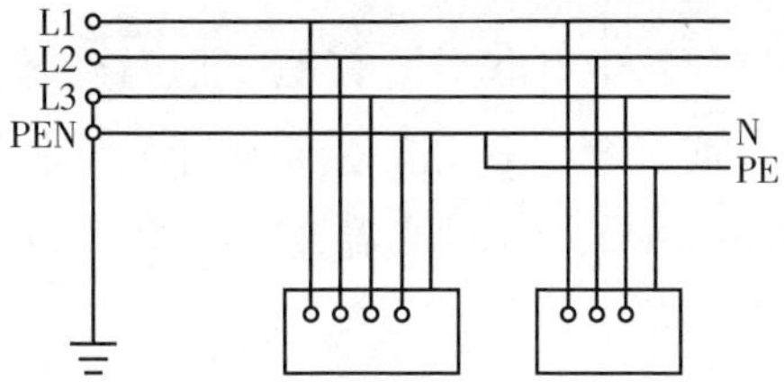 L1 L2 L3 PEN N PE	干线部分的前一部分保护零线是与工作零线共用的
TN-C 系统	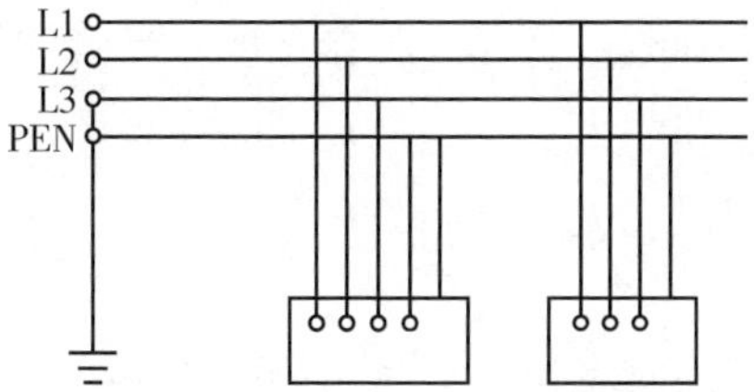 L1 L2 L3 PEN	干线部分保护零线是与工作零线完全共用的

保护接地和保护接零是保障人身安全的两种技术措施：保护接地的基本原理是限制漏电设备对地电压，使其不超过某一安全范围；保护接零的主要作用是借接零线路使设备满电形成单相短路，促使线路上保护装置迅速动作。在同一段配电系统中，应该只选择一种保护方式，而不能同时采用保护接地和保护接零措施。

6.2.3.2　电路故障

电气线路是用于传输电能、传递信息和宏观电磁能量转换的载体，电气线路火灾除了由外部的火源或火种直接引燃外，主要是由于自身在运行过程中出现的漏电、短路、过负荷、接触电阻过大或导线绝缘被击穿而产生电火花或电弧引起的。

（1）漏电

漏电就是导线绝缘因受机械损伤或化学腐蚀造成绝缘不良，致使导线与导线或导线与大地间有微量电流通过的现象。漏电会产生火花和电弧，火花和电弧因温度过高（数千度），能引起附近的可燃或易燃物起火，造成火灾事故。

（2）短路

短路是电气线路中裸导线或绝缘导线的绝缘破损后，火线与火线或火线与地线、大地在某一点碰在一起，引起电流增大的现象叫短路。线路短路分为相间（三相、二相）短路和接地短路。相间短路是指供电系统中三相导线间发生的对称性短路和任意两相间发生的短路。接地短路是指供电系统中任一相导线与大地或地线发生的短路。

线路发生短路时，因短路回路中电流突然增大，在短路点处将产生强烈的电火花或电弧，强烈的电火花或电弧。不仅能使导线的绝缘层燃烧起火，还能使金属熔化。这样强烈的短路电弧和熔化的高温金属都能引起可燃物质燃烧。

（3）导线过载

导线过载是导线实际的负荷电流超过了导线面所规定的最大安全电流数值。线路过负荷其温度超过了导线最高允许工作温度，导线的绝缘层就会加速老化，甚至变质损坏，引起短路起火，严重过负荷时还会引起导线绝缘层发生燃烧，如附近有可燃物就会引燃起火。

（4）接触电阻过大

接触电阻过大是线路中导线与导线，导线与配电装置、保护装置、用电设备连接时，因连接处不牢，或连接点有杂质及其他原因使连接处接触不良时，其接触部位的局部电阻过大，叫作接触电阻过大。接触不良时，接触部位的电阻增大，会产生极大的热量。其热量可以使金属变色甚至熔化，引起电气线路绝缘层和附近的可燃物质燃烧。2000年1月9日，湖南湘潭市金泉大酒店因墙上电源插座与导线接触不良，引着绝缘层造成火灾。

（5）电火花

电火花是因电极间放电而产生的，电弧是由大量密集的电火花构成的。电弧的温度可达3000～4000 ℃，极易引起导线绝缘层起火。

电气线路的防火措施主要应从电线电缆的选择、线路的敷设及连接、在线路上采取保护措施等方面入手。

6.2.3.3　电路装置

（1）配电箱

配电箱是按照电气接线要求将开关设备、测量仪表、保护电器和辅助设备组装在封闭或半封闭金属柜中或屏幅上，正常运行时可借助手动或自动开关接通或分断电路，故障或不正常运行时借助保护电器切断电路或报警。图6–8是配电箱与漏电保护器。

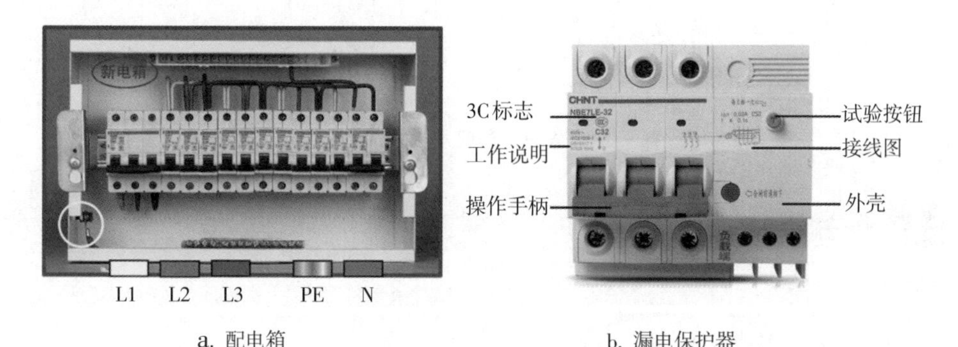

a. 配电箱　　b. 漏电保护器

图6–8　配电箱与漏电保护器

低压断路器（又称自动开关）是一种不仅可以接通和分断正常负荷电流和过负荷电流，还可以接通和分断短路电流的开关电器。低压断路器在电路中除起控制作用外，还具有一定的保护功能，如过负荷、短路、欠压和漏电保护等。

漏电保护器，简称漏电开关，又叫漏电断路器，主要是用来在设备发生漏电故障时以及对有致命危险的人身触电进行保护，具有过载和短路保护功能，可用来保护线路或电动机的过载和短路，亦可在正常情况下作为线路的不频繁转换启动之用。

（2）用电线路

对于380V电压，相线分别是L1黄色、L2绿色、L3红色，中性线为淡蓝色。对于220V电压，火线是红色，中性线是蓝色，接地线是黄绿色。箱体和柜体均有保护线。

（3）插座

插座应采用安全型插座，潮湿等场所应采用防溅型插座或安装防水盒。电源插座的额定电流应大于已知使用设备额定电流的1.5倍，不得过载使用，如图6–9a所示。

（4）插排

电线插排应该固定使用，临时穿过地面时必须做好保护。插排不可以串接，电线长度应与实际需求相同。插排不宜平放，不得过载使用，如图6–9b所示。

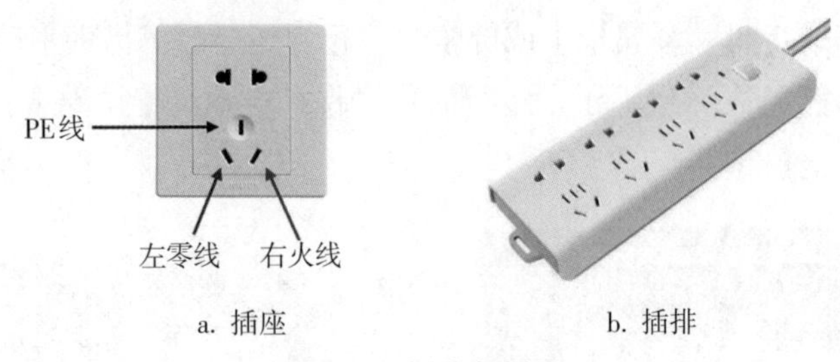

a. 插座　　b. 插排

图6-9　插座与插排

6.3　电气火灾

6.3.1　电气线路火灾

电气线路火灾原因主要为漏电、短路、过负荷和接触电阻过大。

6.3.2　用电设备火灾

用电设备的火灾主要是设备故障或使用不当引起的，实验室里用电设备火灾主要有以下几种情况。

① 使用了劣质的用电设备。一些电加热仪器为小厂制造，质量良莠不齐，使用了劣质元器件，设计结构有缺陷、焊接工艺差、防护等级低等，不仅故障多而且也极易因自身故障引起火灾。

② 设备老化。插孔松弛、接地不实、线径偏小等都会造成打火、过载、短路等问题发生。部分仪器由于电子元件失效，致使机器故障。

③ 仪器摆放的位置不当，如在易燃、震动、潮湿、高温、多尘的地方。用电设备放置在潮湿的地方使用，导致仪器内部的水蒸气、冷凝水使电器元件受潮，绝缘腐蚀，绝缘性能降低，引起短路击穿，造成火灾。用电设备在不易散热的地方，引起仪器周围热量积聚，温度升高，导致部分电气线路的绝缘老化，引起线路打火、短路，周围再有可燃性物质就更危险。例如，加热灯具离可燃材料太近，可能会引发火灾。1994年12月8日，新疆克拉玛依友谊馆火灾即为此原因引起。

④ 仪器使用不当。如仪器超负荷连续运行或长时间通电，导致设备元件或温控器发生故障，机器持续不停地工作，致使摩擦受热局部升高，或导线中的电流增大，引发机器内部短路，造成火灾。一些加热设备切断电源后，在一

定时间内仍有较高的余热，如未妥善保管会引发火灾。

⑤ 电气路线故障引起火灾。如电源电压过低，造成设备的风扇电机转速过低散热不好；电源电压过高，电流增大，也可能使电器失控；或三相运行电机由于电源缺相，会导致电动机烧毁。

用电设备的防火措施应从设备的选择、安装和管理等保护措施方面入手。例如，2008 年 11 月 14 日，上海商学院学生宿舍违规使用“热得快”导致火灾。

6.3.3 静电火灾

静电是一种客观存在的自然现象，两种不同的物体或处于不同状态的同一种物体，发生接触—分离过程时，都会发生电荷的转移，即发生静电现象。电荷聚集在某个物体上，处于静止状态（流动的电荷就形成了电流），就形成了静电。静电电荷分为正电荷和负电荷两种，也就是说静电现象也分为两种，即正静电和负静电。静电产生的方式有很多种，如接触、摩擦、电器间感应等，固体（包括粉尘）、液体、气体之间都可以发生静电现象，只是有的过程极其微弱，有的过程产生的静电荷被中和和或转移，在宏观上不呈现出静电带电现象。

静电放电（ESD）是一种随机过程，指带电体周围的场强超过周围介质的绝缘击穿场强时，因介质产生电离而使带电体上的静电荷部分或全部消失的现象。

当静电产生并积累到一定的程度，形成了“危险静电源”，以致局部电场强度达到或超过周围介质的击穿场强，发生静电放电。

带静电物体接触零电位物体（接地物体）或与其有电位差的物体时都会发生电荷转移，就是我们日常见到火花放电现象。静电放电过程是长时间积聚，具有高电压、低电量、小电流和作用时间短的特点，会产生高电压、强电场、瞬时大电流以及电磁辐射形成电磁脉冲。静电火花放电或刷形放电一般都是在纳秒，或微秒量级完成的。在空气中发生的静电放电可以在瞬间使空气电离、击穿，伴随着发光、发热过程，形成局部的高温热源。在危险静电源存在的场所，如果有易燃易爆气体混合物并达到爆炸极限，或者有火工品、炸药之类的爆炸危险品，或者有静电第三器件及电子装置等静电易燃、易损物质，当两者之间形成能量耦合，并且ESD能量等于或大于前者最小点火能或静电敏感度就可能引起可燃气体燃烧、爆炸。例如，1967 年 7 月 29 日，美国Forrestal航空母舰导弹屏蔽接头不合格，静电引起火灾。

静电在多个领域造成严重危害。摩擦起电和人体静电是电子工业中的两大危害，常常造成电子电器产品运行不稳定，甚至损坏。消除静电就要对产生静电的主要因素（物体的特性、表面状态、带电历史、接触面积和压力、分离速度等）尽量予以排除。例如，使物体在带电序列中所处的位置尽量接近；使物体间的接触面积和压力减小，温度降低，接触次数减少，分离速度减小，接触状态不要急剧变化等。固体粉末、液体、气体在运输过程中由于摩擦会产生静电。因此，要采取限制流速、减少管道的弯曲。增大直径、避免振动等措施。静电防护除降低速度、压力、减少摩擦及接触频率，选用适当材料及形状，增大电导率等抑制措施外，还可采取接地、搭接（或跨接）、屏蔽、泄漏、加湿、使用静电消除器等措施，如图6–10所示。

图6–10　加油器中的静电消除装置

直接静电接地是生产设备或器具上的所有非带电金属体应通过金属导体进行直接静电接地，使其在生产过程中不易积累静电。增加空气湿度可使带电体表面吸附一定量的水分，降低其表面电阻率，使静电更易于泄漏进入大地或相互中和，达到有效消除静电的目的。

6.4　实验室常用电气设备

6.4.1　电加热设备

电加热设备具指的是装有电热元件而不带有电动机的器具。常见的电加热设备具包括电烘箱、电暖器、电烙铁等。电热元件的种类有很多，从发热原理上可以分为纯电阻性发热元件（例如，电水壶用的发热丝）和半导体型发热元件（例如，一些暖风机用的PTC发热元件）；从加热介质来看，有些电热元件是用于加热空气的（例如，多数室内加热器），有些是用于加热水或其他液体的（例如，电热水器等），也有加热固体材料的（例如，烧烤盘等）。电热元件的外观根据电器形状和功能的不同也是多种多样的。

6.4.1.1 电烘箱

电烘箱因功率较大，使用时应注意防止过载。导线与加热元件的接线应稳妥，引出线应采用耐高温绝缘材料加以保护，宜使用单独的供电线路。烘箱周围不得放置可燃物质、化学试剂、气瓶等物品。电烘箱在使用时，室内应注意通风，防止易燃气体或有毒气体积聚，如图6-11a所示。

① 开启电烘箱干燥物品时，要根据待干燥物品的物理、化学性质严格控制烘烤温度与时间。

② 玻璃仪器应该洗净、晾干后再放入电烘箱烘烤，避免水滴滴落到其他仪器上，导致它们突然遇冷破裂。严禁将带有易燃液体（如乙醇、丙酮等）的物体放入电烘箱，防止液体遇热转化为可燃蒸气，发生爆炸。

③ 待烘干物体须放在架板上，避免直接接触加热元件。针头、药匙等金属物体更要整理好，不得散乱放置。

④ 干燥好的物品要及时取出，要定期清理电烘箱。取出高温物品时，应戴好手套。另外，高温物品应该放在干燥器皿中冷却，防止物品在冷却时受潮。

a. 电烘箱

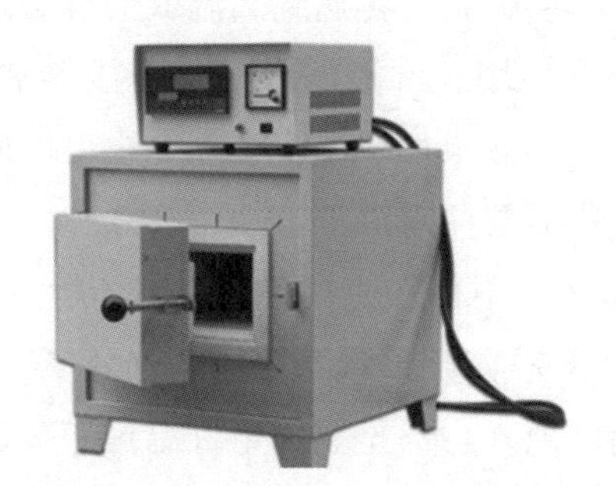

b. 马弗炉

图6-11 电烘箱和马弗炉

6.4.1.2 马弗炉

马弗炉是一种高温电炉加热设备，如图6-11b所示。依据外观形状可分为箱式炉、管式炉、坩埚炉等，通常以箱式炉较为常见。高温电炉常用于样品的高温灰化、熔融处理，也用于测定试样中的水分、灰分、挥发组分及元素分析等。高温电炉使用时的注意事项如下。

① 高温电炉使用时应放在平坦的地上或水泥台上，周围应使用不燃材料，不得放置在木台子及桌子上。

② 加热升温时，人员不得离开，应注意观察升温情况，避免出现温度失控等意外情况。如果发现异常，请停止工作，及时排查故障，确保安全。

③ 工作时，请注意高温，避免烫伤。操作时，使用人员应佩戴隔高温手套。仪器使用完毕应做好标记。

④ 炉膛内不宜放入含有酸性、碱性的化学品或具有强烈氧化性的试样，更不许在炉内灼烧有爆炸危险的物品。注意环境通风，工作时带好口罩，以免吸入高温电炉挥发出的有害气体。

⑤ 取、放瓷坩埚时，请使用坩埚钳。从高温电炉中取出的热坩埚，必须放置在耐火泥板或石棉板上。

6.4.1.3 油浴锅

恒温油浴锅在实验室中应用非常广泛，它用加热元件对导热油进行加热，再通过精密的温控仪表对温度进行控制。使用恒温油浴锅时，注入的液体不要超过油浴锅体积的60%，原因是油浴时放入受热仪器液面会上升，导热油受热时体积会膨胀，再遇到高温就会有溢出风险。

油浴锅使用高沸点的硅油、变压器油作为加热介质，不得使用燃点较低的色拉油等，如果加热温度不高，也可以使用容易清洗的甘油、水作为加热介质。使用中需要注意以下事项。

① 油浴锅不得在换气条件差的场所使用，远离火源、易产生火花地点。

② 油浴锅在升温状态下，人员不得离开。装置运行处于平衡状态，人员可以短时间离开。但是要固定好温控探头，有条件的可以再串联一个温控装置或安装网络摄像头，以保证安全。

③ 禁止在无油的情况下空烧，避免烧坏加热元件。

④ 导热油中如果混入水，应先进行干燥处理或更换，防止导热油飞溅。

⑤ 仪器使用结束后，需要将油倒出，置于通风干燥处保存。

6.4.1.4 电加热套

电加热套是实验室通用加热仪器的一种，具有升温快、温度高、操作简单、使用方便、经久耐用的特点。其主要由无碱玻璃纤维和金属加热丝编制的半球形加热内套和控制电路组成，多用于玻璃容器的控温加热。电加热套采用了球形加热方式，可使容器受热更均匀。

电加热套在第一次使用时，可能有白烟和异味冒出，颜色由白色变为褐色再变成白色属于正常现象，因玻璃纤维在生产过程中含有油质及其他化合物，应放在通风处，数分钟消失后即可正常使用。液体溢入套内时，请迅速关闭电源，将电热套放在通风处，待干燥后方可使用，以免漏电或电器短路发生危险。长期不用时，请将电热套放在干燥无腐蚀气体处保存。

6.4.1.5 红外干燥箱使用介绍

红外干燥箱采用高效、节能的远红外加热元件（红外线灯泡），可快速干燥样品。具有快速、方便、无污染等优点。使用注意事项如下。

① 红外干燥箱放置处要有一定的空间，四面离墙体要有一定距离。

② 烘干物品的排列不能太密。

③ 禁止烘干易燃、易爆物品及有挥发性和腐蚀性的物品。

④ 烘干完毕后先切断电源，然后方可打开工作室门，切记直接用手接触烘干的物品，要用专用的工具或带隔热手套取烘干的物品，以免烫伤。

⑤ 使用红外干燥箱时，温度不能超过红外干燥箱的最高使用温度，一般红外干燥箱的使用温度在250 ℃以下。

⑤ 烘干物品时，顶部的排气口一定要开启。

⑥ 防止液体飞溅到灯泡上。

6.4.1.6 其他

电吹风、电烙铁等小型电加热工具虽然不起眼，但是也容易引起火灾。使用时应注意将这类手持加热设备放置于不燃的基座上，使用时也要远离易燃物。使用完毕或遇到停电情况，应拔去电源，待其冷却后再收起来。

6.4.2 电制冷设备

通常，实验室里制冷器具包括电冰箱、制冰机、房间空调器等，是采用比较典型的压缩式制冷系统，其特点是由电动机、压缩机、蒸发器、冷凝器、毛细管、制冷剂等组成制冷回路，高压液态制冷剂在蒸发器中蒸发时吸收热量，从而达到制冷效果，气态的制冷剂通过冷凝器时放热变为液态，再经过压缩机压缩成高压液态，如此往复循环。有些制冷剂是低沸点的易燃液体，与空气混合能形成爆炸性混合物，遇热源和明火有燃烧爆炸的危险，与氧化剂接触反应猛烈，遇火源会着火。

6.4.2.1 电冰箱（冰柜）

普通电冰箱的启动继电器、温度控制器一般设在冰箱的冷藏室，是非防爆型的。如果实验人员将乙醇、乙醚等易挥发的易燃液体装进冰箱，由于容器密封不严或冰箱遇到停电，冰箱内温度升高，会导致液体挥发。易燃液体的蒸气挥发出来进入冰箱内，在达到爆炸极限后，控制器触点发出的电火花足以引起冰箱内混合性气体爆炸燃烧。

电冰箱制冷系统中的压缩机和冷凝器表面温度较高，冷凝器表面温度可达50 ℃以上，压缩机的温升允许范围在55～75 ℃之间。在炎热的夏季温度会更高。如果电冰箱工作在负电压或过电压状态时，则压缩机表面温度可达85～105 ℃。电冰箱放在过于靠墙位置，压缩机周围的空气流动受到影响，热量会在压缩机和冷凝器周围聚集。

电冰箱的压缩机超负荷连续运行。由于制冷剂不足或温控器发生故障，压缩机就会持续不停地运行，并致使导线中的电流增大。长时间运行，就可能导致压缩机内部短路，从而引发火灾。

6.4.2.2 空调

空调壁挂机的使用寿命一般是在8年左右，如果使用时间长，空调内机里面的线路有可能会出现老化，绝缘层可能会被破坏，产生漏电，在空调长期运转的情况下，电流过大，会产生高温，导致发生火花，进而自燃。断电后瞬间通电时，由于压缩机内过大的气压会使电动机启动困难，此时产生的大电流可能造成电路起火。空调内部故障时，也容易因过热引发短路。

使用空调机时，应远离窗帘等可燃物质。空调应有单独使用的电源，电源线应该有良好的绝缘和接地保护。不要短时间内连续切断、接通电源。人员离开时应关闭电源，并且使用开关装置关闭，不可直接拔电源插头。空调运行时，不能对着机器喷洒杀虫剂等易燃液体或易燃气体，以免发生燃烧事故。长时间停用或超期使用的空调应该请专业人员进行检查和保养。

6.4.3 电动设备

电动器具指的是装有电动机而不带有电热元件的器具。实验室里普通的电动器具采用的电动机多数是单相异步电动机。

6.4.3.1 离心机

离心分离是化学实验室常用的一种分离方法。离心分离是借助离心力，使比重不同的物质进行分离，常用于液-固悬浮液的快速分离，目前实验室多采用小型高速离心机来完成液-固悬浮液的离心分离。选择离心机时，应仔细考虑放置部位、类型和它的用途，如为桌面型的离心机，就必须很好地加以固定。应使所有操作人员了解使用离心机时保持平衡的重要性。此外，尚需注意以下各点。

① 保证离心机转子和腔体干净、整洁，特别注意对转动部分零件的检查。

② 应加上适当的护罩，以防止偶尔的“飞出”事故，在使用的护罩中，双层隔墙可提供较大的防护能力。确保离心机盖被盖好。运转过程中不允许打开盖子。

③ 为了防止顶部偶尔开启时发生危险，顶部应装有关闭转动部分的断开开关。

④ 普通的离心机不能处理易燃液体，避免易燃液体在封闭的机器内迅速挥发成蒸气与空气形成爆炸性混合气体。

⑤ 离心机顶应能可靠地闭合。

⑥ 正确设置离心时间、转速等参数，不要超过转子所允许的最高转速。

6.4.3.2 电动搅拌器

电动搅拌器常用来实现溶解混合，多相传质、传热反应等。

电动搅拌器采用电机驱动，要比电磁搅拌器的功率大，搅拌能力强，多在有机实验中使用。电动搅拌器在低速运行转矩输出大，连续使用性能好，一般适用于油水溶液或固-液反应中，但不适用于过黏的胶状溶液。电动搅拌器若超负荷使用，很易发热而烧毁。使用时必须接上地线。平时应注意经常保持清洁干燥，防潮防腐蚀。轴承应经常加油保持润滑。使用过程中，电刷会被磨损，需要在使用一段时间后检查更换。

电动搅拌器使用注意事项如下。

① 开始通电搅拌前，一定要用检查机器状态，转速调零。手试转动一下，查看转动是否灵活。

② 工作时如发现搅拌棒不同心，搅拌不稳的现象，请关闭电源调整支架与夹子，使搅拌棒同心。

③ 停止搅拌时，转速一定归零，防止再次使用时，突然快速转动，打碎容器，发生事故。

④ 搅拌过程必须有人值守，防止转速突然失控，打碎容器，或搅拌阻力过大，烧坏电机。

6.4.3.3 磁力搅拌器

磁力搅拌器适用于搅拌或加热搅拌同时进行，用于黏稠度不是很大的液体，或者固-液混合物的搅拌。磁力搅拌器利用了磁场和漩涡的原理。液体放入容器中后，将搅拌子（外部覆盖塑料的铁丝）同时放入液体，当底座产生磁场后，带动搅拌子成圆周循环运动从而达到搅拌液体的目的。配合温度控制装置，可以根据具体的实验要求控制并维持溶液温度。一般的磁力搅拌器都有控制磁铁转速的旋钮及可控制温度的加热装置。

6.4.4 真空泵

实验室经常要进行负压操作，即在低于大气压力下操作，如减压过滤、减压蒸馏等实验操作过程。系统负压通常是由真空泵获取。在化学实验室常用的真空泵有循环水泵和油泵（机械真空泵）两种。若不要求很低的压力时，可用水泵。如果水泵的构造好且水压又高，抽空效率可达1.067 ~ 3.333 kPa。水泵所能抽到的最低压力理论上相当于当时水温下的水蒸气压力。

6.4.4.1 循环水真空泵

循环水真空泵属于离心式机械泵，工作介质为水，如图6-12a。使用水泵抽气时，可以在水泵前安装缓冲瓶。停止抽气前，应先拔出橡胶管，最后关闭水泵，防止水泵倒吸。由于水泵是由电机带动，又是在水环境使用，使用时应注意漏电及触电。而且循环水真空泵腔体内部为塑料，长期使用温度升高，有自燃的危险。

6.4.4.2 机械旋片式真空泵

若要更高的真空度，需要使用油泵，好的油泵能抽到133.3 Pa（1 mmHg）以下。图6-12b是实验室常用的旋片式真空油泵，使用油泵时必须注意下列几点。

① 系统和油泵之间，必须装有缓冲瓶和吸收装置，以除去水、低沸点的有机物，油吸收这些杂质后增加蒸气压，从而降低了抽空效能。

② 接通电源前应检查油泵，无异常情况后，再打开开关，油泵运转正常后缓慢旋转三通阀，使泵的吸气管与被抽空容器相通并与大气隔绝。

③ 对机械设备的传动部分（如旋转轴、齿轮、皮带轮、传动带等），要安装保护罩，以防运转时，衣服及手指卷入。

④ 停止使用泵时，必须先降低系统温度，再旋转三通阀泵的吸气管与大气相通，最后关闭电源。

⑤ 真空泵不应用来抽含氧量过高、有爆炸性以及对金属有腐蚀的气体。另外，也不宜吸入能与泵油起反应的气体和含有大量水蒸气的气体等。

a. 循环真空水泵

b. 油泵

图6-12 循环真空水泵和油泵

6.4.5 空气压缩机

空气压缩机也是实验室常见设备，用来压缩气体。压缩气体可以用来吹扫玻璃仪器，或为分析仪器提供压缩空气。

① 空气压缩机应保持清洁，停放在远离蒸气、煤气弥漫和粉尘飞扬的地方。进气管应装有过滤装置。

② 空气压缩机起动前，按规定做好检查和准备工作，注意各仪表读数是否正常，管路有无破损。

③ 空气压缩机运转过程中，如发现异常情况，应立即停机检查。

6.4.6 组合仪器

旋转蒸发装置是实验室中经常见到的仪器，由旋转蒸发仪、冷却循环泵和真空泵组合而成，实现溶剂的蒸发、浓缩等功能，如图6-13所示。

图6-13 旋转蒸发仪

旋转蒸发仪是由电机带动可旋转的蒸发器（圆底烧瓶）、冷凝器和接受器组成，可在常压或减压下操作，可一次进料，也可分批加入待蒸发料液。蒸发器旋转时，会使料液在烧瓶内壁形成液膜，蒸发面积增加，加快了蒸发速度。真空泵在减压条件下连续蒸馏大量易挥发性溶剂，在较低温度下快速蒸馏。冷却装置使气相冷却，又进一步加快蒸发速度。

旋转蒸发仪的蒸馏烧瓶通常是一个带有标准磨口接口的梨形或圆底烧瓶，通过一个回流蛇形冷凝管与减压泵相连，回流冷凝管另一开口与带有磨口的接收烧瓶相连，用于接收被蒸发的有机溶剂。在冷凝管与减压泵之间有一个三通活塞，当体系与大气相通时，可以将蒸馏烧瓶、接液烧瓶取下，转移溶剂。当体系与减压泵相通时，则体系应处于减压状态。使用时，应先减压，再开动电动机转动蒸馏烧瓶，结束时，应先停机，再通大气，以防蒸馏烧瓶在转动中脱落。作为蒸馏的热源常配有相应的加热控制装置。

7 压力容器

7.1 特种设备基础知识

特种设备是指对人身和财产安全有较大危险性的锅炉、压力容器（含气瓶）、压力管道、电梯、起重机械、客运索道、大型游乐设施、场（厂）内专用机动车辆以及法律、行政法规规定适用特种设备安全法的其他特种设备。国家对特种设备实行目录管理。特种设备目录由国务院负责特种设备安全监督管理的部门制定，报国务院批准后执行，实施分类的、全过程的安全监督管理。特种设备安全工作原则是“安全第一、预防为主、节能环保、综合治理”（如图7-1所示）。

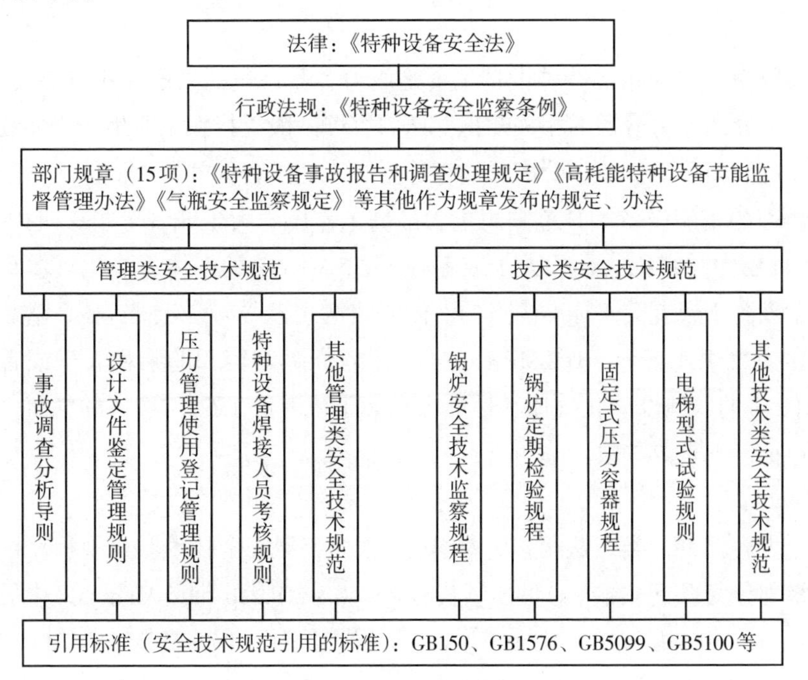

图7-1　特种设备的法律法规体系

《中华人民共和国特种设备安全法》的申报、起草调研、草案的提出都是由全国人大直接进行的。历时十几年，经历了第十届、第十一届全国人大跨界工作衔接，到第十二届全国人大常委会第三次会议通过。该法体现了安全性与经济性的统一，链条更加完整，调整各方面的关系，明确各方面责任，解决安全监督管理工作法律地位问题。确立了安全技术规范的法律地位，以安全技术规范为准则，解决安全性能基本要求问题；以标准为基础，解决安全监管技术支持问题。

特种设备使用单位应当建立岗位责任、隐患治理、应急救援等安全管理制度，制定操作规程，保证特种设备安全运行。一般应包括以下内容：作业人员培训教育制度、维护保养制度、日常检查制度、隐患排查治理制度、安全会议制度、档案管理制度、定期报检制度等。

特种设备使用单位应当建立特种设备安全技术档案。安全技术档案应包括以下内容：特种设备的设计文件、制造单位、产品质量合格证明、使用维护说明等文件以及安装技术文件和资料；特种设备的定期检验和定期自行检查的记录；特种设备的日常使用状况记录；特种设备及其安全附件、安全保护装置、测量调控装置及有关附属仪器仪表的日常维护保养记录；特种设备运行故障和事故记录；高耗能特种设备的能效测试报告、能耗状况记录以及节能改造技术资料。

实验室经常使用的特种设备主要是压力容器，包括高压反应釜、气瓶等，因此本节介绍压力容器的相关知识。压力容器一般泛指在工业生产中盛装用于完成反应、传质、传热、分离和储存等生产工艺过程的气体或液体，并能承载一定压力的密闭设备。其范围规定为最高工作压力大于或者等于0.1 MPa（表压），且压力与容积的乘积大于或者等于2.5 MPa·L的气体、液化气体和最高工作温度高于或者等于标准沸点的液体的固定式容器和移动式容器；盛装公称工作压力大于或者等于0.2 MPa（表压），且压力与容积的乘积大于或者等于1.0 MPa·L的气体、液化气体和标准沸点等于或者低于60 ℃液体的气瓶。压力容器包括以下重要参数。

① 压力。

压力容器的分类方法很多，《固定式压力容器安全技术监察规程》按照压力等级划分为以下4类：① 低压（代号L），0.1 MPa$\leqslant p<$1.6 MPa；② 中压（代号M），1.6 MPa$\leqslant p<$10.0 MPa；③ 高压（代号H），10.0 MPa$\leqslant P<$100.0 MPa；④ 超高压（代号U），$\geqslant$100.0 MPa。

压力容器的最高工作压力多指在正常操作情况下，容器顶部可能出现的最高压力。设计压力是指在相应设计温度下用以确定容器体厚度及其元件尺寸的压力，即标注在容器铭牌上的设计压力。

② 设计温度。设计温度是指容器在正常操作时，在相应设计压力下，壳壁或元件金属可能达到的最高或最低温度。当壳壁或元件金属的温度低于20 ℃时，按最低温度确定设计温度；除此之外，设计温度一律按最高温度选取。设计温度值不得低于元件金属可能达到的最高金属温度；对于0 ℃以下的金属温度，设计温度不得高于元件金属可能达到的最低金属温度。容器设计温度（即标注在容器铭牌上的设计介质温度）是指壳体的设计温度。

③ 介质。生产过程所涉及的介质品种繁多，分类方法也有多种。按物质状态分类，可分为气体、液体、液化气体、单质和混合物等；按化学特性分类，则有可燃、易燃、惰性和助燃4种；按介质对人类的毒害程度分类，又可分为极度危害（Ⅰ）、高度危害（Ⅱ）、中度危害（Ⅲ）、轻度危害（Ⅳ）。

7.2 反应釜

反应釜是为在一定温度、一定压力条件下合成化学物质提供的反应器。它广泛应用于新材料、能源、环境工程等领域的科研试验中，是高校教学、科研单位进行科学研究的常用小型反应器。实验室常见的反应釜包括高压反应釜及水热反应釜，如图7-2所示。使用高压釜一定要注意安全，使用不慎会造成严重的事故。例如，2021年3月31日，国内某研究所发生反应釜爆炸，造成一人死亡。

a. 高压反应釜

b. 水热反应釜

图7-2 高压反应釜和水热反应釜

高压反应釜应注意以下几点。

① 高压釜必须有专人负责管理，并对其他使用人员进行安全教育。

② 仪器上应有详细的操作说明、注意事项和安全标志。

③ 反应釜放置在室内，应保证设备地点通风良好，通道保持畅通。

④ 阀门、压力表、安全阀以及其他附属装置必须正确安装，并定期检查。

⑤ 反应完毕后，先进行冷却降至室温，再缓慢泄放釜内的气体，避免带压拆卸。

⑥ 每次操作完毕清除釜体及密封面的残留物，并保持干燥。

⑦ 高压釜应定期检查，及时维修或更换。

7.3 气体钢瓶

气体钢瓶是一种特殊的压力容器，《气瓶安全技术规程》（TSG 23—2021）管理的气瓶为正常环境温度（-40～60 ℃）下使用的、公称容积为0.4～3000 L、公称工作压力为0.2～70 MPa（表压），并且压力与容积的乘积大于或等于1.0 MPa·L的盛装气体、高（低）压液化气体、低温液化气体、溶解气体、吸附气体、混合气体以及标准沸点等于或低于60 ℃的液体的无缝气瓶、焊接气瓶、低温绝热气瓶、纤维缠绕气瓶、内部装有填料的气瓶，以及气瓶集束装置。

公称工作压力的确定原则。

① 盛装压缩气体气瓶的公称工作压力，是指在基准温度（一般为20 ℃）下的气瓶内气体达到完全均匀状态时的限定（充）压力。

② 盛装高压液化气体气瓶的公称工作压力，是指60 ℃时气瓶内气体压力的上限值。

③ 盛装低压液化气体气瓶的公称工作压力，是指60 ℃时所充装气体的饱和蒸气压；低压液化气体在60 ℃时的饱和蒸气压值按照《气瓶安全技术规程》（TSG 23—2021）附件B或者相关气体标准的规定确定，附件B或者相关气体标准没有规定时，可以采用气体供应单位提供并经过气瓶制造单位书面确认的相关数据。

④ 盛装溶解气体气瓶的公称工作压力，是指在15 ℃时的气瓶内气体的化学性能、物理性能达到平衡条件下的静置压力。

⑤ 低温绝热气瓶的公称工作压力，是指在气瓶正常工作状态下，内胆顶部气相空间可能达到的最高压力；根据实际使用需要，可在0.2 ~ 3.5 MPa范围内选取。

⑥ 盛装标准沸点等于或者低于60 ℃的液体以及混合气体气瓶的公称工作压力，按照相关标准规定选取。

⑦ 消防灭火用气瓶的公称工作压力，应当不小于灭火系统相关标准中规定的最高工作温度下的最大工作压力。

7.3.1 气瓶的管理

符合上述条件下的气瓶，使用单位应按照《中华人民共和国特种设备安全法》的要求履行使用登记、建立制度、建立档案、进行维护保养和定期检查、提出定期检验要求、发现问题及时处理等安全使用责任。气瓶的使用单位还应该指定专门的气瓶安全管理人，并对其他使用人员进行必要的安全教育和技能培训。

7.3.1.1 气瓶安全管理制度

气瓶安全管理制度应包括：特种设备安全管理人员、作业人员岗位职责以及培训制度；气瓶建档、使用登记、标志涂覆、定期检验和维护保养制度；气瓶安全技术档案（含电子文档）保管制度；气瓶以及气瓶阀门采购、储存、收发、标志、检查、报废和更换等管理制度；气瓶隐患排查治理以及报废气瓶去功能化处理制度；气瓶事故报告和处理制度；应急演练和应急救援制度；接受安全监督的管理制度。

7.3.1.2 气瓶安全技术档案

气瓶使用单位应当建立安全技术档案（含电子档案），档案至少包括以下内容：气瓶使用登记证和使用登记汇总表；气瓶定期检验报告；气瓶日常维护保养记录；气瓶附件和安全保护装置校验、检修、更换记录和有关报告；事故情况或者异常情况所采取的应急措施和处理情况记录等资料；压力容器、压力管道等特种设备的档案；各类人员培训考核资料以及向气体使用者宣传教育的资料；需要存档的其他资料。

7.3.1.3　气瓶存放要求

① 高压气瓶必须分类、分处保管。室内要保持通风，防止气体泄漏聚集而发生事故。气瓶存放处应远离火源和热源，避免阳光直射，防止受热膨胀而引起爆炸。有条件的单位，气瓶应存放在专门设计的气瓶间或指定房间。

② 气瓶钢瓶上的漆色及标志与各种单据上的品名一致，外观涂层完好。包装、标志、防震胶圈等附件齐备，钢瓶上的钢印须设计使用年限或检验有效期内。

③ 气瓶不得不放在室内时，应放在房间内设置特定区域配置有自动检测与报警装置的气瓶柜中。用固定架或用固定带将气瓶直立固定，严禁敲打、碰撞。气瓶不得阻塞通道。

④ 使用可燃气体、有毒气体时应安装气体泄漏报警装置，CO、氨气等气瓶禁止放入室内。大量使用惰性气体时就安装氧气浓度探测装置，以降低潜藏的风险。

⑤ 各种气瓶必须定期按照要求进行技术检查。检查气瓶是否出现变形、异常响声、明显外观损伤等情况。检查气体压力显示是否出现异常情况。

7.3.1.4　气瓶搬运要求

① 在搬运气瓶前，必须给气瓶配上安全帽，气瓶阀门必须旋紧。

② 运输瓶装气体时，气瓶应当整齐放置；横放时，瓶端应当朝向一致；立放时要妥善固定，防止气瓶倾倒。

③ 单个气瓶应使用专用的气瓶推车搬运。近距离移动时，可一手托住瓶帽，使瓶身倾斜，另一手转动瓶身沿地面慢慢转动前进。

④ 搬运过程中，严禁抛、滑、滚、撞、敲击气瓶。

7.3.1.5　气瓶使用要求

① 高压气瓶上选用的减压阀要分类专用，各种减压阀不可混用。使用前应进行安全状况检查，确保减压阀，瓶阀，压力表等完好。

② 可燃性气体和助燃气体气瓶在一起使用时，相距应大于5 m，与明火的距离应大于10 m。

③ 氧气瓶或氢气瓶等，应配备专用工具，并严禁与油类接触。禁止将气瓶与电气设备及电路接触，与气瓶接触的管道和设备要有接地装置。

④ 开、关减压阀和气瓶总阀时，动作必须缓慢；操作人员应站在气瓶出气口侧面的位置，先打开气瓶总阀，后开减压阀；用气完毕，要先关闭气瓶总阀，放尽余气后，再关减压阀。

⑤ 使用时要注意检查钢瓶及连接气路的气密性，确保气瓶不泄漏。

检测气瓶是否泄漏时可以采用涂抹法，该法是将肥皂水抹在气瓶检漏处，若有气泡发生，则能判定为漏气。此法使用较为普遍，具有准确性高，判断直观，经济实用、易操作等特点；但要注意的是，对氧气瓶检漏时严禁使用含油脂的肥皂水，以防肥皂水中的油脂与氧接触发生剧烈氧化反应，产生危险。

⑥ 用后的气瓶，应按规定留0.05 MPa以上的残余压力。可燃性气体应剩余0.2 ~ 0.3 MPa，H_2应保留2 MPa，以防重新充气时发生危险。

7.3.2 气瓶的分类

气体按FTSC编码，标示每种气体的基本特性，以此作为分类依据，构成系统的综合分类，如表7–1所示。

表7–1 FTSC数字编码

F燃烧性（第一位数）				
0				不燃（惰性）
1				助燃（氧化性）
2				可燃性气体
				（1）可燃气体甲类：在空气中爆炸下限小于10%的可燃气体
				（2）可燃气体乙类：在空气中爆炸下限大于等于10%的可燃气体
3				自燃气体：在空气中自燃温度小于100℃的可燃气体
4				强氧化性
5				易分解或聚合的可燃性气体
T毒性（第二位数）吸入半数致死量浓度LC_{50}/h				
	1			无毒$LC_{50} < 5000 \times 10^{-6}$
	2			毒$5000 \times 10^{-6} \leq LC_{50} < 200 \times 10^{-6}$
	3			剧毒$LC_{50} \geq 200 \times 10^{-6}$

表7-1（续）

S状态（第三位数）标示气瓶内气体的状态				
		1		低压液化气体
		2		高压液化气体
		3		溶解气体
		4		压缩气体（1）
		5		压缩气体（2），适用于氟、二氟化氧
		6		低温液化气体（深冷型）
C腐蚀性（第四位数）				
			0	无腐蚀性
			1	酸性腐蚀，不形成氢卤酸的
			2	碱性腐蚀
			3	酸性腐蚀，形成氢卤酸的

气体的FTSC编码是由气体的燃烧性、毒性、状态和腐蚀性的英文单词中第一个字母组成的缩写词。FTSC编码用4个数字按顺序组成，直接标示了每种气体的基本特性。

编码依据4个基本特性：

燃烧性——根据燃烧的潜在危险性，分为不燃、助燃（氧化性）、可燃（甲类、乙类）、自燃、强氧化性、分解或聚合6个类型。

毒性——根据接触毒性的途径和毒性大小，按急性毒性吸入1 h，半数致死量浓度LC_{50}分为无毒、毒、剧毒3个等级。

状态——根据瓶内充装气体的状态和在20 ℃环境温度时及瓶内压力的大小分为6个类型。

腐蚀性——根据气体不同的腐蚀性，分为无腐蚀，酸性腐蚀（氢卤酸腐蚀和非氢卤酸腐蚀）、碱性腐蚀4个类型。

按FTSC编码，标示每种气体的基本特性，以此作为分类依据，构成系统的综合分类。

7.3.2.1 第1类压缩气体和低温液化气体

a组不燃无毒和不燃有毒气体，如氮、氩等不燃无毒；三氟化硼等不燃有毒。

b组可燃无毒和可燃有毒气体，如氢、甲烷等可燃无毒；CO可燃有毒。

c组低温液化气体（深冷型），液氮、液氩等。

a组和b组气体在正常环境温度（-40～60 ℃）下充装、贮运和使用过程中均为气态。c组气体在充装时及在绝热焊接气瓶中运输为深冷液体形式，在使用过程中是液态或液体汽化及常温气态形式。

7.3.2.2 第2类液化气体

① 高压液化气体

a组不燃无毒和不燃有毒气体，如二氧化碳、六氟乙烷等不燃无毒；氯化氢为不燃有毒气体。

b组可燃无毒和可燃有毒气体，如乙烷、乙烯等可燃无毒；磷烷可燃有毒。

c组易分解或聚合的可燃气体，氟乙烯、乙硼烷。

此类气体，在正常环境温度下充装、贮运和使用过程中随着气体温度、压力的变化，其状态也在气、液两态间变化，此类气体在温度超过气体的临界温度时为气态。

② 低压液化气体

a组不燃无毒和不燃有毒气体，如R-21、R22等不燃无毒；氯、二氧化氮、四氧化二氮等不燃有毒。

b组可燃无毒和可燃有毒气体，如丙烷、环丙烷等可燃无毒气体；氨、乙胺等可燃有毒气体。

c组易分解或聚合的可燃气体，环氧乙烷、氯乙烯等。

在充装、贮运和使用过程中，正常环境温度均低于此类气体的临界温度。

7.2.3.3 第3类溶解气体

a组易分解或聚合的可燃气体。我国的溶解气体只有1种，即溶解乙炔。

此外，气瓶还可以按照瓶体结构分为：无缝气瓶、焊接气瓶、纤维缠绕气瓶、低温绝热气瓶、内装填料气瓶。

气瓶按照公称工作压力，分为高压气瓶、低压气瓶。

气瓶按照公称容积，分为小容积气瓶（≤12 L）、中容积气瓶（>12 L，并且≤150 L）、大容积气瓶（>150 L）。

气瓶按照用途一般分为，工业用气瓶、医用气瓶、燃气气瓶、车用气瓶、呼吸器用气瓶、消防灭火用气瓶。

气瓶还可以按照材质、制造方法、承受压力及形状等方面进行分类。

7.3.3 气瓶的危险性

瓶装气体的危险性有以下几个方面。

7.3.3.1 压缩性

为了便于运输使用，通常是把永久性气体压缩到一定体积，液化气体也是经压缩进入气瓶的，因而具有很高的能量。

$$E_g = \frac{pV}{k-1}\left[1-\left(\frac{0.13\frac{k-1}{k}}{p}\right)\right]\times 10^3 \tag{7-1}$$

式中，E_g是气体的爆破能量，kJ；p是容器内气体的绝对压力，MPa；V是容器的容积，m^3；k是气体的绝热指数。

例如，如式（7-1）所示，压力为10 MPa的永久氮气瓶，可以释放的能量约1000 kJ，相当于220 g TNT（手榴弹的装弹量为45～200 g），具有较大的杀伤力。

液氯汽化后体积增加更多，在标准状态下，1 L液氯可汽化成484 L氯气。有些压力容器盛装可燃气体，这些可燃气体与空气混合并达到爆炸极限，若遇到引火源即可导致二次爆炸、燃烧等连锁反应，造成人员伤亡和财产损失。因此这类气体发生气瓶事故，则火灾、爆炸的危害性和中毒受害的可能性将大大增加。

7.3.3.2 火灾危险性

① 可燃性：气体与助燃物快速发生氧化还原反应，产生的热量使周边环境温度急剧升高。《瓶装气体分类》（GB/T 16163—2012）列出的可燃气体有33种，包括自燃气体、可燃气体和易燃气体。

② 助燃性：具有氧化性气体与可燃物快速发生氧化还原反应，产生的热量使周边环境温度急剧升高。例如，氧气、氯气。

③ 爆炸性：爆炸分为化学性爆炸和物理性爆炸。化学爆炸是由可燃物质达到爆炸极限所引发的爆炸，以及气体由于分解或聚合所引发的爆炸。

7.3.3.3 毒性

在《瓶装气体分类》（GB/T 16163—2012）中，剧毒的气体有13种，有毒的气体有25种，致癌气体有1种（氯乙烯）。其中大部分气体还具有可燃性和腐蚀性的多重危害。毒性气体的危害是由于泄漏造成人体的慢性中毒和气瓶大量外泄所引起的人体急剧中毒。

7.3.3.4 腐蚀性

在《瓶装气体分类》（GB/T 16163—2012）中，酸性腐蚀气体有16种，碱性腐蚀气体有6种，全部为有毒或剧毒气体，带有双重危害。瓶装气体的腐蚀性指装瓶后的气体在一定条件下，对气瓶内壁的侵蚀作用，使气瓶的瓶壁变薄或产生裂纹，造成气瓶的强度下降以致发生气瓶事故。大部分瓶装气体的腐蚀性较弱，但含有杂质后就具有很强的腐蚀性。例如，氯化氢在无水时对钢腐蚀性较小，但含有杂质水后，其对钢的腐蚀性大大增强。

气瓶流动范围大，往往又无固定的使用地点，这是气瓶的另外一个危险因素。高等学校实验室对气瓶管理的重视程度不足，没有指定专业人员进行管理，缺乏相应的安全教育，也是经常发生安全事故的重要原因。

2009年，浙江某大学发生气体泄漏事故，造成一人死亡；2015年，江苏某大学发生气瓶爆燃事故，造成一名学生死亡。

7.3.4 气瓶的标志

气瓶的标志包括制造标志、定期检验标志以及其他标志。

7.3.4.1 气瓶制造标志

气瓶制造标志是识别气瓶的依据，标志的内容应当符合气瓶安全技术规程以及相关标准的规定。制造标志分为钢印标志（含铭牌上的标志）、标签标志（粘贴于瓶体上的标志，下同）、印刷标志（印刷在瓶体上的标志，下同）、电子识读标志（包括射频标签及采用图像识别技术进行电子扫描读取数据的二维码等电子载体，下同）和气瓶颜色标志。制造单位应当在每只气瓶上做出钢印标志、标签标志或者印刷标志等制造标志；氢气气瓶、纤维缠绕气瓶、燃气气瓶和车用气瓶的制造单位，应当在出厂的气瓶上设置可追溯的永久性电子识读标志。

气瓶的钢印标志是识别气瓶质量、安全使用的主要依据。无钢印及过期的钢瓶不能使用。气瓶制造钢印标记通常是由生产厂家冲打在气瓶肩部的永久性标志，如图7-3a所示。

制造钢印内容如图7-3b所示，打成扇面形时。图7-4是溶解乙炔气体钢瓶结构及制造钢印示意图。

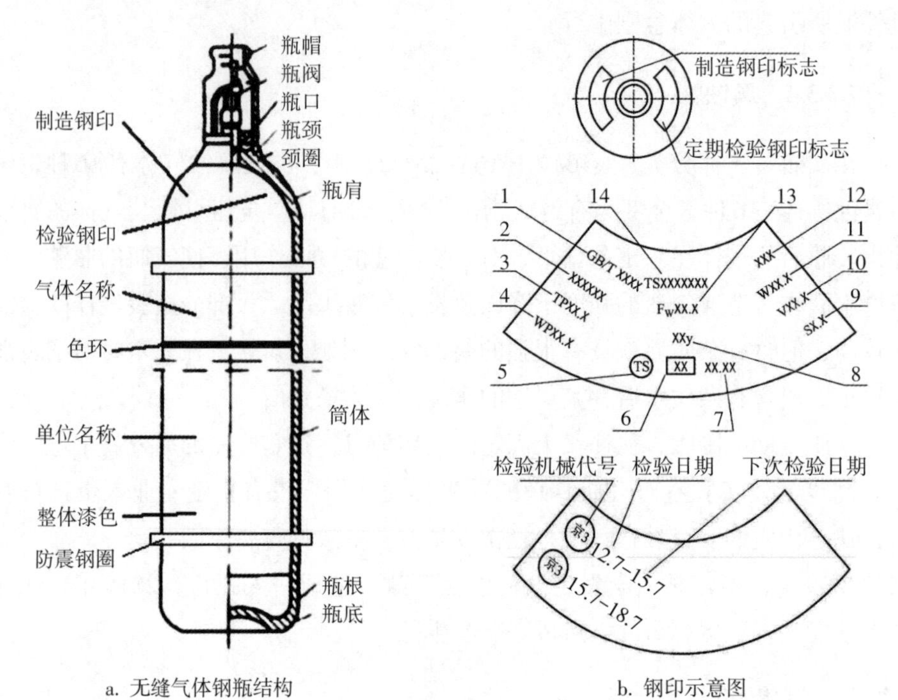

a. 无缝气体钢瓶结构　　　　b. 钢印示意图

1—产品标准号；2—气瓶编号；3—水压试验压力（MPa）；4—公称工作压力（MPa）；
5—监检标记；6—制造单位代号；7—制造日期；8—设计使用年限（y）；
9—瓶体设计壁厚（mm）；10—实际容积（L）；11—实际重量（kg）；
12—充装气体名称或者化学分子式；13—液化气体最大充装量（kg）；14—气瓶制造许可证编号

图7–3　无缝气体钢瓶结构及钢印示意图

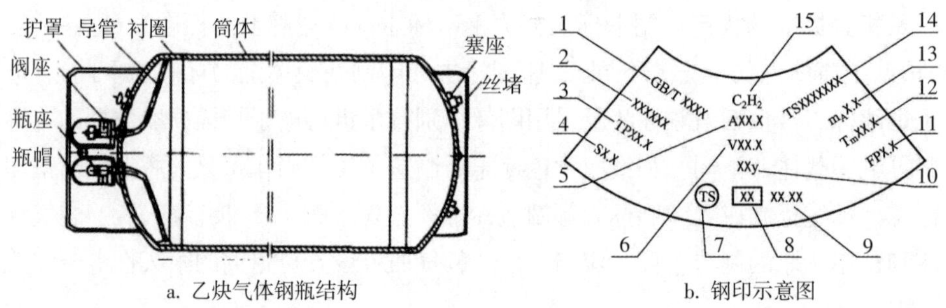

a. 乙炔气体钢瓶结构　　　　b. 钢印示意图

1—产品标准号；2—气瓶编号；3—水压试验压力（MPa）；4—瓶体设计壁厚（mm）；
5—丙酮标志及丙酮规定充装量（kg）；6—瓶体实际容积（L）；7—监检标记；8—制造单位代号
9—制造日期；10—设计使用年限（y）；11—在基准温度15 ℃时的限定压力（MPa）；
12—皮重（kg）；13—最大乙炔量（kg）；14—气瓶制造许可证编号；15—乙炔分子式

图7–4　乙炔气体钢瓶结构及制造钢印示意图

7.3.4.2 气瓶定期检验标记

检验钢印标记是气瓶检验单位对气瓶进行定期检验后，冲打在气瓶肩部的另一个永久性标志。气瓶经检验合格后，应在检验钢印标志上按检验年份涂检验色标。检验色标每10年为一个循环周期。实验人员特别需要关注的是下次检验日期，以防超期使用，如表7-2所示。

表7-2 检验色标的颜色和形状

检验年份	颜色	形状
2020	粉红色(RP01)	椭圆形
2021	铁红色(R01)	椭圆形
2022	铁黄色(Y09)	椭圆形
2023	淡紫色(P01)	椭圆形
2024	深绿色(G05)	椭圆形
2025	粉红色(RP01)	矩形
2026	铁红色(R01)	矩形
2027	铁黄色(Y09)	矩形
2028	淡紫色(P01)	矩形
2029	深绿色(G05)	矩形

7.3.4.3 气瓶的颜色标记

气瓶的颜色标记是指气瓶外表面的颜色、字色、字样和色环。气瓶的颜色标志是由国家统一制定、颁布的国家标准，如《气瓶颜色标志》(GB/T 7144—2016)。其作用主要有两个，一是根据气瓶颜色识别气体类型，能够在有危险的情况下，快速方便地识别瓶内盛装的气体，避免危险的发生，所以气瓶的颜色标记也具有安全标志特性；二是防止气瓶锈蚀，如表7-3所示。

表7-3 实验室常见气瓶的颜色标记

充装气体名称	化学式(或符号)	瓶体颜色	字样	字色
氢气	H_2	淡绿	氢	大红
氧气	O_2	淡(酞)蓝	氧	黑
氮气	N_2	黑	氮	白

表 7-3（续）

充装气体名称	化学式(或符号)	瓶体颜色	字样	字色
空气	Air	黑	空气	白
氨	NH_3	淡黄	液氨	黑
氯	Cl_2	深绿	液氯	白
二氧化碳	CO_2	铝白	液化二氧化碳	黑
氩	Ar	银灰	氩	深绿

色环是区别充装同一介质，但具有不同公称工作压力的气瓶标记。公称工作压力比规定的起始高一等级的气瓶要涂一道色环，比规定的起始高两个等级的涂两道色环。

7.3.5 气瓶的附件

7.3.5.1 气瓶安全附件

气瓶的安全附件包括气体瓶阀（含组合阀件，简称瓶阀）、安全泄压装置、紧急切断装置等。

(1) 瓶阀

瓶阀是气瓶的主要附件，它是控制气体流出的装置。按其结构分为销片式、套筒式、针形式、隔膜式等。

实验室使用的永久性气体钢瓶内为压缩气体，压力较高，除非特殊需要，否则使用时不能直接连接管子释放气体，必须通过减压阀使瓶内高压气体的压力降至实验所需要的低压范围后，再经过专用减压阀调节压力与流速。

以氧气瓶为例介绍氧气减压阀的功能和使用方法。下图是氧气减压阀，其高压腔与钢瓶连接，低压腔为气体出口，并通往使用系统。高压表的示值为钢瓶内贮存气体的压力，低压表的出口压力可由调节螺杆控制。氧气减压阀结构原理如图 7-5 所示。压力为 P_1 的压缩空气，由左端输入经进气阀口节流后，压力降为 P_2 输出。P_2 的大小可由调压弹簧进行调节。通过调压手轮，调压弹簧和膜片，使阀芯下移，增大阀口的开度使 P_2 增大；反之则 P_2 减小。氧气瓶使用时，在安装好减压阀及连接系统后，要先打开气瓶总阀并开到最大位置，然后顺时针缓慢转动低压表压力调节螺杆，使其压缩主弹簧并传动薄膜、弹簧垫块和顶杆将活门打开，这样进口的高压气体由高压室经节流减压后进入低压室，并经出口通往工作系统。

a. 氧气减压阀外形图

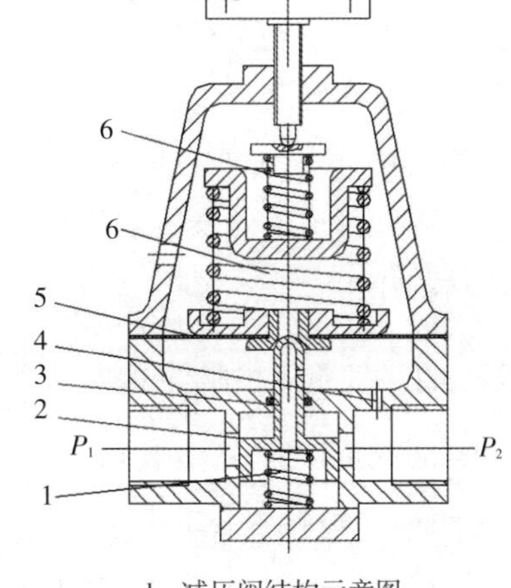

b. 减压阀结构示意图

1—复位弹簧；2—阀口；3—阀芯；4—阻尼孔；5—膜片；6～7—调压弹簧，8—调压手轮

图7–5 氧气减压阀外形图及结构示意图

气体的减压阀不得混用，例如，CO_2减压过程中需要大量吸收外部热量，使用其他的气体减压阀则有冻住的风险。氢气（可燃性气体）减压阀采用反向螺纹设计，避免错误使用。

（2）安全泄压装置

气瓶的安全泄压装置主要是防止气瓶在遇到火灾等特殊高温时，瓶内介质受热膨胀而导致气瓶超压爆炸。气瓶专用的安全泄压装置分为温度驱动型和压力驱动型，包括易熔合金塞或者玻璃泡装置、爆破片装置、爆破片—易熔合金塞复合装置、安全阀等。

爆破片的结构简单，不易泄漏，一般用于不可燃的高压气瓶和高压液化气瓶，例如，氧气、二氧化碳。当气瓶内压力升高超过安全使用范围时，爆破片破裂，气体从泄压帽的小孔排出。易熔合金塞制作简单，维护保养方便，主要用于低压液化气体钢瓶上，例如，乙炔气瓶、氨气气瓶。它由钢制基体及其中心孔中浇铸的易熔合金塞构成。根据《气瓶用易熔合金塞装置》（GB/T 8337—2011）规定，目前使用的易熔合金塞装置的动作温度有100 ℃和70 ℃两种，当气瓶受热时温度升高，易熔合金塞熔化，瓶内气体从泄压的小孔排出。弹簧式泄压装置比较复杂，可以根据瓶内压力自行泄压和关闭。复合式泄压装置由爆破片与易熔合金塞串联而成，易熔合金塞上压着爆破片使用，减少误动作的风险。并用式泄压装置是爆破片与易熔合金塞同时配备，各自动作。

并不是所有的气瓶都有安全泄压装置，如氰化氢、溴甲烷等盛装剧毒气体、自燃气体的气瓶禁设安全泄压装置。燃气气瓶和氧气、氮气以及惰性气体气瓶，一般不装设安全泄压装置。

（3）紧急切断装置

紧急切断阀是一种主要用于液氨、氧气、液化石油气、液氮、天然气、LNG等储罐和管道上的安全紧急阀。当压力出现异常时，紧急切断阀门将迅速完成切断动作。

7.3.5.2 气瓶保护附件

气瓶保护附件包括固定式瓶帽、底座、颈圈等。

① 瓶帽。保护瓶阀用的帽罩式安全附件称为瓶帽，它的作用是保护瓶阀，避免气瓶在搬运或使用过程中由于碰撞而损坏瓶阀。

② 底座。不能靠瓶底竖立的气瓶，应当装配底座，使气瓶能够稳定竖立，并且有效防止气瓶底部锈蚀。

③ 颈圈。颈圈（防震圈）是指套在气瓶筒体上的橡胶圈，其主要功能是避免气瓶直接冲撞，也起到保护气瓶漆色标志的作用。

7.3.5.3 安全仪表及其他附件

安全仪表及其他附件包括气瓶上设置的压力表、液体计等安全仪表，以及限充限流装置、限液位装置等其他附件。

7.3.6 实验室常见的几种气体

7.3.6.1 氮气钢瓶

氮气是一种惰性气体，无色、无味、无毒、不可燃，也不与其他物质发生反应。这种优异的特性使氮气广泛应用于各行各业。但是正是因为氮气无色无味，泄漏时不容易被察觉。在化工行业内，每年死于氮气窒息的人数超过其他有毒气体中毒死亡以及火灾爆炸死亡的人数，氮气已经成为化工行业第一“隐形”杀手。如果环境中氮气浓度过高，氧含量会相应下降，导致人缺氧而出现危险。2020年10月30日，陕西精益化工有限公司煤焦油预处理装置污水处理罐发生氮气窒息事故，致使3人死亡、1人受伤。

液氮是指液态的氮气。液氮是惰性，无色，无臭，无腐蚀性，不可燃，温度极低的液体，汽化时大量吸热，接触会造成冻伤。液氮的沸点为-196 ℃，熔点为-210 ℃，操作人员应该穿戴防寒手套，在操作时应提供良好的自然通风条件。

惰性气体的化学性质不活泼，很难与其他物质发生化学反应。其中氩气的性质和氮气相似，密度则比氮气更大，经常代替氮气使用。液氩的沸点为-186 ℃，熔点为-189 ℃。

7.3.6.2 氧气钢瓶

氧气为助燃气体，其浓度升高会降低可燃物质的燃点或爆炸下限。氧气浓度的升高，一些在空气中不易燃烧的物质，可以在氧气中剧烈反应。压力高于2.94 MPa的氧气接触油脂类物质，就会氧化发热，甚至有燃烧、爆炸的危险。因此必须十分注意，不要让氧气接触油脂，或把它置于这类容器的附近。减压阀要用氧气专用的装置。压力计则要使用标明“禁油”的氧气专用的压力计。操作者手、工具以及减压阀处不得有油污；管路及连接部位，不可使用可燃性的衬垫。此外，将氧气排放到大气中时，要查明在其附近不会引起火灾等危险后，才可排放。保存时，要与氢气等可燃性气体钢瓶、可燃物质分开保存。

氧气虽然是人类赖以生存的气体，但是当人长时间在高浓度氧环境中吸入纯氧时，会引起“氧酸性中毒”，得富氧病。

7.3.6.3 氢气钢瓶

氢气的密度小，扩散速度快，其爆炸范围很宽，下限低，氢气在空气中的在4.0% ~ 75.6%体积分数范围内，遇火即会爆炸。若急速从钢瓶放出氢气，即便没有火源存在，由于摩擦生热也会导致氢气着火。储存和使用氢气瓶的场所应通风良好。不得靠近火源、热源及在太阳下暴晒。不得与强酸、强碱及氧化剂等化学品存放在同一库内。使用氢气时应注意通风，用导管把使用的尾气排至室外，避免氢气在屋顶集聚。需要特别注意，氢气钢瓶由于泄漏问题，禁止放入实验房间内。使用氢气设备完毕后，最好再用氮气等不活泼气体置换，排出设备中的氢气。

使用氢气，要求定期对设备和管材进行检查，以避免“氢脆”。“氢脆”是指由于氢进入金属基体后，局部氢浓度达到饱和后聚合为氢分子，造成应力集中，引起金属塑性下降、诱发裂纹或断裂的现象。

7.3.6.4 二氧化碳钢瓶

二氧化碳又称碳酸气，化学性质稳定，是无色、无臭、略有酸味、无毒的气体，密度大于空气，容易在较低处聚集。二氧化碳浓度较高时，同样会使人在不知不觉中窒息甚至死亡，其原因是它具有刺激和麻醉作用，使肌体发生缺氧。钢瓶中贮存的是液态二氧化碳，转化为气态时会蒸发吸收周围大量的热而凝固成固体干冰。因此其气体减压阀有加热机构，确保气体不会冻结。二氧化碳减压阀使用时，必须接通低于36V的预热器电源，使气体充分预热，防止减压阀堵塞和生锈，如图7–6a所示。

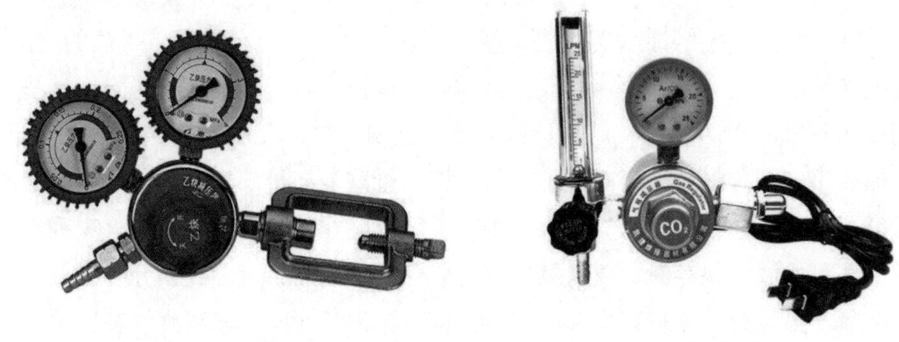

a. 二氧化碳减压阀　　b. 乙炔减压阀

图7–6 二氧化碳及乙炔减压阀

此外，液体二氧化碳的体积膨胀系较大，超量充装很容易造成气瓶爆炸。

7.3.6.5 乙炔钢瓶

乙炔是非常危险的易燃易爆气体，燃烧温度很高，其在空气中爆炸极限为2.5%～80.5%（体积分数），而且会发生分解爆炸或聚合爆炸。乙炔与氯的反应非常危险，能发生爆炸。因此，乙炔严禁和氯接触，也禁止使用四氯化碳灭火。乙炔和铜、银、汞长期接触，会生成爆炸性化合物，所以其减压阀也不得与其他阀门混用，如图7–6b所示。

$$C_2H_2 \longrightarrow 2C + H_2 \quad \text{（分解爆炸）} \quad Q_1 = 10\ \text{MJ/mol} \tag{7-2}$$

$$3C_2H_2 \longrightarrow C_6H_6 \quad \text{（氧化爆炸）} \quad Q_2 = 2.6\ \text{MJ/mol} \tag{7-3}$$

乙炔气瓶是一种特殊的气体钢瓶，乙炔溶解在丙酮内部。使用时，溶解在丙酮内的乙炔变为气体分离出来，而丙酮仍留在瓶内。使用乙炔气瓶时，要把贮存乙炔的容器置于通风良好的地方，配有防止倾倒的措施。在使用和贮存过程中，乙炔气瓶一定要竖立放置，防止丙酮流淌出来。乙炔气瓶瓶阀出口处必须配置专用的减压器和回火防止器，减压器指示的放气压力不得超过0.15 MPa，气体流量不得超过0.05 m^3/h。乙炔在使用和贮运中要避免与铜接触，以免发生爆炸危险。

7.3.6.6 氨气钢瓶

氨气是一种无色透明，有刺激性气味的易燃气体，容易挥发，具有毒性。氨气对人体有强烈腐蚀作用，会吸收组织水分、碱化脂肪，造成溶解性组织坏死。接触的皮肤会生疮糜烂，刺激呼吸系统，破坏神经系统。长期在高浓度的氨气环境下会引起肺气肿、肺炎等。氨极易溶于水，故可在允许洒水的地方使用贮藏。但是氨气在潮湿环境中对铜有腐蚀作用，应避免使用铜制的管线，而应使用铝制的管线。因为氨气很容易与水结合形成氨水，与金属表面的氧化物形成配离子，从而使金属离子与金属单质之间的电极电势降低，使金属更容易在空气中被氧化。

$$4Cu + O_2 + 2H_2O + 8NH_3 == 4[Cu(NH_3)_2]^+ + 4OH^- \quad (7\text{-}4)$$

$$4[Cu(NH)_2]^+ + 8NH_3 \cdot H_2O + O_2 == 4[Cu(NH_3)_4]^{2+} + 4OH^- + 6H_2O \quad (7\text{-}5)$$

使用氨气的场所应配备洗眼器、淋洗器等安全卫生防护设施；使用场所应设置明显的安全警示标志和安全告知牌，配备过滤式防毒面具（配氨气专用滤毒罐）、正压式空气呼吸器、隔离式防护服、橡胶手套、胶靴和化学安全防护眼镜。

7.3.6.7 氯气钢瓶

氯气是一种黄绿色、有刺激性臭味的气体，是剧毒性、强氧化性、酸性、腐蚀性的气体。氯气的氧化性强于氧气，危险性更大。例如，氯气与氨气反应生成氯化铵和三氯化氮，后者极易爆炸且爆炸力很强。干燥的氯气在常温下不与铁作用，但是遇水可以生成盐酸和次氯酸，因而对钢质材料有很强的腐蚀性。

液氯在0.588 ~ 0.78 MPa或−35 ~ −40 ℃常压下就可以液化，变成黄色透明的液氯装入钢瓶。液氯的体积膨胀系数较大，超量充装很容易造成气瓶爆炸。

氯气主要对呼吸系统黏膜有刺激作用，吸入后导致咳嗽、气喘、窒息，眼睛和咽喉有灼伤感，严重的可致命。

氯气的制备方法比较容易，如果只需要少量氯气，可以用电解饱和食盐水的方法制备，简单又方便。

8 实验室废弃物

教育部、国家环保总局（现环境保护部）曾联合下发《教育部和国家环保总局关于加强高等学校实验室排污管理的通知》（教技〔2005〕3号），要求高校实验室按照国家、地方环境保护法规和制度，加强实验过程中的废气、废液、固体废物、噪声、辐射等污染防治工作。《国家危险废物名录（2021年版）》中规定，“生产、研究、开发、教学、环境检测（监测）活动中，化学和生物实验室（不包含感染性医学实验室及医疗机构化验室）产生的含氰、氟、重金属无机废液及无机废液处理产生的残渣、残液，含矿物油、有机溶剂、甲醛有机废液，废酸、废碱，具有危险特性的残留样品，以及沾染上述物质的一次性实验用品（不包括按实验室管理要求进行清洗后的废弃的烧杯、量器、漏斗等实验室用品）、包装物（不包括按实验 室管理要求进行清洗后的试剂包装物、容器）、过滤吸附介质等”，属于危险废物，类别为“HW49其他废物”，代码900-047-49。废物代码，是指危险废物的唯一代码，为8位数字。其中，第1～3位为危险废物产生行业代码，依据《国民经济行业分类》（GB/T 4754—2017）确定，第4～6位为危险废物顺序代码，第7～8位为危险废物类别代码。

化学实验室产生的废弃物应当按照危险废物处置。教育部后续的一些文件，例如，教技司〔2015年（265号）〕和教高厅〔2017年（2号）〕文件中要求高等学校实验废弃物按照危险废物进行分类管理。高等学校化学实验室产生的废弃物种类多，而且单一种类的数量少，所以这类物质回收的价值小。废弃物的处置其实是经济问题。只要学校肯出经费，及时将实验室产生的废弃物转移走，就不存在太大的安全问题。

8.1 废弃物转化的危害

实验室废弃物的危害特性来源于使用化学品的危害性，主要包括可燃性、腐蚀性、反应性、传染性、放射性、浸出毒性和急性毒性等。这些物质在自然条件下转化，又会带来新的危害。

① 物理转化。自然条件下，危险化学品的物理转化主要是指其成分相的变化。而相变化中最主要的形式就是挥发，污染物由液体形态转化为气态，污染大气环境。挥发的数量和速度与污染物的相对分子质量、性质、温度、气压、吸附强度等因素有关，通常低分子有机物在温度较高、通风良好的情况下挥发较快。

② 化学转化。危险化学品废弃物在环境中会发生各种化学反应而转化成新的物质。这种化学转化有两种结果：一种是理想情况下，反应后的生成物性质稳定，对环境无害。另外一种是反应后的生成物仍然是有害的，甚至某些中间产物的毒性还大大超过了原始污染物（如无机汞在环境中会转化为毒性更大的有机汞等），这也是危险化学品废弃物受到越来越多关注的原因之一。

③ 生物转化。除化学反应外，危险化学品废弃物裸露在自然环境中，在迁移的同时，还会和土壤、大气及水环境中的各种微生物及动植物接触，为生物转化创造了条件。这些作用多数使原化合物失去毒性，但也可能产生新的有毒化合物，有些产物可能会比原化合物毒性更强。

④ 化学和生物转化的协同作用。除了上面提到的化学、生物转化，某些危险化学品废弃物的转化是化学与生物转化共同作用的结果。

8.2 废弃物处置要求

8.2.1 废弃物处置基本要求

相对于企业生产，高校化学实验室产生废弃物集中处置难度不大，如果有条件，可以采取办法将废弃物质再生使用。但是在此之前要进行方案论证，解决好安全问题，避免发生意外。实验室废弃物处置的注意事项如下。

① 化学实验室处置废弃物应当符合国家或地方法规和标准的要求，特殊化学废弃物应当征询相关主管部门的意见和建议。

② 实验室内不得大量或长期存放废弃物。少量的化学废弃物应分类收集并放置于专用且有标识的容器内，按照要求做好废弃物标签。废弃物必须与标签相符，包括废物类别、主要成分、产生部门、送储人、日期等信息。危险性

大的废弃物，要单独存放。废纸、塑料等固体废弃物可以倒入垃圾箱。但黏有毒化学物质，应收集处置。

③ 在常温常压下，具有易爆、易燃及排出有毒气体的危险废弃物必须先进行无害化处理或降低危险性质，使之稳定后再倒入废弃物容器。实验人员处置危险废弃物时，应事先设计好处置方案，经过论证后再进行处理，并配备相应的防护装备。

④ 废液桶应装至80%左右（教育部要求不超过2/3），如果废液太满可能会造成桶体胀裂，如果废液装得太少，桶上方的空间大，容易产生有机蒸气，废液桶在搬运过程会产生静电，有发生燃爆的可能。回收容器应带有防漏托盘和带盖漏斗，以防止溢出和泄漏。

⑤ 废试剂瓶应该清洗、控干后再放入纸箱，避免残留的试剂带来安全隐患；无法装入常用容器的危险废物可用防漏胶袋等盛装；锐器（包括针头、金属和玻璃等）应置于耐扎的容器内，并按照相关标准或学校要求做好标记。

⑥ 学校建有危险品仓库、废弃物中转站，对废弃物集中定点存放。危险品仓库、废弃物中转站须有通风、隔热、避光、防盗、防爆、防静电、泄漏报警、应急喷淋、安全警示标识等管控措施，符合相关规定，专人管理。

⑦ 若是实验楼内有废弃物中转站，则必须有警示、通风、隔热、避光、防盗、防爆、防静电、泄漏报警、应急喷淋等管控措施，面积要小于30 m^2；中转站内不整箱试剂的叠加高度要不大于1.5 m。

⑧ 所有实验室的废弃物处置应建立台账，并保存记录。

废弃物处置最好的策略还是从源头降低化学试剂的采购，学校应建立统一的信息化试剂采购登记平台，实行谁采购、谁负责到底，以减少对化学药品的过量或重复购置。其次建立化学药品交换机制，在便捷的信息查询下使化学试剂得到充分利用。

8.2.2 危险废物贮存标准

《危险废物贮存污染控制标准》（GB 18597—2001）对危险废物贮存有明确规定。

8.2.2.1 危险废物标签

盛装危险废物的容器上必须粘贴危险废物标签，如图8-1所示。

<table>
<tr><td colspan="2">危 险 废 物</td></tr>
<tr><td>主要成分：
化学名称：</td><td rowspan="3">危险类别 
TOXIC
有毒</td></tr>
<tr><td>危险情况：</td></tr>
<tr><td>安全措施：</td></tr>
<tr><td colspan="2">废物产生单位：________________
地址：________________
电话：________________联系人：________________
批次：　　　　数量：　　　　出厂日期：</td></tr>
</table>

图8-1　危险废物标签

8.2.2.2　危险废物种类标志

危险废物种类标志有8种，如图8-2所示。

图8-2　危险废物种类标志

8.2.2.3　危险废物的危险分类

一些危险废物的危险分类如表8-1所示，供参考。

表 8-1　危险废物的危险分类

废物种类	危险分类
废酸类	刺激性/腐蚀性（视其强度而定）
废碱类	刺激性/腐蚀性（视其强度而定）
废溶剂（如乙醇、甲苯）	易燃
卤化溶剂	有毒
油—水混合物	有害
氰化物溶液	有毒
酸及重金属混合物	有毒/刺激性
重金属	有毒
含六价铬的溶液	刺激性
石棉	石棉

8.3　实验室废弃物

8.3.1　废气

实验室里产生的废气以无机酸性气体和有机废气为主，应该即时产生，即时处理，处置方法有吸收法、吸附法、冷凝法等，如图 8-3 所示。

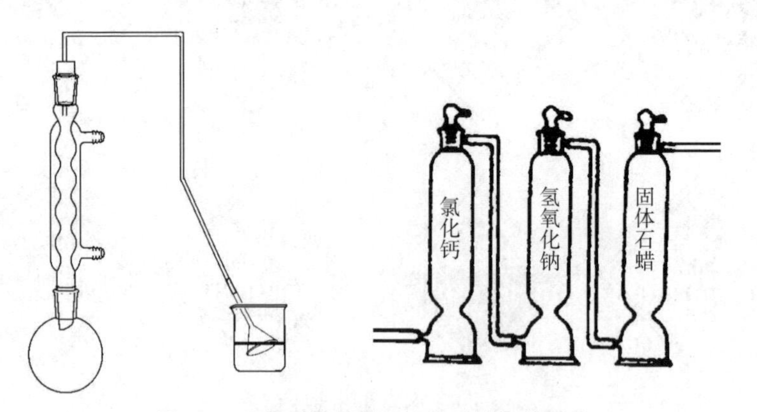

图 8-3　无机酸性气体、有机酸性气体吸收

例如，使用碱液吸收 SO_2、HBr 等酸性气体，用液体石蜡吸收有机废气；用活性炭、沸石分子筛吸附废气；降低环境温度，将气态的有机物质转化成液态，以减少废气的排放。总之，实验室废气应加强源头排放管理，不得直接将

废气排放到室外。

低密度废气防止在屋顶聚集，高密度废气防止在地沟、地下室聚集。

8.3.2 无机废液处置

实验室产生的废液成分复杂，水量及水质具有不确定性及动态性等特点，因此危害性不容低估。无机废液的排放和管理比较混乱。有一些实验室直接将溶液稀释后排入下水管道，再通过学校的水处理系统混入生活用水，最后排放到城市污水系统。我国有几千所大学，每年向城市排水系统倒入大量实验室废液，有必要制订更详细的高等学校实验室废液管理办法和废水排放标准。

近年来，教师和学生的环保意识不断增强，确实是令人高兴的事情；但是实验室收集的无机废液越来越多，学生把冲洗仪器的水也倒入废液桶处置。如果不加区分地回收废液。这样也会增加能源的消耗，间接地污染环境。教学实验使用的一些溶液中重金属的浓度很低，或金属没有毒性，经过处理能够达到排放标准，排放之后并不会影响环境。例如，分析化学水中铬含量测定的实验，收集的废水中含有的Cr（Ⅵ）不足0.1 mg/L，远低于《污水排放综合标准》（GB 8978—1996）中规定的0.5 mg/L标准。依据《危险废物贮存污染控制标准》（GB 18597—2001），这些废液的成份比较简单，而且有害离子浓度低，作为废液回收的费用较少。

无机废液应该按照酸碱分类收集，防止酸碱混合后发生剧烈反应，释放热量并产生气体。教学实验产生的大多数无机废液经过简单无害化处理都能达到《污水排放综合标准》。对于一些高毒、高危险性废液，必须由实验人员预先处置，降低其危险性质，再交由废液处置机构，以免发生意外。

例如，硫化钠的碱液和酸液混合在一起会产生硫化氢，导致人员中毒。

8.3.2.1 普通无机化学废液处置

① 中和法。这是对于一般无机废酸、废碱在实验室经常采用的方法。操作时注意混合发热、产生气体，避免溶液飞溅伤人。

② 沉淀法。根据废液的性质，在适当条件下加入沉淀剂，将废液中有毒、有害组分生成无害沉淀，分离后再另行处置。

③ 氧化法。该方法是在废液中加入或通入氧化剂，使有毒、有害物质发生氧化反应，分解后转化为无毒或低毒物质。如含氰废液的处理等。

④ 还原法。利用重金属多价态的特点，在废液中加入还原剂，使重金属

离子转化为易于分离除去物质。常用的还原剂为铁屑、硫酸亚铁、亚硫酸氢钠等。

以上方法简便、有效，可以在实验室采用。焚烧法在工业上简便有效，但不适宜在实验室中使用。

8.3.2.2 几种危险性化学废液的无害化处理

① 含氰废液无害化处理。通常氰化物具有强毒性，在处理及实验操作时必须特别注意。少量的含氰废液可先加氢氧化钠调pH＞10，再加入几克高锰酸钾使CN^-氧化分解。量大的含氰废液常用碱性氯化法处理。其处理流程可分为两个阶段，首先，将氰化物中的CN^-以次氯酸钠氧化成毒性较低的CNO^-，此阶段的pH值维持在9.5～10.5，以缩短反应时间。其次，将氰酸盐再氧化成CO_2及N_2。在处理过程中，反应的pH是关键因素，必须保证反应在碱性（9.5～10.5）条件下进行，避免放出剧毒的氰化氢。

② 含砷废液无害化处理。在含砷废液中加入生石灰或氢氧化钙，调节并控制其pH为8左右，即可生成砷酸钙和亚砷酸钙沉淀，分离沉淀后集中处理。

③ 含铅废液无害化处理。加入氢氧化钙，调节pH值至10，使Pb^{2+}生成氢氧化铅沉淀，加入硫酸亚铁作为共沉淀剂，调节pH值至7～8，过滤分离沉淀。

④ 含汞废液无害化处理。含汞废液先用NaOH把废液pH值调至8～10，加入过量的硫化铁，使其生成硫化汞沉淀，再加入一定量的硫酸亚铁作絮凝剂，将在水中难以沉淀的硫化汞微粒吸附后共同沉淀，然后静置，沉淀分离后集中处理。

⑤ 含铬废液无害化处理。铁氧体法是用还原沉淀法处理含铬废水得到铁氧体产物的一种方法。在酸性含Cr（Ⅵ）废水中加入还原剂$FeSO_4$，Fe^{2+}将$Cr_2O_7^{2-}$或$HCrO_4^{2-}$还原为Cr^{3+}，反应式为

$$Cr_2O_7^{2-}+6Fe^{2+}+14H^+ = 2Cr^{3+}+6Fe^{3+}+7H_2O \quad (8-1)$$

再加入适量NaOH溶液，调节pH值为6～8，加热至80 ℃，用少量H_2O_2或通入空气搅拌，则发生如下反应：

$$Fe^{2+}+2OH^- = Fe(OH)_2\downarrow \quad (8-2)$$

$$Fe^{3+}+3OH^- = Fe(OH)_3\downarrow \quad (8-3)$$

$$Cr^{3+}+3OH^- = Cr(OH)_3\downarrow \quad (8-4)$$

控制Cr(Ⅵ)的含量与$FeSO_4$的比例，能得到难溶于水的、组成类似于Fe_3O_4的被称为铁氧体的氧化物沉淀，其中部分Fe^{3+}被Cr^{3+}所取代。这种氧化物具有良好的磁性，用磁铁或电磁铁即可将其从废水中分离出来，使含铬废水的铬含量符合国家规定的排放标准。

8.3.3 有机废液

由于教学实验产生的有机废溶剂数量大、纯度高，以前有科研教师特意来收集这些废液用来清洗瓶子。但是现在学校科研经费充裕，而且化学试剂价格相对较低，所以没有教师再来收取这些溶剂。笔者也不建议实验人员回收、提纯这些试剂，一方面，回收这些有机试剂的方法和教学实验不一样，回收过程有一定的危险性，而且高校实验人员缺少大剂量试剂处置的经验，特别是有些溶剂的沸点较低，处置不当会引发事故，从经济上分析并不划算；另一方面，现在这些有机废液可以交给有资质的公司处理，不需要由实验人员处理。

有机废液不能排放到下水管道，防止管道中燃气体浓度高，发生危险。

大多数有机废液都是通过焚烧来处理，如果有机废液中含有氯元素，燃烧时会产生氯化氢，对设备腐蚀严重。所以含有氯元素的废液需要单独收集。

8.3.4 废弃药品

2018年，大连理工大学基础化学实验中心清理大量无人认领的废弃药品，种类繁多、成分复杂。有些是因为过量购置所造成的，有些是被人遗弃在库房里，还有一些是因为实验人员变更，没有进行药品交接造成的。为了清理这些化学试剂，实验中心采取了以下办法：首先，详细登记了药品的种类和数量，并将信息公布，供学院其他教师免费挑选和领取。其次，与学校的试剂供应商联系，将还有使用价值的试剂临时存放到供应商的库房，需要时再去取。再次，将有标签，但是没有使用价值的试剂进行无害化处理，按照一般废弃物处置。最后，没有标签的化学试剂作为危险化学品，交给专业企业处理。通过这些方法，实验中心清理了积存的废弃药品。

为了防止新的废弃药品产生，实验中心又利用信息平台降低药品库存。首先，控制化学试剂的采购数量，从源头避免废弃药品的产生。由实验人员根据实验项目以及实验学生人数制定本年度采购计划，并通过互联网提出采购申请。其次，与试剂供应商协调，采用多频次小批量的方式领取申报的化学试剂。试剂在入库和出库时都要通过互联网登记，避免前期采购的试剂被遗忘，得不到利用。所有实验人员都可以查询到实验中心化学试剂的存放情况，对于不常用的试剂可以联系采购人员交换使用，避免重复采购，减少试剂积压。

废弃药品最好交给专业企业处理，具有特殊危险性质的废弃药品应标示成分、性质，以及处置建议供企业人员参考，有条件的实验室可以对废弃药品的处置方法进行论证，再无害化处理。

8.3.5 实验固体

教学实验产生的固体最好经过初步提纯后，标明成分再交给专业企业处理。如果企业不能回收处置，则可以将固体溶解，分别倒入无机废液桶或有机废液桶，按照普通废液或有毒废液处理。

8.3.6 其他废弃物

8.3.6.1 废弃药品瓶

瓶子要洗净，控干，不能残留药品。一方面，防止残留药品在烧瓶内部受热形成蒸气，发生燃烧或爆炸，另一方面，也避免废弃药品污染环境。

8.3.6.2 针头、手术刀片

这类能够刺伤或者割伤人体的尖锐物品，不能混入生活垃圾，应将其装入利器盒，交给指定企业处置。

2018年6月，一名叫尼古拉斯的学生被针头刺穿了手指，针头里残留了少量的二氯甲烷。几天内他的手指发炎，过了很长时间才恢复。

8.3.6.3 含油抹布

此类物质与空气接触时氧化速度缓慢，自燃点较低，如果通风不良，积热不散会引起自燃。

8.3.6.4 水银温度计

打碎的温度计不仅容易伤人，而且其中的水银泄漏，可形成蒸气，污染环境并对人造成影响。当水银温度计不慎打碎了后，要赶快将散落的水银收集起来，用水密封保存，同时打开门窗通风。然后在周围撒上硫磺，用力搓几次，收集好硫磺后密封保存。

总之，对实验室产生废弃物进行处理前，要遵循安全原则，处理前要充分了解废弃物来源及详细成分，仔细阅读各成分的安全资料，尤其注意挥发性成分及易爆的性质。并向学校主管单位及专业人员充分咨询，选择最安全、对环境污染最小的处理方法。

8.4 绿色化学

绿色化学又称环境友好化学，即减少或消除危险物质的使用、产生的化学品和过程的设计。绿色化学涉及有机合成、催化、生物化学、分析化学等学科，内容广泛。绿色化学倡导用化学的技术和方法减少或停止那些对人类健康、社区安全、生态环境有害的原料、催化剂、溶剂和试剂、产物、副产物等的使用与产生。1998年，Paul T. Anastas和John C. Warner出版了*Green Chemistry*：*Theory and Practice*一书，提出了绿色化学的“十二条原则”，对化学过程从原料、工艺到产品，以及涉及的成本、能耗和安全等诸多方面都提出了要求。

绿色化学主要从原料的安全性、工艺过程节能性、反应原子的经济性和产物环境友好性等方面进行评价。原子经济性和5R原则是绿色化学的核心内容，即：

Reduction：减量使用原料，减少实验废弃物的产生和排放；

Reuse：循环使用、重复使用；

Recycling：回收。实现资源的回收利用，从而实现“省资源、少污染，减成本”；

Regeneration：再生。资源和能源再利用是减少污染的有效途径；

Rejection：拒用有毒、有害品，对一些无法替代又无法回收、再生和重复使用的，有毒副作用并会造成污染的原料，拒绝使用，这是杜绝污染的最根本的办法。

8.4.1 乙酸异戊酯废液循环利用

教学实验中学生精制的实验产品和回收的纯度较高的溶剂，白白浪费十分可惜，应该加以利用。例如，大连理工大学基础化学实验中心开设的乙酸异戊酯的制备实验，每年回收2 L纯度较好的乙酸异戊酯，以及液相色谱的流动相回收大量甲醇。以这两种有机废液开展乙酸异戊酯和甲醇的酯交换反应，回收异戊醇。

8.4.1.1 乙酸异戊酯的教学实验

（1）实验原理

乙酸异戊酯又称为香蕉水，是一种用途广泛的化工产品，主要用于医药、日用化工和食品添加剂等领域。实验室制备乙酸异戊酯的方法是以浓硫酸作为催化剂，乙酸与异戊醇直接进行酯化合成的，如图8-4所示。

$$CH_3COOH + (CH_3)_2CHCH_2CH_2OH \xrightleftharpoons[\triangle]{H_2SO_4} CH_3COOCH_2CH_2CH(CH_3)_2 + H_2O$$

（Dean-Stark蒸馏装置）

$$CH_3COOCH_3 + (CH_3)_2CHCH_2CH_2OH \xrightleftharpoons[\triangle]{KOH} CH_3COOCH_2CH_2CH(CH_3)_2 + CH_3OH$$

（分馏）

图8-4　基于物料循环的有机化学实验示意图

制备乙酸异戊酯的酯化反应是可逆的，为了使反应平衡向正向移动，实验采用了分水回流的办法。实验装置由反应烧瓶、分水器和球形冷凝管组成，如图8-5a所示。在加热过程中，反应物和产物受热形成共沸物，在球形冷凝管中冷却，回流进入分水器中。随着反应进行，反应物和乙酸异戊酯浮在水上，通过溢流又从支管回流到反应烧瓶，而生成的水进入下层，不再参与反应，因此使得反应正向进行。

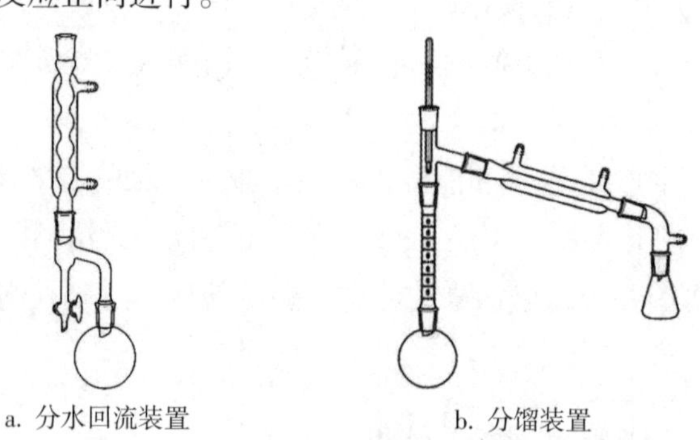

图8-5　分水回流装置和分馏装置

（2）操作步骤

在50 mL圆底烧瓶中，加入12.7 mL异戊醇（0.117 mol）和7.2 mL乙酸（0.126 mol），再加入3～4滴浓硫酸，混合均匀。如图8-5a所示，安装分水器和球形冷凝管，并在分水器中预先加水至支管口下0.5 cm。加热回流，反应一段时间后把水逐渐放出，保持有机相和水相界面维持在标记位置。反应结束后，将烧瓶内混合物质和分水器内酯层倒入分液漏斗。混合溶液先用10 mL水洗涤，再用10 mL碳酸钠溶液（$\omega=0.10$）洗涤，最后用10 mL饱和食盐水洗涤。将酯层转移至锥形瓶中，用无水硫酸镁干燥。将干燥后的乙酸异戊酯加热蒸馏，收集138～143 ℃的馏分，产物约10 g。

8.4.1.2 酯交换的绿色实验

（1）实验原理

酯交换绿色实验的方法是以KOH作为催化剂，乙酸异戊酯和甲醇直接进行酯交换，转化为异戊醇，反应方程式如图8-4所示：

酯交换反应是可逆的，为了使反应平衡向正向移动，实验采用了分馏的方法移去反应生成物乙酸甲酯。如图8-5b所示。在加热过程中，乙酸甲酯和甲醇受热形成共沸物，不再参与反应，因此使得反应正向进行。

（2）操作步骤

向100 mL圆底烧瓶中加入2.8 g氢氧化钾和16 mL（0.40 mol）甲醇。然后将13.1 g（0.10 mol）干燥的乙酸异戊酯加入到烧瓶中。先将反应回流一段时间，逐渐升高温度，收集66 ℃以下的甲醇和乙酸甲酯混合物。然后进一步加热反应系统以收集128～132 ℃的馏分，并获得9 g以上的异戊醇。用乙酸甲酯和甲醇从体系中分离出少量杂质，因此异戊醇的纯度很高，不需要进一步处理。理论上，所有乙酸异戊酯都可以转化为异戊醇。

实验中使用KOH作为催化剂，其稳定性好，催化时不发生副反应，KOH易于与有机物分离，可以重复使用。实验中使用甲醇作为反应原料，原因有以下几点。

① 甲醇来源于液相色谱的流动相，也是一种纯度较高的有机废液，以废制废可以很好地培养学生绿色化学意识和创新精神。

② 乙酸甲酯的沸点低于甲醇，容易先从反应体系中分离出来，酯交换反应的转化效率高。

③ 乙酸甲酯和甲醇的沸点很低，很容易和较高沸点的异戊醇分离。

酯交换实验减少了有机废液的排放，不产生新的有机废水。这样计算可减少较贵的异戊醇采购成本和废液处置费用，并培养学生节能减排的环境意识。

8.4.2 废金属钠的处置

金属钠作为还原剂或干燥剂在化学实验室中有着十分广泛的用途，保存或处理不当会引起燃烧或爆炸，故剩余废钠处理是一项既费事又危险的工作。由于废钠在转运和处置过程中有较大的风险，即使是专业的试剂公司也不愿意收集废金属钠。目前实验室处置废金属钠的标准方法是用乙醇与钠反应，逐渐消解金属钠，再将处置过程中产生的碱性有机废液交给试剂公司，这种方法不仅处置成本较高，而且有一定的安全风险。

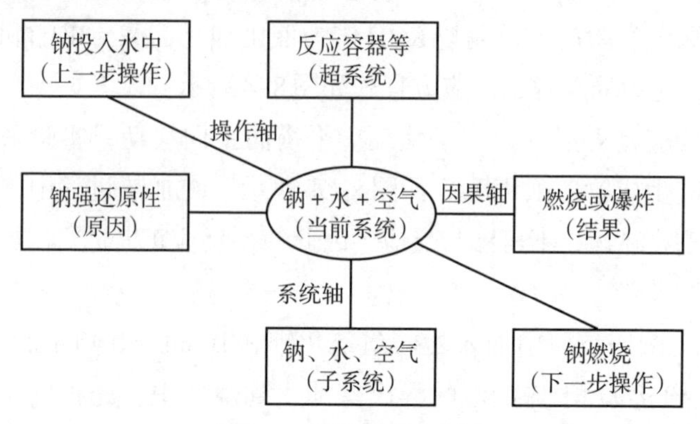

图8-6 三轴问题分析法

通过图8-6所示，由于金属钠具有强还原性，与水反应剧烈，并放出大量的热。产生的热量使体系温度升高，又加快反应速度。高温下钠在空气中燃烧，产生的氢气也和氧气反应，增加了危险性。解决问题的关键在于减缓反应速度，防止系统温度升高过快，避免钠与空气接触。

通过操作轴寻找问题的解决办法，例如，可以用小块钠与水反应，缩短钠与水的接触时间，避免反应系统温度升高。

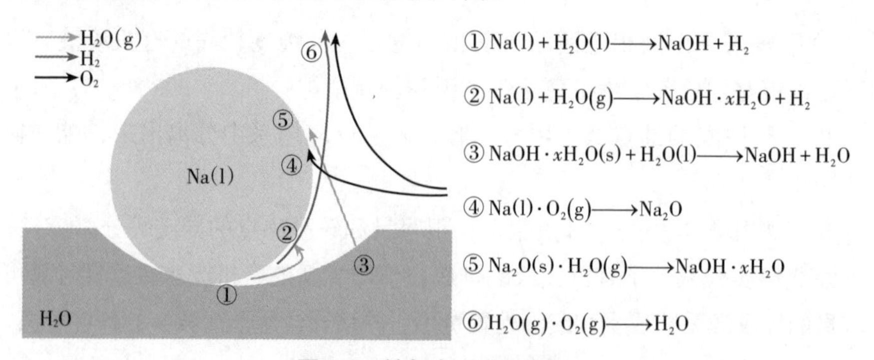

图8-7 钠与水反应示意图

通过图8-7所示分析，利用系统轴从当前系统或超系统中寻找资源解决钠与水反应中的问题，例如，减小钠与水的接触面积，利用水热容和蒸发热比较大的特点，抑制反应系统的升温速率；外加冷却系统，降低系统的温度；引入新的系统减少钠与水的接触时间；引入惰性介质等隔绝空气。钠和水反应剧烈，并产生氢气是该方法的不利因素，可以构思新的实验方法将其转变为有利条件，促使钠和水实现自动分离。用水蒸发可以带走大量热量的特点，控制系统温度；或用冰水代替普通水，降低反应系统温度。根据惰性介质原理，使用煤油或惰性气体介质，阻止钠接触到空气，进一步燃烧。

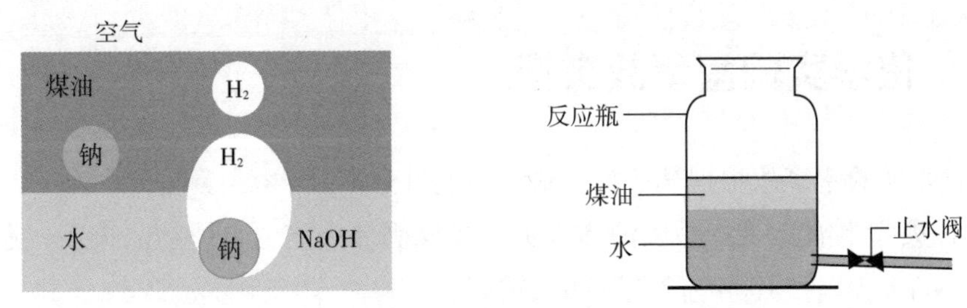

图8-8　消解金属钠

依照上述发明原理设计反应装置，如图8-8所示。我们用二口瓶消解金属钠，分别加入300 mL水和200 mL煤油，煤油由于密度小而漂浮在水面上。再取多个钠块投入反应瓶内，钠逐渐沉降到油水界面处。当钠的下层接触水时迅速反应，并产生氢气，产生的气体推动金属钠重新回到煤油里面。钠在水层和有机层间往复运动，至消解完全。操作结束后，打开截止阀，放出下层废水。该层废水为普通的氢氧化钠溶液，经过中和或稀释可以排入下水道。煤油可以重复使用，不必更换。

8.4.3　废磷酸的处置

在环乙烯制备的教学实验中，10 mL环已醇在5 mL浓磷酸的催化作用下发生脱水反应。实验结束后会剩余浓磷酸，大连理工大学每年有600名学生完成这个实验，会产生3 L左右的废液。高浓度的磷酸废液处理不仅需要费用，处理后排放也造成资源浪费。因此，可以应用再生原理，将大量废磷酸转化为磷酸二氢钾，制备过程符合绿色化学“5R”原则，与工业生产相比，成本低，资源利用率更高。不仅实现了节省资源、减少环境污染，还培养了学生的实验技能和创新思维。学生通过所学知识制得磷酸二氢钾作为化肥使用，使植物生长更为茁壮，这样的结果提高了学生的学习兴趣和积极性。

9 事故处置

9.1 化学实验室事故类型

化学实验室事故根据其危害形式大体上可分为以下6类：

① 火灾事故：是指易燃液体火灾、易燃固体火灾、自燃物品火灾、遇湿易燃物品火灾以及其他危险化学品火灾等。

② 泄漏事故：是指气体或液体危险化学品意外发生一定规模的泄漏，虽未发展成火灾、爆炸或中毒事故，但造成了严重的财产损失或环境污染等后果。

③ 爆炸事故：是指危险化学品意外发生化学反应的爆炸或液化气体、压缩气体的物理爆炸。

④ 中毒和窒息事故：是指人体吸入、食入或接触危险化学品或其反应的产物，而导致的中毒和窒息。

⑤ 灼伤事故：是指人体意外接触危险化学品，在短时间内即在人体被接触表面发生化学反应，造成明显伤害。

⑥ 其他事故：是指未归入以上5类涉及化学品的安全事故。常见的有：触电、机械伤害等。

9.2 实验室安全预案

安全预案是针对可能发生的事故，为迅速、有序地开展应急行动而预先制定的行动方案。编制安全预案能够更有效地应对各种险情、控制事态的发展，提高快速反应和应急处理能力，减少人员伤害和财产损失，将发生事故造成的灾害降低到最低限度。应急预案是应急管理的基础，直接影响救援工作的效果。应急预案的编制应当遵循以人为本、依法依规、符合实际、注重实效的原则，以应急处置为核心，基于风险，建立具有针对性、可操作性、专业性的预案，明确应急人员职责、规范应急程序、细化保障措施。

实验室发生事故时，在无法判断风险，未了解相应的应急预案时，不宜参加没有组织的救援行动。例如，2021年10月24日，南京某大学发生2人死亡，9人受伤的爆燃事故，其主要原因是实验人员用水扑救D类火灾。

9.2.1 安全预案分类

单位主要负责人负责组织编制和实施本单位的应急预案，并对应急预案的真实性和实用性负责；各分管负责人应当按照职责分工落实应急预案规定的职责。应急预案分为综合应急预案、专项应急预案和现场处置方案。

9.2.1.1 综合应急预案

综合应急预案是从总体上阐述处理事故的应急方针、政策，应急组织结构及相关应急职责，应急行动、措施和保障等基本要求和程序，是本单位应对生产安全事故的总体工作程序、措施和应急预案体系的总纲。生产经营单位风险种类多、可能发生多种类型事故的，应当组织编制综合应急预案。

高校应由学校负责编制综合应急预案。

9.2.1.2 专项应急预案

专项应急预案是为应对某一种或者多种类型生产安全事故，或者针对重要生产设施、重大危险源、重大活动防止生产安全事故而制定的专项性工作方案。它是综合应急预案的组成部分，应按照综合应急预案的程序和要求组织制定，并作为综合应急预案的附件。专项应急预案应制定明确的救援程序和具体的应急救援措施。

高校中学院或实验中心或研究组应负责编制专项应急预案。

9.2.1.3 现场处置方案

现场处置方案，是根据不同生产安全事故类型，针对具体场所、装置或者设施所制定的应急处置措施。现场处置方案应具体、简单、针对性强。现场处置方案应根据风险评估及危险性控制措施逐一编制，做到事故相关人员应知应会，熟练掌握，并通过应急演练，做到迅速反应、正确处置。对于事故风险单一、危险性小的实验单元，可以只编制现场处置方案。

实验房间应该编制现场处置方案。下表是简单的机械伤害应急处置预案，制作成卡片，张贴在易发生机械伤害的岗位上，如表9–1所示。

表9–1　机械伤害应急处置

步骤	处置	负责人
报警	拨打120救援电话	现场第一发现人
报告	向教师或值班人员报告	教师或值班人员
程序启动	组织应急小组人员待命，随时准备增援	教师
现场救护	1. 戴好绝缘手套立即将运转设备停止	现场第一发现人
	2. 将受伤人员转移到安全地带，应用现场救护知识施行急救	救护小组
接应救援	1. 安排专人引导救援队伍、车辆到达救援现场	警戒疏散小组
	2. 帮助120 救治受伤人员	救护小组
注意	1. 进入现场应急小组人员须懂得现场救护 2. 施工人员疏散及现场抢救时，应保证现场秩序，不得妨碍现场救治 3. 报警时，须讲明地点、人员伤害情况 4. 组织人员给120 救护车指引方向，给现场救护赢得时间	

9.2.2　实验室安全预案要求

按照高等学校实验室安全检查项目表的要求，学校应该编制院系级别的专项应急预案，以及针对特殊实验操作和化学药品、废液建立现场处置方案，相关安全预案制度上墙或便于取阅，以帮助实验人员熟悉实验所涉及的危险性，并掌握应急处理措施。实验室制订和实施安全预案应注意以下问题。

9.2.2.1　应急预案编写

应急预案由负责人组织编写。编制过程中，应当根据法律、法规、规章的规定，根据实际需要，征求相关实验人员的意见。例如，实验室的安全人员并不是24小时守在学校，所以制订预案时应考虑到这一点。一方面，要增加兼职安全人员数量，实行安全实验人人有责的制度，另一方面，要尽可能针对现场人员的特点制订安全预案。在编制应急预案的基础上，针对工作场所、岗位的特点，编制简明、实用、有效的应急处置卡。应急处置卡应当规定重点岗位、人员的应急处置程序和措施，以及相关联络人员和联系方式。

预案编制具体内容有以下几点。

① 应急救援人员、组成与职责。

② 事故特征分析及预防措施。掌握实验室潜在事故源的分布情况，设置明显的警示标志和警示说明，并针对事故源的特点提出相应的应急措施。

③ 预警及措施。按照突发事故严重性、紧急程度和可能波及的范围，对突发性事故的预警进行分级。处理事故时应分清轻重缓急，首先，保证人的生命安全，制订人员疏散、伤员救治的办法；其次，控制事故，不让其发展，直至消除。最后，处理方法要写全面、具体，便于操作。

④ 信息报告方式与内容。报告分为初报、续报和处理结果报告3类。初报从发现事件后立即上报。初报可以用电话直接报告，讲清楚发生事故的具体位置、事故类型、是否有人员伤亡及联系人的姓名等。必要时可以越级上报。续报在查清有关基本情况后随时上报；处理结果报告在事件处理完毕后立即上报。

⑤ 安全防护。包括应急人员的安全防护，以及其他人员的安全防护。

⑥ 应急终止。

9.2.2.2 应急预案落实

① 建立处置突发事故的应急救援队伍。培训一支常备不懈，熟悉环境应急知识，充分掌握各类突发性事故处置措施的预备应急力量；保证在突发事故发生后，能迅速参与现场处置工作。高校实验室宜建立以研究生为主体的应急救援队伍。

② 应急物资的准备与供应。应急物资保障对救援效果有极大的影响。应急物资包括通信工具、消防药品、抢修物资、基本医疗药物、现场防护急救器械等。

③ 技术保障。组建安全专家组，确保在启动预警前、事件发生后相关专家能迅速到位，为决策提供服务。

④ 宣传、培训与演练。加强安全知识的宣传教育工作，增强教师和学生的防范意识和相关心理准备，提高全员的防范能力。应急预案并入安全教育体系，定期组织应急实战演练，提高防范和处置突发性事故的技能。

⑤ 应急预案进行动态化管理。定期分析预案的针对性和实用性不断改进。

9.3 人员伤害处置方法

9.3.1 机械伤害

9.3.3.1 眼部受伤

化学试剂进入眼睛内，立即用清水冲洗，不要用手揉伤眼。若有玻璃碎片等异物进入眼睛内部则需要紧急送至医院，由专业人员处理。

9.3.1.2 玻璃等锐器划伤

可直接压迫损伤部位止血，然后用消毒敷料或清洁布类加压包扎。由玻璃碎片造成的外伤，必须先除去玻璃碎片。

损伤四肢血管时，先用无菌纱布覆盖伤口，再用绷带加压包扎。加压的力度以能止血为止，使肢体远端仍保持循环。

9.3.2 烧伤

烧伤泛指由热力、电流、化学物质、激光、放射线等所致的组织损害。烫伤是由高温液体（沸水、热油）、高温固体（烧热的金属等）或高温蒸气等所致的损伤。若处理不当，不但会危及生命，还容易留下瘢痕和残疾。因此，掌握正确的急救方法对烧烫伤患者的治疗和愈后起重要作用。

烧伤分为4度，其中Ⅰ度灼伤损伤最轻。灼伤皮肤发红、疼痛、明显触痛、有渗出或水肿。轻压受伤部位时局部变白，但没有水疱。Ⅱ度灼伤损伤较深。皮肤水疱，水疱底部呈红色或白色，充满了清澈、黏稠的液体。触痛敏感，压迫时变白。Ⅲ度灼伤是指皮肤全层灼伤。灼伤表面可以发白、变软或呈黑色、炭化皮革状。破坏的红细胞可使灼伤局部呈鲜红色，偶有水疱，灼伤区的毛发容易拔出，感觉退减。Ⅲ度灼伤区域一般没有痛觉，因为皮肤的神经末梢被破坏。Ⅳ度灼伤是指除皮肤全层灼伤外，还伤及皮下组织如肌肉、骨骼等，也称为毁损性灼伤，修复难度大，恢复时间长。

9.3.2.1 轻度烧伤

Ⅰ度烧伤或Ⅱ度烧伤，面积在1%以下时，用冷水冲洗，或将烧（烫）伤的四肢浸泡在干净的冷水里，如此冲洗或浸泡15～30分钟，直至感受不到疼痛和灼热为止。用清水冲洗后，局部涂烫伤膏，可用保鲜膜覆盖。Ⅱ度烧伤如有水疱，尽量不要把水疱挤破，已破的水疱切忌剪除表皮。

9.3.2.2　严重烧烫伤

尽快用冷水冲洗或浸泡、冷却烧伤部位，以降低皮肤温度。要注意的是若伤者面色苍白、四肢发凉、脉搏细弱，烧伤面积在30%以上，判断已处在休克时，不要用冷水冲洗。注意对烧伤创面保护，防止再次污染。另外创面一般不涂有颜色药物（如红汞、紫药水等）以免影响后续治疗中对烧伤创面深度判断和清创，尽快送往医院进一步治疗。

9.3.3　化学伤害

大多数化学试剂有不同程度的毒性。有毒化学试剂可通过呼吸道、消化道和皮肤等途径进入人体引起中毒。急性吸入性中毒可出现呛咳、胸闷、流泪、呼吸困难、发绀、咯血性泡沫痰、肺水肿、喉头痉挛或水肿、休克、昏迷等。中毒性肺炎或中毒性肺水肿，可发展为成人呼吸窘迫综合征。

9.3.3.1　吸入式中毒

突然发生毒气外泄时，可以使用毛巾、纱布等包入活性炭，或沾肥皂水、碳酸钠溶液等，临时作为应急防护口罩。

吸入式中毒损害的严重程度主要取决于吸入气体浓度及暴露时间的长短。刺激性气体中毒后的处理原则为：立即脱离刺激性气体环境，彻底清洗眼、皮肤的污染物，严密观察病情。对酸性气体可用5%碳酸氢钠溶液雾化吸入；对碱性气体用3%硼酸溶液雾化吸入，起到中和作用，以减轻呼吸道刺激症状。吸入水溶性小的刺激性气体后，即使当时临床表现轻微，亦应卧床休息，保持安静，留院密切观察72小时。出现气急、胸闷等症状时，均应给予氧疗。危重患者应防止窒息发生，纠正酸碱失衡和水、电解质紊乱，积极处理并发症。

9.3.3.2　接触式中毒

在抢救现场，受害者应被立即清除所有可能被污染的衣服，如融化的化纤衬衫等，应把皮肤上所有的化学物冲洗干净，冲洗时间不少于半小时。若碱

粉污染，要迅速除去粘在体表的碱粉，再用大量清水冲洗。例如，石灰遇水后会产热，加重创面的损伤。不主张使用中和剂或抗剂，因寻找可能延误急救的时间，并且在化学中和反应中释放的热可能加重组织的损伤。磷灼伤创面必须立即浸沉在清水中或用布覆盖，以免与空气接触，及早清创防吸收。有机化合物（如苯类）可以用乙醇洗脱。化学性损伤常伴有眼部烧伤，为避免损伤角膜，建议在事发现场用大量清水、盐水、或磷酸盐缓冲液冲洗眼部，不可使用稀酸或稀碱冲洗。如现场无大量清水，应首先保证眼部的冲洗，可用洗脸盆或其他容器装水，将面部浸在水中，反复转动眼球。化学物质灼伤，尤其是呼吸道的损伤，可以通过黏膜吸收中毒。应注意全身的中毒症状。

9.3.3.3 误食性中毒

大多数化学药品都具有一定的毒性。一旦发生误食性中毒事故，可以采取如下方法应急，同时送往医院处理。

① 化学药品入口中尚未咽下者，应立即吐出，用大量清水漱口，冲洗口腔：如刚刚吞下，应先用手指或筷子等压住舌根部催吐，然后根据毒物的性质给予合适的解毒剂。或者将5～10 mL 5%的稀硫酸铜溶液加入一杯温水中，内服后用手指伸入咽喉促使呕吐。

② 腐蚀性毒物中毒。对于强酸，先饮用大量水，然后服用氢氧化铝膏、鸡蛋清；对于强碱，应先饮用大量水，然后再服用稀的食醋、酸果汁、鸡蛋清。

③ 刺激剂及神经性毒物中毒。先服用鲜牛奶或鸡蛋清立即冲淡和缓和，再用手指伸入咽喉部催吐。

9.3.4 冻伤

当皮肤接触到非常冷的空气或物品，引起血管痉挛、淤血、肿胀，这便是冻伤。冻伤多发生于末梢血循环较差的部位和暴露部位，患部皮肤苍白、冰冷、疼痛和麻木，复温后局部表现和烧伤相似，严重的可能起水泡，甚至溃烂。

对局部冻伤的急救是使冷结的体液恢复正常。因此，若能使患部周围变温暖，冻伤很快可以治愈。对局部冻伤的急救要领是慢慢地用与体温一样的温水浸泡患部使之升温。如果仅仅是手冻伤，可以把手放在自己的腋下升温。禁止把患部直接泡入热水中或用火烤患部，这样会使冻伤加重。

9.4 事故报告与调查

生产领域有四不放过，内容是对事故原因没有查清不放过，事故责任者没有严肃处理不放过，人员没有受到教育不放过，防范措施没有落实不放过。因此对安全事故进行认真细致的调查和报告是非常重要的工作。

9.4.1 事故报告

9.4.1.1 事故调查报告内容

《事故调查报告》应当包括下列内容。

① 事故发生经过和事故救援情况。② 事故造成的人员伤亡和直接经济损失。③ 事故发生的原因和事故性质。④ 事故责任的认定以及对事故责任者的处理建议。⑤ 事故防范和整改措施。

事故相关单位和人员应当在事故调查期间积极配合事故调查，如实提供相关情况。根据调查报告结果开展安全教育和责任追究。

9.4.1.2 实验室安全事故分类

由于高等学校实验室安全事故规模小，根据发生事故造成伤亡或直接经济损失情况，实验室安全事故分为以下等级：

（1）Ⅰ级安全事故

造成人员死亡或重伤，或500000元及以上学校直接经济损失的事故；司法机关、安监、环保等部门直接介入的其他安全事故。

（2）Ⅱ级安全事故

无人员死亡或重伤，造成3人以上轻伤，或50000元及以上至500000元以下学校直接经济损失；造成较大社会影响的安全事故。

（3）Ⅲ级安全事故

无人员死亡或重伤，造成3人以下轻伤，或10000元及以上至50000元以下学校直接经济损失的安全事故。

（4）Ⅳ级安全事故

无人员伤亡，且学校直接经济损失低于10000元的实验室安全事故。

9.4.1.3 事故报告程序

实验室事故发生后，现场有关人员应采取积极措施，尽力减少或者降低事故造成的损失和影响。同时应当立即报告所在单位负责人。事故发生单位负责人接到事故报告后，应立即启动事故应急预案，组织抢救，防止事故扩大，减少人员伤亡和财产损失。同时应当立即报告所在上级单位负责人。如果出现人员伤亡事故，现场有关人员应立即向本单位负责人报告；单位负责人接到报告后，应于1小时内向事故发生地县级以上人民政府安全生产监督管理部门和负有安全生产监督管理职责的有关部门报告。

报告事故应包含下列内容：事故发生的时间、地点及实验现场情况，事故简要经过，事故已经造成或者可能造成的伤亡情况，初步估计的直接经济损失，已经采取的措施等。报告事故后出现新的情况，应当及时补报。任何单位和个人不得阻挠和干扰对事故的报告和依法调查处理。

9.4.2 事故调查

发生Ⅰ级事故，学校安全管理组织专家进行事故调查，形成书面《事故调查报告》，按照国家相关规定报告当地安全生产主管部门，并协助调查。

Ⅱ级、Ⅲ级安全事故由学校牵头组织事故调查，并自事故发生之日起30 日内提交书面事故情况报告。学校安全管理部门复核事故情况，必要情况下应组织事故调查组或第三方调查组进行调查，并形成书面《事故调查报告》。

Ⅳ级安全事故由发生事故的单位组织调查，及时向上级部门提交《事故调查报告》。

参考文献

[1] 赵劲松. 化工过程安全管理:[M]. 2版. 北京:化学工业出版社,2021.

[2] 刘晓芳,郭俊明,刘满红. 化学实验室安全与管理[M]. 北京:科学出版社,2022.

[3] 郭玉鹏,屈学俭,李政. 高校实验室常用危化品安全信息手册[M]. 北京:化学工业出版社,2020.

[4] 黄志斌,唐亚文. 高等学校化学化工实验室安全教程[M]. 南京:南京大学出版社,2015.

[5] 冯建跃. 高校实验室化学安全与防护[M]. 杭州:浙江大学出版社,2013.

[6] 张海峰,刘一. 高等学校实验室安全与规范[M]. 沈阳:东北大学出版社,2016.

[7] 谢静,付凤英,朱香英. 高校化学实验室安全与基本规范[M]. 武汉:中国地质大学出版社,2014.

[8] 北京大学化学与分子工程学院实验室安全技术教学组. 化学实验室安全知识教程[M]. 北京:北京大学出版社,2019.

[9] 李涛,魏永明,彭阳峰. 化工安全基本原理与应用[M]. 北京:化学工业出版社,2023.

[10] 韩志跃. 危险化学品概论及应用[M]. 天津:天津大学出版社,2018.

[11] 陈行表,蔡凤英. 实验室安全技术[M]. 上海:华东化工学院出版社,1989.

[12] 姚守拙. 现代实验室安全与劳动保护手册:上册[M]. 北京:化学工业出版社,1989.

[13] 姜忠良. 实验室安全基础[M]. 北京:清华大学出版社,2009.

[14] 朱莉娜,孙晓志,弓保津. 高校实验室安全基础[M]. 天津:天津大学出版社,2014.

[15] 李景惠. 化工安全技术基础[M]. 北京:化学工业出版社,1995.

[16] 中国就业培训技术指导中心,中国安全生产协会. 安全评价师基础知识

[M]. 北京:中国劳动社会保障出版社,2010.
[17] 朱宝轩,刘向东. 化工安全技术基础北京[M]. 北京:化学工业出版社,2004.
[18] 桑德斯. 化工过程安全:来自事故案例的启示[M]. 段爱军,蓝兴英,姜桂元,译. 北京:石油工业出版社,2010.
[19] 周福宝. 化工企业火灾防护[M]. 徐州:中国矿业大学出版社,2012.
[20] 程春生,秦福涛,魏振云. 化工安全生产与反应风险评估[M]. 北京:化学工业出版社,2011.
[21] 蔡凤英. 化工安全工程[M]. 2版. 北京:科学出版社,2009.
[22] 克劳尔,卢瓦尔. 化工过程安全基本原理与应用[M]. 赵东风,译. 青岛:中国石油大学出版社,2021.
[23] 斯坦巴克. 化工过程的安全评价[M]. 郭旭虹,译. 上海:华东理工大学出版社,2015.
[24] 徐龙君,张巨伟. 化工安全工程[M]. 2版. 徐州:中国矿业大学出版社,2015.
[25] 王秉,吴超. 安全文化学[M]. 2版. 北京:化学工业出版社,2021.
[26] 冯红艳,朱平平. 化学实验安全知识[M]. 北京:高等教育出版社,2022.
[27] 蔡乐. 高等学校化学实验室安全基础[M]. 北京:化学工业出版社,2018.
[28] 中国消防协会. 消防安全技术实务[M]. 2018年版. 北京:中国人事出版社,2018.
[29] 程能林. 溶剂手册[M]. 5版. 北京:化学工业出版社,2020.
[30] 国际消防官委员会,国际放火火灾调查委员会,美国消防协会,火灾调查员[M]. 张金专,李阳,译.北京:中国人事出版社,2020.
[31] 化学方法论编委会. 化学方法论[M]. 杭州:浙江教育出版社,1989.
[32] 邱道骥,化学哲学概论[M]. 南京:南京师范大学出版社,2007.
[33] 赵华绒,方文军,王国平. 化学实验室安全与环保手册[M]. 北京:化学工业出版社,2019.
[34] 王小逸,夏定国. 化学实验研究的基本技术与方法[M]. 北京:化学工业出版社,2011.
[35] 帕维亚,兰普曼,小克里兹. 现代有机化学实验技术导论[M]. 北京:科学出版社,1985.
[36] 王永红,刘志亮,刘冰. 福岛核事故应急[M]. 北京,国防工业出版社,

2015.
[37] 凯瑟琳·舒尔茨. 失误[M]. 陈盟,钟娜,译. 北京:中信出版集团,2019.
[38] 冯建跃. 高校实验室化学安全与防护[M]. 杭州:浙江大学出版社,2013.
[39] 郑春龙. 高校实验室生物安全技术与管理[M]. 杭州:浙江大学出版社,2015.
[40] 孙玲玲. 高校实验室安全与环境管理导论[M]. 杭州:浙江大学出版社,2015.

附件

北京交通大学“12.26”较大爆炸事故调查报告

2018年12月26日，北京交通大学市政与环境工程实验室发生爆炸燃烧，事故造成3人死亡。

按照北京市委、市政府领导指示精神，依据《中华人民共和国突发事件应对法》等有关法律、法规，市政府成立了由市应急管理局、市公安局、市教委、市人力社保局、市总工会、市消防总队和海淀区政府组成的事故调查组，并邀请市纪委、市监委同步参与事故调查处理工作。

事故调查组按照“科学严谨、依法依规、实事求是、注重实效”和“四不放过”的原则，通过现场勘验、检测鉴定、调查取证、模拟实验，并委托化工、爆炸、刑侦、火灾调查有关领域专家组成专家组进行深入分析和反复论证，查明了事故发生的经过和原因，认定了事故性质和责任，并提出了对有关责任人员和单位的处理建议及事故防范和整改措施。现将有关情况报告如下。

一、事故基本情况

（一）事故现场情况

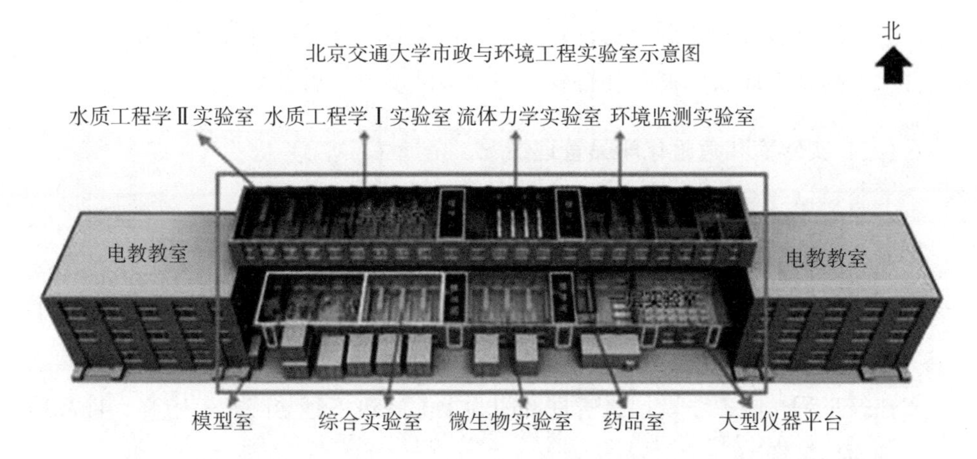

事故现场位于北京交通大学东校区东教2号楼。该建筑为砖混结构，中间两层建筑为市政与环境工程实验室（以下简称“环境实验室”），东西两侧3层建筑为电教教室（内部与环境实验室不连通）。环境实验室一层由西向东依次为模型室、综合实验室（西南侧与模型室连通）、微生物实验室、药品室、大型仪器平台；二层由西向东分别为水质工程学Ⅱ、水质工程学Ⅰ、流体力学、环境监测实验室；一层南侧设有5个南向出入口；一、二层由东、西两个楼梯间连接；一层模型室和综合实验室南墙外码放9个集装箱（建筑布局详见上图）。

（二）事发项目情况

事发项目为北京交通大学垃圾渗滤液污水处理横向科研项目，由北京交通大学所属北京交大创新科技中心和北京京华清源环保科技有限公司合作开展，目的是制作垃圾渗滤液硝化载体。该项目由北京交通大学土木建筑工程学院市政与环境工程系教授李德生申请立项，经学校批准，并由李德生负责实施。

2018年11月至12月期间，李德生与北京京华清源环保科技有限公司签订技术合作协议；北京交大创新科技中心和北京京华清源环保科技有限公司签订销售合同，约定15天内制作2立方米垃圾渗滤液硝化载体。北京京华清源环保科技有限公司按照与李德生的约定，从河南新乡县京华镁业有限公司购买30

桶镁粉（1吨、易制爆危险化学品），并通过互联网购买项目所需的搅拌机（饲料搅拌机）。李德生从天津市同鑫化工厂购买了项目所需的6桶磷酸（0.21吨、危险化学品）和6袋过硫酸钠（0.2吨、危险化学品）以及其他材料。

垃圾渗滤液硝化载体制作流程分为两步：第一步，通过搅拌镁粉和磷酸反应，生成镁与磷酸镁的混合物；第二步，在镁与磷酸镁的混合物内加入镍粉等其他化学物质生成胶状物，并将胶状物制成圆形颗粒后晾干。

（三）实验室和危险化学品管理情况

1. 实验室管理情况

北京交通大学对校内实验室实行学校、学院、实验室三级管理，学校层级的管理部门为国资处、保卫处、科技处等；学校设立实验室安全工作领导小组，领导小组办公室设在国资处。发生事故的环境实验室隶属于北京交通大学土木建筑工程学院，学院层级管理部门为土木建筑工程学院实验中心，日常具体管理为环境实验室。

2. 危险化学品管理情况

北京交通大学保卫处是学校安全工作的主管部门，负责各学院危险化学品、易制爆危险化学品等购置（赠予）申请的审批、报批，以及实验室危险化学品的入口管理；国资处负责监管实验室危险化学品、易制爆危险化学品的储存、领用及使用的安全管理情况；科技处负责对涉及危险化学品等危险因素科研项目风险评估；学院负责本院实验室危险化学品、易制爆危险化学品等危险物品的购置、储存、使用与处置的日常管理。事发前，李德生违规将试验所需镁粉、磷酸、过硫酸钠等危险化学品存放在一层模型室和综合实验室，且未按规定向学院登记。

事发后经核查，土木建筑工程学院登记科研用危险化学品现有存量为160.09升和30.23公斤，未登记易制爆危险化学品；登记本科教学用危险化学品现有存量43.5升和8.68公斤，未登记易制爆危险化学品。

二、事故经过及抢险救援情况

（一）事故发生经过

2018年2月至11月期间，李德生先后开展垃圾渗滤液硝化载体相关试验50余次。11月30日，事发项目所用镁粉运送至环境实验室，存放于综合实验室西北侧；12月14日，磷酸和过硫酸钠运送至环境实验室，存放于模型室东北侧；12月17日，搅拌机被运送至环境实验室，放置于模型室北侧中部。

12月23日12时18分至17时23分，李德生带领刘某辉、刘某轶、胡某翠等7名学生在模型室地面上，对镁粉和磷酸进行搅拌反应，未达到试验目的。

12月24日14时09分至18时22分，李德生带领上述7名学生尝试使用搅拌机对镁粉和磷酸进行搅拌，生成了镁与磷酸镁的混合物。因第一次搅拌过程中搅拌机料斗内镁粉粉尘向外扬出，李德生安排学生用实验室工作服封盖搅拌机顶部活动盖板处缝隙。当天消耗约3至4桶（每桶约33公斤）镁粉。

12月25日12时42分至18时02分，李德生带领其中6名学生将24日生成的混合物加入其他化学成分混合后，制成圆形颗粒，并放置在一层综合实验室实验台上晾干。其间，两桶镁粉被搬运至模型室。

12月26日上午9时许，刘某辉、刘某轶、胡某翠等6名学生按照李德生安排陆续进入实验室，准备重复24日下午的操作。经视频监控录像反映：当日9时27分45秒，刘某辉、刘某轶、胡某翠进入一层模型室；9时33分21秒，模型室内出现强烈闪光；9时33分25秒，模型室内再次出现强烈闪光，并伴有大量火焰，随即视频监控中断。

事故发生后，爆炸及爆炸引发的燃烧造成一层模型室、综合实验室和二层水质工程学Ⅰ、Ⅱ实验室受损。其中，一层模型室受损程度最重。模型室外（南侧）邻近放置的集装箱均不同程度过火。

（二）事故救援处置情况

2018年12月26日9时33分，市消防总队119指挥中心接到北京交通大学东校区东教2 号楼发生爆炸起火的报警。报警人称现场实验室内有镁粉等物质，并有人员被困。119指挥中心接警后，共调集11个消防救援站、38辆消防车、280余名指战员赶赴现场处置。

9时43分，西直门、双榆树消防站先后到场。经侦查，实验室爆炸起火并引燃室内物品，现场有3名学生失联，实验室内存放大量镁粉。现场指挥员第一时间组织两个搜救组分别从东西两侧楼梯间出入口进入建筑内搜救被困人员，并成立两个灭火组设置保护阵地堵截实验室东西两侧蔓延火势。9时50分，搜救组在模型室与综合实验室连接门东侧约1至2米处发现第一具尸体，抬到西侧楼梯间。随后，陆续在模型室的中间部位发现第二具尸体，在模型室与综合实验室连接门西侧约1米处发现第三具尸体。

救援过程中，实验室内存放的镁粉等化学品连续发生爆炸，现场指挥部进行安全评估后，下达了搜救组人员全部撤出的命令。同时，在实验室南北两侧各设置4个保护阵地，使用沙土、压缩空气干泡沫对实验室内部进行灭火降温，并在外围控制火势向二楼蔓延。11时45分，现场排除复燃复爆危险后，救援人员进入建筑内部开展搜索清理，抬出3具尸体移交医疗部门，并用沙土、压缩空气干泡沫清理现场残火。18时，现场清理完毕，双榆树消防站留守现场看护，其余消防救援力量返回。

（三）死亡人员情况（略）

三、事故原因分析

（一）直接原因

1. 排除人为故意因素

公安机关对涉事相关人员和各种矛盾的情况进行了全面排查，并对死者周边亲友、老师、同学进行了走访，结合事故现场勘查、相关视频资料分析，以及尸检报告、爆炸燃烧形成痕迹等，排除了人为故意纵火和制造爆炸案件的嫌疑。

2. 确定爆炸中心位置

经勘查，爆炸现场位于一层模型室，该房间东西长12.5米、南北宽8.5米、高3.9米。事故发生后，模型室内东北部（距东墙4.7米、距北墙2.9米）发现一台金属材质搅拌机，其料斗安装于金属架上。搅拌机料斗顶部的活动盖板呈鼓起状，抛落于搅拌机东侧地面，出料口上方料斗外壁有明显物质喷溅和灼烧痕迹。搅拌机料斗顶部的活动盖板与固定盖板连接的金属铰链被爆炸冲击波拉断。上述情况表明：爆炸中心位于搅拌机处，爆炸首先发生于搅拌机料斗内。

3. 爆炸物质分析

通过理论分析和实验验证，磷酸与镁粉混合会发生剧烈反应并释放出大量氢气和热量。氢气属于易燃易爆气体，爆炸极限范围为4%～76%（体积分数），最小点火能0.02 mJ，爆炸火焰温度超过1400 ℃。

因搅拌、反应过程中只有部分镁粉参与反应，料斗内仍剩余大量镁粉。镁粉属于爆炸性金属粉尘，遇火源会发生爆炸，爆炸火焰温度超过2000℃。

模型室视频监控录像显示，9时33分21秒至25秒之间室内出现两次强光；第一次强光光线颜色发白，符合氢气爆炸特征；第二次强光光线颜色泛红，符合镁粉爆炸特征。综上所述，爆炸物质是搅拌机料斗内的氢气和镁粉。

4. 点火源分析

经勘查，料斗内转轴盖片通过螺栓与转轴固定，搅拌机转轴旋转时，转轴盖片随转轴同步旋转，并与固定的转轴护筒（以上均为铁质材料）接触发生较剧烈摩擦。运转一定时间后，转轴盖片上形成较深沟槽，沟槽形成的间隙可使转轴盖片与转轴护筒之间发生碰撞，摩擦与碰撞产生的火花引发搅拌机内氢气发生爆炸。

5. 爆炸过程分析

搅拌过程中，搅拌机料斗内上部形成了氢气、镁粉、空气的气固两相混合区；料斗下部形成了镁粉、磷酸镁、氧化镁（镁与水反应产物）等物质的混合物搅拌区。

转轴盖片与护筒摩擦、碰撞产生的火花，点燃了料斗内上部氢气和空气的混合物并发生爆炸（第一次爆炸），爆炸冲击波超压作用到搅拌机上部盖板，使活动盖板的铰链被拉断，并使活动盖板向东侧飞出。同时，冲击波将搅拌机料斗内的镁粉裹挟到搅拌机上方空间，形成镁粉粉尘云并发生爆炸（第二次爆炸）。爆炸产生的冲击波和高温火焰迅速向搅拌机四周传播，并引燃其他可燃物。

专家组对提取的物证、书证、证人证言、鉴定结论、勘验笔录、视频资料进行系统分析和深入研究，结合爆炸燃烧模拟结果，确认事故直接原因为：在使用搅拌机对镁粉和磷酸搅拌、反应过程中，料斗内产生的氢气被搅拌机转轴处金属摩擦、碰撞产生的火花点燃爆炸，继而引发镁粉粉尘云爆炸，爆炸引起周边镁粉和其他可燃物燃烧，造成现场3名学生烧死。

（二）间接原因

违规开展试验、冒险作业；违规购买、违法储存危险化学品；对实验室和科研项目安全管理不到位是导致本起事故的间接原因。

一是事发科研项目负责人违规试验、作业；违规购买、违法储存危险化学品；违反《北京交通大学实验室技术安全管理办法》等规定，未采取有效安全防护措施；未告知试验的危险性，明知危险仍冒险作业。事发实验室管理人员未落实校内实验室相关管理制度；未有效履行实验室安全巡视职责，未有效制止事发项目负责人违规使用实验室，未发现违法储存的危险化学品。

二是北京交通大学土木建筑工程学院对实验室安全工作重视程度不够；未发现违规购买、违法储存易制爆危险化学品的行为；未对申报的横向科研项目开展风险评估；未按学校要求开展实验室安全自查；在事发实验室主任岗位空缺期间，未按规定安排实验室安全责任人并进行必要培训。土木建筑工程学院下设的实验中心未按规定开展实验室安全检查、对实验室存放的危险化学品底数不清，报送失实；对违规使用教学实验室开展试验的行为，未及时查验、有效制止并上报。

三是北京交通大学未能建立有效的实验室安全常态化监管机制；未发现事发科研项目负责人违规购买危险化学品，并运送至校内的行为；对土木建筑工程学院购买、储存、使用危险化学品、易制爆危险化学品情况底数不清、监管不到位；实验室日常安全管理责任落实不到位，未能通过检查发现土木建筑工程学院相关违规行为；未对事发科研项目开展安全风险评估；未落实《教育部2017年实验室安全现场检查发现问题整改通知书》有关要求。

（三）事故性质

鉴于上述原因分析，事故调查组认定，本起事故是一起责任事故。

四、事故责任分析及处理建议

根据事故原因调查，依据有关法律法规规定，对事故有关责任人员和责任单位进行事故责任认定，并提出如下处理意见：

（一）建议追究刑事责任的人员（略）

（二）给予问责处理的人员和单位（略）

五、事故整改和防范措施建议

（一）北京交通大学必须牢固树立安全红线意识，深刻吸取此次事故教训，全面排查学校各类安全隐患和安全管理薄弱环节，加强实验室、科研项目和危险化学品的监督检查，采取有针对性的整改措施，着力解决当前存在的突出问题。

一是全方位加强实验室安全管理。完善实验室管理制度，实现分级分类管理，加大实验室基础建设投入；明确各实验室开展试验的范围、人员及审批权限，严格落实实验室使用登记相关制度；结合实验室安全管理实际，配备具有相应专业能力和工作经验的人员负责实验室安全管理。

二是全过程强化科研项目安全管理。健全学校科研项目安全管理各项措施，建立完备的科研项目安全风险评估体系，对科研项目涉及的安全内容进行实质性审核；对科研项目试验所需的危险化学品、仪器器材和试验场地进行备案审查，并采取必要的安全防护措施。

三是全覆盖管控危险化学品。建立集中统一的危险化学品全过程管理平台，加强对危险化学品购买、运输、储存、使用管理；严控校内运输环节，坚决杜绝不具备资质的危险品运输车辆进入校园；设立符合安全条件的危险化学品储存场所，建立危险化学品集中使用制度，严肃查处违规储存危险化学品的行为；开展有针对性的危险化学品安全培训和应急演练。

（二）北京地区各高校要深刻吸取事故教训，举一反三，认真落实北京普通高校实验室危险化学品安全管理规范，切实履行安全管理主体责任，全面开展实验室安全隐患排查整改，明确实验室安全管理工作规则，进一步健全和完善安全管理工作制度，加强人员培训，明确安全管理责任，严格落实各项安全管理措施，坚决防止此类事故发生。

涉及学校实验室危险化学品安全管理的教育及其他有关部门和属地政府，按照工作职责督促学校使用危险化学品安全管理主体责任的落实，持续开展学校实验室危险化学品安全专项整治，摸清危险化学品底数，加强对涉及学校实验室危险化学品、易制爆危险化学品采购、运输、储存、使用、保管、废弃物处置的监管，将学校实验室危险化学品安全管理纳入平安校园建设。